Friedhelm Padberg

Didaktik der Bruchrechnung

Gemeine Brüche – Dezimalbrüche

2., erweiterte Auflage

Spektrum Akademischer Verlag Heidelberg · Berlin · Oxford

Autor:
Prof. Dr. Friedhelm Padberg
Fakultät für Mathematik
Universität Bielefeld

Die Deutsche Bibliothek – CIP-Einheitsaufnahme

Padberg, Friedhelm:
Didaktik der Bruchrechnung : gemeine Brüche – Dezimalbrüche / Friedhelm Padberg. –
2., erw. Aufl. – Heidelberg ; Berlin ; Oxford : Spektrum, Akad. Verl., 1995
(Texte zur Didaktik der Mathematik)
ISBN 3-86025-675-0

Umschlaggestaltung: Kurt Bitsch, Birkenau
Druck und Verarbeitung: CSS Walter Flory GmbH, Speyer

Spektrum Akademischer Verlag GmbH Heidelberg · Berlin · Oxford

EIN VERLAG DER SPEKTRUM FACHVERLAGE GMBH

INHALT

EINLEITUNG

Bei diesem Band handelt es sich um eine *völlig überarbeitete* und – u.a. durch eine ausführliche Behandlung der *Dezimalbrüche* – *stark erweiterte Neufassung* der bewährten und weitverbreiteten Didaktik der Bruchrechnung (früher: Herder Verlag) des Verfassers. Eine wichtige Grundlage *dieser* Publikation bilden umfangreiche *eigene Forschungsarbeiten* über *Problembereiche und Fehler* bei gemeinen Brüchen *und* Dezimalbrüchen. So fließen in diesen Band – *neben* einer gründlichen Kenntnis deutscher und ausländischer empirischer Arbeiten – die Ergebnisse einer gerade abgeschlossenen, von der Deutschen Forschungsgemeinschaft unterstützten empirischen Untersuchung über *Dezimalbrüche* an knapp 900 Gymnasialschülern aus 34 Klassen des 7. Schuljahres von 11 verschiedenen Gymnasien in Westfalen ein; die Aussagen über die *gemeinen Brüche* basieren auf zwei Voruntersuchungen (mit jeweils 200 Schülern) sowie einer Hauptuntersuchung mit knapp 900 Schülern aus 28 Realschulklassen des 7. Schuljahres von 8 verschiedenen Realschulen in Ostwestfalen. Ein wichtiger Gesichtspunkt bei unseren Untersuchungen in diesem bekanntlich für viele Schüler (und Lehrer) *schwierigen* Gebiet ist die Frage nach *typischen Fehlerstrategien*, die nicht nur von *einzelnen*, sondern von einer *größeren* Anzahl von Schülern benutzt werden. Werden diese Fehler zusätzlich *systematisch* gemacht, so bietet die Kenntnis dieser Fehler die Möglichkeit zu einer *drastischen Fehlerreduzierung*. Wir gehen auf *Ursachen* für diese Fehler ein und geben – soweit möglich – Hinweise für Maßnahmen zur *Vorbeugung bzw. Bekämpfung*.

Für ein *tieferes Verständnis* der Bruchrechnung wie auch für ein *besseres Behalten* der vielfältigen Regeln ist eine gut verständliche, jedoch sorgfältige *Ableitung* der verschiedenen Sätze („Regeln“) im Bereich der gemeinen Brüche und Dezimalbrüche wesentlich. Wir beschreiben daher im folgenden jeweils *verschiedene Ableitungswege* und bewerten sie.

Wir beschränken unseren Blickwinkel bewußt *nicht* auf die Verhältnisse in der *BR Deutschland*. Wir berücksichtigen in diesem Band vielmehr Publikationen aus der *DDR* (die zugleich auch einige Informationen über die Situation in *Osteuropa* vermitteln), aus dem *deutschsprachigen Ausland* (insbesondere aus *Oesterreich*), aus den *Niederlanden*, *Frankreich*, *England* und den *USA* sowie Beiträge aus *weiteren Ländern* (z.B. aus dem skandinavischen Bereich), soweit sie in deutscher, englischer oder franzözischer Sprache veröffentlicht sind. Unser Literaturverzeichnis führt allerdings nur *einen Teil* dieser Publikationen auf, nämlich nur die Arbeiten, die wir in diesem Band explizit erwähnen. Wir zitieren ferner überwiegend *neuere Veröffentlichungen*, die in den letzten 10 Jahren erschienen sind. Dies darf *keinesfalls* zu dem falschen Schluß führen, daß erst seit 10 Jahren interessante Arbeiten über gemeine Brüche und Dezimalbrüche erscheinen. Wir stützen uns vielmehr stärker auf die *neueren* Arbeiten, um so an den *gegenwärtigen Stand der Forschung* heranzuführen. Für umfangreiche Literaturangaben für den *davor* liegenden Zeitabschnitt verweisen wir auf Padberg (1978).

Eine *Umsetzung* der Didaktik der Bruchrechnung in den *Mathematikunterricht* ist wegen der *Praxisnähe* der Darstellung leicht möglich. Gleichzeitig zeigen wir aber auch im Kapitel IV als Hintergrundwissen für den (zukünftigen) Lehrer den Weg zu einer *formalen Fundierung* der dargestellten Inhalte mittels sogenannter *divisibler Größenbereiche* auf.

Wir streben in diesem Band *keine* übertriebene sprachliche Exaktheit *zu Lasten* der Verständlichkeit in Bereichen an, wo ohnehin *keine* Mißverständnisse oder Probleme *der Schüler* zu erwarten sind. So halten wir in diesem Text eine konsequente Unterscheidung zwschen Bruch und Bruchzahl in den Formulierungen *nicht* für sinnvoll und formulieren *beispielsweise* statt „Wir addieren die durch die Brüche dargestellten Bruchzahlen“ vielfach lieber kurz und griffig „Wir addieren Brüche“.

In der Behandlung der Bruchrechnung haben sich in den letzten Jahren *deutliche Veränderungen* ergeben. So ist das in den *siebziger Jahren* dominierende *Operatorkonzept* aus vielfältigen Gründen wieder aus den gegenwärtigen Unterrichtskonzeptionen weitgehendst verschwunden. Um jedoch dem Leser ein eigenständiges Urteil zu ermöglichen, skizzieren wir in diesem Band im Abschnitt II.4 die Operatormethode und weisen auf Problembereiche des Operatorkonzepts hin. Eine *breitere* Darstellung dieser Konzeption findet man in Padberg (1978).

Es ist selbstverständlich *nicht* möglich, in *einem* Band zur Didaktik der Bruchrechnung *alle* Aspekte dieses umfangreichen Themas anzusprechen oder gar umfassend zu behandeln. So gehen wir beispielsweise kaum oder gar nicht ein auf

- die Geschichte der Bruchrechnung,
- die Entwicklung des Bruchzahlbegriffs im Verlaufe der Vor- und Grundschulzeit,
- eine propädeutische Behandlung der Bruchrechnung in der Grundschule,
- Rechenoperationen mit periodischen Dezimalbrüchen / Rechnen mit Näherungswerten,
- Sachaufgaben in der Bruchrechnung,
- Anwendungen der Bruchrechnung z.B. bei der Wahrscheinlichkeitsrechnung oder Prozent- und Zinsrechnung.

Ebenso erfolgt z.B. eine Diskussion der wichtigen Fragen der *Differenzierung* nur an *einigen* Stellen dieses Bandes.

Für die Durchsicht des Manuskriptes bin ich den Kollegen Kienel (Münster), Knoche (Essen), Scheid (Wuppertal) und Trauerstein (Bielefeld), für seine sorgfältige Erstellung Frau U. Jansen zu Dank verpflichtet.

Bielefeld, Dezember 1988 Friedhelm Padberg

Bemerkungen zur zweiten Auflage

Die zweite Auflage unterscheidet sich vor allem durch die in Kapitel VI wiedergegebenen, umfangreichen, sehr differenzierten Tests zur Diagnose von Problembereichen und systematischen bzw. typischen Fehlern bei gemeinen Brüchen und Dezimalbrüchen von der Erstauflage. Daneben wurde die Gelegenheit der Neuauflage genutzt, einige Druckfehler im Text und bei Zeichnungen zu beseitigen.

Bielefeld, Dezember 1994 Friedhelm Padberg

I. ZUR BEHANDLUNG DER GEMEINEN BRÜCHE UND DEZIMALBRÜCHE IM UNTERRICHT

1. ZEITPUNKT UND UMFANG

Die positiven rationalen Zahlen bzw. – diese Bezeichnung ist in der didaktischen Literatur verbreitet – Bruchzahlen sind das zentrale Thema im Mathematikunterricht des 6. Schuljahres aller Schulformen, wie ein Blick in Richtlinien und Lehrpläne oder Schulbücher sofort bestätigt. So entfallen beispielsweise in dem für Hauptschulen bestimmten Band von Gamma 6 *mehr als die Hälfte* oder in dem für Realschulen und Gymnasien konzipierten Schulbuch Mathematik heute *rund zwei Drittel* der Seiten des Bandes für das 6. Schuljahr auf die *unmittelbare* Behandlung der Bruchzahlen in Form der gemeinen Brüche und Dezimalbrüche. Rechnet man noch die *Anwendungen* der Bruchrechnung hinzu, so steigert sich der Anteil auf *rund drei Viertel* der betreffenden Seitenzahlen. Von den restlichen Kapiteln (Teilbarkeit, Geometrie) steht das Teilbarkeitskapitel ebenfalls noch in einem engen Zusammenhang zur Bruchrechnung. Da die Geometrieteile erfahrungsgemäß im Unterricht im Durchschnitt weniger intensiv bearbeitet werden als die Abschnitte zur Bruchrechnung (vgl. Griesel/Postel (1984), Jansen (1976)), liegt die Unterrichtszeit für die unmittelbare oder mittelbare Behandlung der Bruchrechnung in Wirklichkeit sogar eher *noch höher*.

Die Bruchrechnung *konzentriert* sich in der BR Deutschland gegenwärtig fast ausschließlich auf das *sechste Schuljahr*. Es ist allerdings zu überlegen, ob nach ersten anschaulichen Vorarbeiten in der Grundschule nicht schon generell in der *fünften* Klasse *einfache* Teile der Bruchrechnung auf *anschaulicher Grundlage* behandelt werden sollten, bevor eine *systematische* Behandlung in der sechsten Klasse erfolgt. Für den Bereich der *Hauptschule* ist eine *weitere* Entzerrung, etwa auf die Klassen 5 bis 7, überlegenswert. Ein Blick in das *Ausland* zeigt, daß dort die Bruchrechnung vielfach auf mehrere Jahre verteilt wird. Dies trifft etwa für Frankreich, Großbritannien und die USA zu. Wesentliche Teile des Stoffes werden dort darüber hinaus in *zwei* Durchgängen behandelt: in der (i.a. bis zur Klasse 6 dauernden) Primarstufe und noch einmal in der Sekundarstufe (vgl. Schrage (1988)).

2. BEGRÜNDUNG

Die Ausführungen im vorigen Abschnitt belegen, daß für die Behandlung der Bruchrechnung sehr viel Zeit investiert wird. Daher ist die Frage naheliegend, ob dies überhaupt gerechtfertigt ist. Da die Notwendigkeit einer Behandlung von *Dezimalbrüchen* für das tägliche Leben wie für die berufliche Praxis unbestritten ist, stellen wir im folgenden *vor allem* Argumente zusammen, die eine Behandlung der Bruchzahlen insbesondere in Form der *gemeinen Brüche* – daneben z.T. auch in Form von Dezimalbrüchen – erforderlich erscheinen lassen. Wir unterteilen die Argumente nach zwei Gesichtspunkten (Nutzen für das tägliche Leben, innermathematische bzw. innerschulmathematische Notwendigkeit), wobei Überschneidungen vorkommen.

Gesichtspunkt 1: Eine Behandlung von Bruchzahlen ist zur *Lösung praktischer Probleme des täglichen Lebens* notwendig.

Wir benötigen Bruchzahlen zur Lösung praktischer Probleme des täglichen Lebens vor allem in folgenden Zusammenhängen:

(1) Für *genaue Messungen* reichen vielfach die natürlichen Zahlen nicht aus. So benötigen wir z.B. bei der Bestimmung von Längen, Flächeninhalten, Volumina, Geldwerten, Zeitspannen und Gewichten an vielen Stellen Bruchzahlen, ebenso bei der Benutzung von Skalen (Beispiel: Temperaturskala, Erdbebenskala) und von Indizes (z.B. Lebenshaltungskostenindex).

(2) Zur knappen Beschreibung des Ergebnisses beim *Teilen von Grössen* (Beispiel: Der sechste Teil einer 5 m langen Strecke), ebenso wie zur Beschreibung von *Bruchteilen von Größen* benötigen wir Bruchzahlen. Während wir bei (1) i.a. bis auf wenige Ausnahmen wie etwa $\frac{3}{4}$ Stunde, $\frac{1}{2}$ Liter oder $1\frac{1}{2}m$ Dezimalbrüche benutzen, wird man bei (2) eher gemeine Brüche einsetzen.

(3) Wir müssen im täglichen Leben auch Rechnungen mit Größen beherrschen, so z.B. *Additionen* beim Einkaufen oder *Vervielfachen* bei der Preisbestimmung von Hotelübernachtungen, und zwar hier in Form von Dezimalbrüchen.

(4) Auf *viele weitere praktische Anwendungen* wie z.B. Zins– und Pro-

zentrechnung, die einen festen Platz im Mathematikunterricht haben, gehen wir im nächsten Abschnitt ein.

Gesichtspunkt 2: Eine Behandlung von Bruchzahlen ist aus *innermathematischen bzw. innerschulmathematischen Gründen* notwendig.

Während bei den unter Gesichtspunkt 1 genannten Argumenten (1) bis (3) der Einsatz von *Dezimalbrüchen* weit überwiegt, stehen im folgenden die *gemeinen Brüche* stark im Vordergrund.

(1) Im Bereich $\mathbb{N}$ der natürlichen Zahlen sind nur die Addition und Multiplikation *uneingeschränkt* ausführbar. Dagegen kann dort die Subtraktion und Division nur in Sonderfällen durchgeführt werden. Zur Behebung dieser Mängel der natürlichen Zahlen ist eine *Zahlbereichserweiterung* notwendig. Um neben der Multiplikation auch die *Division* (mit Ausnahme der Division durch Null) uneingeschränkt durchführbar zu machen, ist der Übergang zu den Bruchzahlen erforderlich. Die Tatsache, daß in diesem umfassenderen Zahlenbereich die Division – bis auf *eine* Ausnahme – uneingeschränkt ausgeführt werden kann, läßt sich mit Hilfe der *gemeinen Brüche* besonders einfach und problemlos zeigen. Der Idealzustand, daß *alle vier* Grundrechenarten uneingeschränkt durchgeführt werden können (Ausnahme: Division durch Null), wird im Mathematikunterricht erst später nach Einführung der negativen rationalen Zahlen – und damit durch Übergang zu der Menge $\mathbb{Q}$ aller *rationalen Zahlen* – erreicht.[1]

(2) Für wichtige, *anwendungsorientierte Gebiete* des Mathematikunterrichts – wie die *Prozent-*, *Zins-*, *Schluß-*, *Verhältnis-* und *Wahr-*

---

[1] Dies ist die übliche Reihenfolge im *Unterricht*. Dagegen strebt man in der *Hochschulmathematik* zunächst eine uneingeschränkte Durchführbarkeit der Subtraktion in der Menge $\mathbb{Z}$ der ganzen Zahlen und erst dann der Division (Ausnahme: Division durch Null) in der Menge $\mathbb{Q}$ der rationalen Zahlen an. Die Abweichungen von diesem sachlogisch naheliegenden Weg (erst Subtraktion, dann Division) im *Unterricht* beruhen darauf, daß im täglichen Leben die Bruchzahlen eine größere Rolle spielen als die ganzen Zahlen.

scheinlichkeitsrechnung – benötigen wir unbedingt Bruchzahlen. Diese Gebiete werden heute meist in engem zeitlichen Zusammenhang mit der Bruchrechnung behandelt und stellen wichtige Anwendungsgebiete dar. Wir benötigen hier aus Gründen der Einfachheit und größeren Anschaulichkeit die Bruchzahlen gerade auch in Form der gemeinen Brüche. Man denke zur Verdeutlichung beispielsweise an den Wahrscheinlichkeitsbegriff oder den Additions- und Multiplikationssatz der Wahrscheinlichkeitsrechnung oder an die Berechnung von Zinsen.

(3) Für die im Mathematikunterricht, aber auch in weiteren Fächern benötigte Fertigkeit der *Benutzung von Formelsammlungen* (Einsetzen in Formeln, „Auflösen" von Formeln) ist die Kenntnis der Bruchrechnung oft notwendig (Beispiele: Zinsformeln, Volumenformeln in der Geometrie). Gleiches gilt auch für die *Berechnung von Funktionswerten.*

(4) Wir benötigen unbedingt eine gründliche Behandlung der Bruchzahlen – speziell in Form der gemeinen Brüche – für ein so zentrales Gebiet des Mathematikunterrichts der Sekundarstufe I wie die *Gleichungslehre.* So sind bei der Durchführung von *Äquivalenzumformungen* bei Gleichungen oder Gleichungssystemen gründliche Kenntnisse aus der Bruchrechnung erforderlich. Eine ausschließliche Einführung der Dezimalbruchschreibweise für Bruchzahlen dürfte gerade in diesem Bereich zu größten Komplikationen führen bzw. sich als ungenügend erweisen. Zur Verdeutlichung denke man an die Bestimmung der Lösungsmenge einer einfachen Gleichung wie $3x + 2y = 1$, eines einfachen linearen Gleichungssystems wie

$$3x + 2y = 1$$

$$x + 3y = 1$$

oder an die Bestimmung der Lösungsmengen linearer Gleichungen der Form $ax + b = c$ oder quadratischer Gleichungen der Form $ax^2 + bx + c = 0$.

(5) Die letzten Beispiele führen schon in den Bereich der *Algebra.* Ohne eine vorhergehende Behandlung der Bruchrechnung in Form

der gemeinen Brüche als anschauliche Vorstufe im Sinne einer *Curriculumspirale* ist ein erfolgreicher Unterricht in Algebra – man denke z.B. an Termumformungen – kaum vorstellbar.

Gehen wir die aufgeführten vielfältigen Begründungen für eine Behandlung der Bruchzahlen im Unterricht durch, so können wir zusammenfassend festhalten: Wegen der breiten Einsetzbarkeit und der großen praktischen Bedeutung legt man im Mathematikunterricht zu Recht ein derartig großes Gewicht auf ihre Behandlung. Die Einführung *zweier* Schreibweisen für Bruchzahlen – nämlich als gemeine Brüche und als Dezimalbrüche – ist *kein* überflüssiger und nur sinnlos tradierter Luxus. Ein weitgehender oder gar völliger Verzicht auf die gemeinen Brüche ist aus vielfältigen Gründen *nicht* realisierbar.

3. UNTERRICHTSERFOLG

Die Bruchrechnung – speziell in Form der *gemeinen Brüche* – gilt als *äußerst schwieriges* Gebiet. Wir werden im folgenden anhand eigener Untersuchungen belegen, wieweit dies zutrifft und auch schon erste Hinweise geben, in welchen Bereichen der Bruchrechnung die meisten Schwierigkeiten auftreten. Dagegen hört man kaum Klagen über fehlende Unterrichtserfolge bei der Behandlung der *Dezimalbrüche*. Bedeutet dies, daß die Behandlung dieses Gebietes *problemlos* ist und daß die Unterrichtserfolge hier *höher* liegen als bei den gemeinen Brüchen? Auch zur Beantwortung dieser und weiterer Fragen greifen wir im folgenden auf umfangreiche eigene Untersuchungen zurück.

Unsere Untersuchung über *gemeine Brüche* an knapp 900 Realschülern aus 28 Klassen von 8 Schulen (Padberg (1986)) ergibt für die einzelnen Rechenoperationen und Aufgabentypen folgende *Prozentsätze richtig gelöster Aufgaben:* (Vgl. die folgende Seite oben.)

Addition

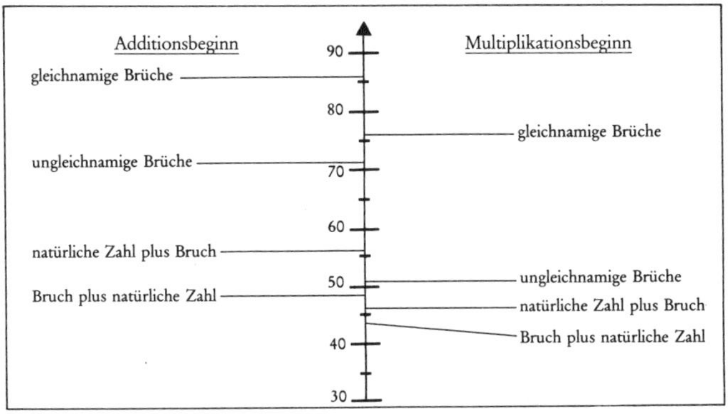

Subtraktion

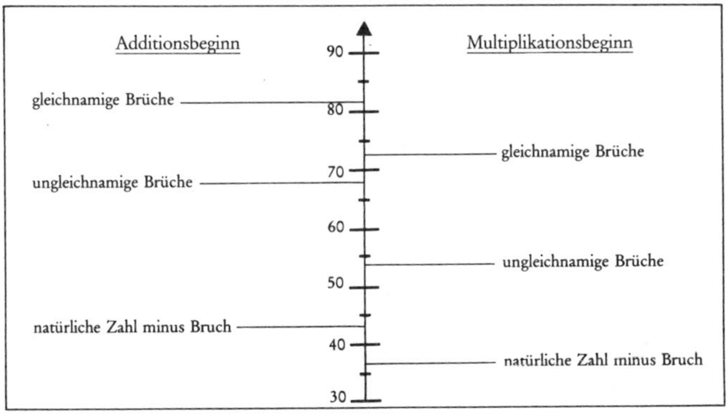

Multiplikation

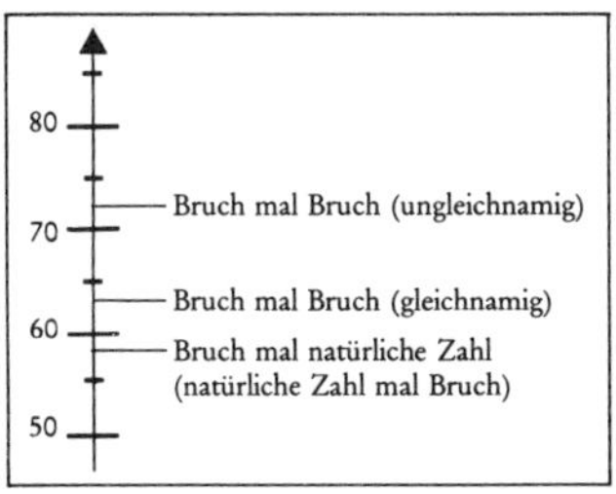

Division

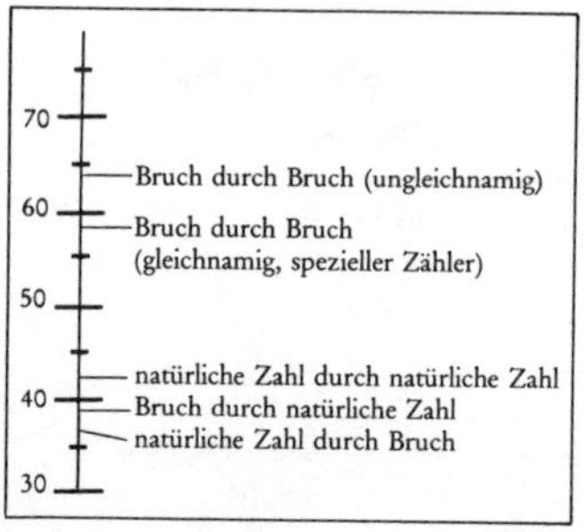

Wir wollen an dieser Stelle hierzu nur soviel festhalten: Die Daten belegen, daß selbst in *Realschulen* der Unterrichtserfolg bei der Behandlung gemeiner Brüche noch ***stark verbesserungsbedürftig*** ist. Dies gilt ganz besonders für Aufgaben, bei denen gemeine Brüche und natürliche Zahlen kombiniert auftreten. Eine genauere Kommentierung der Daten erfolgt später (vgl. III.4, III.5, III.6, III.7). Die Leistungen bei *Hauptschülern* sind noch wesentlich schwächer, wie Untersuchungen von Hasemann dokumentieren (Hasemann (1979), Hasemann (1983)). Aber auch im *Ausland* ist die Situation nicht besser, wie beispielsweise vielfältige empirische Untersuchungen aus den USA erkennen lassen (vgl. z.B. Ginther u.a. (1976) in Padberg (1978)).

Unsere gerade erst abgeschlossene Untersuchung über *Dezimalbrüche* (Padberg (1989)) an knapp 900 Gymnasiasten aus 34 Klassen von 11 Gymnasien in Westfalen liefert uns in diesem Zusammenhang folgende Daten:

(1) *Prozentsatz richtig gelöster Aufgaben* im Durchschnitt je Operation

Anordnung	(8 Aufg.)	76
Addition	(14 Aufg.)	88
Subtraktion	(18 Aufg.)	76 (80)[1]
Multiplikation	(18 Aufg.)	55 (59)[1])
Division	(28 Aufg.)	43

[1] Bei Ausklammerung von jeweils 2 Nicht–Standardaufgaben.

(2) *Prozentsatz der Schüler*, die die betreffende Aufgabe richtig lösen.

	zweitleichteste Aufgabe	zweitschwerste Aufgabe
Anordnung	88	69
Addition	94	79
Subtraktion	93	51 (67)[1]
Multiplikation	83	23 (43)[1])
Division	78	25

Die Daten belegen eindeutig, daß selbst an *Gymnasien* die Behandlung der Dezimalbrüche *keineswegs problemlos* ist. Gleiches gilt vermutlich erst recht für die *übrigen* Schulformen. Insbesondere im Bereich der Multiplikation und Division sind hohe Defizite erkennbar. Ein *Vergleich* der Leistungen bei gemeinen Brüchen und Dezimalbrüchen ergibt – bei aller Vorsicht in der Interpretation – folgende Hinweise: Der Unterrichtserfolg ist bei den Dezimalbrüchen *keineswegs generell höher* als bei den gemeinen Brüchen. Vielmehr liegen die Leistungen nur bei der Addition und Subtraktion von Dezimalbrüchen höher, und zwar etwa auf der Höhe für gleichnamige Brüche, während sie bei der Multiplikation und Division deutlich *unter* den entsprechenden Werten für die gemeinen Brüche liegen.

4. VORTEILE DER GEMEINEN BRÜCHE GEGENÜBER DEN DEZIMALBRÜCHEN

Der vorige Abschnitt belegt, daß Schüler sowohl bei Rechnungen mit gemeinen Brüchen wie auch mit Dezimalbrüchen größere Probleme haben. Daher wollen wir in diesem und dem nächsten Abschnitt die *spezifischen Vorteile* der gemeinen Brüche gegenüber den Dezimalbrüchen bzw. der Dezimalbrüche gegenüber den gemeinen Brüchen herausstellen. Dies liefert – über die Aussagen in I.2 hinaus – wichtige Argumente, warum gerade auch unter dem Gesichtspunkt einer Erhöhung des Unterrichtserfolges *beide* Schreibweisen für Bruchzahlen im Mathematikunterricht gründlich behandelt werden sollten.

---

[1] Bei Ausklammerung von jeweils 2 Nicht–Standardaufgaben.

Gemeine Brüche (mit kleineren Nennern) lassen sich zwar schwerer als natürliche Zahlen, aber viel leichter als Dezimalbrüche mit ihren hohen Nennern (Zehntel, Hundertstel, ...) *handelnd herstellen und veranschaulichen.* (Beispiel: $\frac{3}{8} - -0,375$). Häufig benutzte Bruchzahlen wie $\frac{1}{3}$ oder $\frac{1}{6}$ sind in dieser Schreibweise viel leichter verständlich als in der Dezimalbruchschreibweise. Die Problematik *unendlicher Dezimalbrüche* kann zu einem späteren Zeitpunkt angesprochen werden.

Mit Hilfe der Rechenregeln für gemeine Brüche lassen sich *sämtliche Rechenregeln* für Dezimalbrüche *einsichtig* begründen. Während bei der Addition und Subtraktion und in gewissem Umfang bei der Division eine Regelableitung auch ohne expliziten Rückgriff auf gemeine Brüche möglich ist, müssen bei einer einsichtigen Ableitung der *Multiplikationsregel* Regeln wie: Zehntel mal Zehntel ergibt Hundertstel, Zehntel mal Hundertstel ergibt Tausendstel, Hundertstel mal Hunderststel ergibt Zehntausendstel oder auch Zehn mal Hunderstel ergibt Zehntel bekannt sein. Zum Verständnis dieser Regeln ist aber auch all das erforderlich, was für die Multiplikation *beliebiger Stammbrüche* benötigt wird (vgl. auch Lietzmann (1968)).

Bei einer Behandlung der gemeinen Brüche steht sofort *ganz* $\mathbb{Q}^+$, also die Menge *aller* positiven rationalen Zahlen oder Bruchzahlen, zur Verfügung, und zwar auch bezüglich der vier Rechenoperationen. Bei den Dezimalbrüchen beschränkt man sich hingegen i.a. *zunächst* auf eine *Teilmenge*, nämlich auf die *Teilmenge* der *endlichen* Dezimalbrüche, und klammert die *periodischen* Dezimalbrüche aus.

Der Rechen*aufwand* ist bei der Multiplikation und Division von gemeinen Brüchen i.a. kleiner als bei Dezimalbrüchen. Der *geringere Unterrichtserfolg* bei Dezimalbrüchen bei der Multiplikation und Division (vgl. 3.) hängt z.T. hiermit zusammen. Ferner tritt die Problematik der *Periodizität* nicht auf, die auch bei endlichen Dezimalbrüchen schon in so einfachen Divisionsaufgaben wie $0,2 : 0,3$ unvermeidlich ist.

Beim Rechnen mit gemeinen Brüchen wird stets mit *exakten Werten* gearbeitet. Dies ist beispielsweise für Äquivalenzumformungen in der Gleichungslehre wichtig. Bei Dezimalbrüchen dagegen muß man zwangsläufig häufiger mit *Näherungswerten* aufgrund von Auf- oder

Abrundungen rechnen. Man muß daher wissen, wie sich die Fehler wegen der durchgeführten Abschätzungen bei den folgenden Rechenoperationen fortpflanzen und ihre Größenordnung abschätzen können, zweifelsohne ein für den Mathematikunterricht wichtiges, jedoch auch *äußerst anspruchvolles* Lernziel.

5. VORTEILE DER DEZIMALBRÜCHE GEGENÜBER DEN GEMEINEN BRÜCHEN

In den folgenden Punkten bieten die Dezimalbrüche deutliche Vorteile gegenüber den gemeinen Brüchen:

Im *täglichen Leben* benutzt man bei *Rechnungen* die Bruchzahlen praktisch ausschließlich in Form der Dezimalbrüche. Entsprechend groß ist der Erfahrungsschatz der Schüler, entsprechend häufig können sie diese Kenntnisse auch im Alltag einsetzen. Die gemeinen Brüche spielen dagegen im alltäglichen Wortschatz zur Bezeichnung *einiger* häufiger benutzter Größen – wie bestimmter Volumina ($\frac{1}{8}l$, $\frac{1}{4}l$, $\frac{1}{2}l$, $\frac{3}{4}l$), Zeitspannen ($\frac{1}{4}$ Stunde, $\frac{1}{2}$ Stunde, $\frac{3}{4}$ Stunden, $1\frac{1}{2}$ Stunden) oder auch Gewichte ($\frac{1}{8}kg$, $\frac{1}{4}kg$, $\frac{1}{2}kg$) – eine wichtige Rolle (vgl. auch Seyfferth (1975)), während wir für die Bezeichnung der *meisten* Größen jedoch die Dezimalbrüche vorziehen.

Die *Dezimalbruchschreibweise* ist eine *natürliche Erweiterung* der den Schülern schon gut vertrauten Stellenwertschreibweise für natürliche Zahlen. Das Rechnen mit Bruchzahlen schließt sich so nahtlos an das Rechnen mit natürlichen Zahlen an. Eine völlig andersartige Schreibweise wie bei den gemeinen Brüchen mit Zähler, Bruchstrich und Nenner, die im Gegensatz zur Stellenwertschreibweise steht und daher den Schülern zunächst Schwierigkeiten bereitet, ist *nicht* erforderlich. Daher muß auch kein umfangreiches, eigenes Begriffssystem aufgebaut werden, so wie es bei den gemeinen Brüchen erforderlich ist (Zähler, Nenner, Erweitern, Kürzen, gleichnamig, ungleichnamig, Hauptnenner u.a.). Auch die gemischten Zahlen fügen sich problemlos in den Aufbau ein. Ferner ist die Dezimalbruchschreibweise für die einzelne Bruchzahl im wesentlichen eindeutig im Unterschied zur Schreibweise als gemeiner Bruch. Die häufiger gehörte Aussage, daß den Schülern schon von der Grundschule her die dezimale Schreibweise von Größen wie

Längen oder Geldwerten vertraut sei, ist allerdings nur *rein äußerlich* vom Schriftbild her zutreffend; denn die Schreibweise 2,55 m ist in der Grundschule *nur* eine Kurzschreibweise für 2 m 55 cm, und *nicht* für 2 m $+\frac{5}{10}m + \frac{5}{100}m$ bzw. für $2\frac{55}{100}m$. Daß es sich also um eine Bruchschreibweise handelt, wird den Grundschülern nicht bewußt. Die in der Grundschule übliche Schreibweise dürfte sogar im Gegenteil *keine* Vorteile für die Behandlung der Dezimalbrüche bringen, sondern eher zu typischen *Schülerfehlern* beitragen (vgl. V.).

Bei Benutzung der Dezimalbruchschreibweise stimmen die *Rechenverfahren* bezüglich der 4 Grundrechenarten für Bruchzahlen – bis auf die Kommasetzung – vollständig mit den Verfahren in der Menge der natürlichen Zahlen überein. Dagegen erfordert das Rechnen mit gemeinen Brüchen völlig andere, neue Rechenregeln sowie bei der Addition und Subtraktion viel *mehr* einzelne Rechenschritte mit vielfältigen Fehlermöglichkeiten, zumal die Rechenverfahren wegen ihrer Andersartigkeit nicht so „sitzen" wie die weitgehend schon bekannten Verfahren bei den Dezimalbrüchen. Die folgende tabellarische Gegenüberstellung soll zu einem differenzierten Bild des unterschiedlichen Weges und Schwierigkeitsgrades bei Benutzung beider Schreibweisen beitragen:

	Gemeine Brüche	*Dezimalbrüche*
(1)	Größenvergleich	
	$\frac{3}{4}, \frac{18}{25}, \frac{7}{8}$	$0,75; 0,72; 0,875$
	Hauptnennerbestimmung:	Für die Ordnung nach der
	$\frac{150}{200}, \frac{144}{200}, \frac{175}{200}$	Größe ist *keine*
		Rechnung erforderlich
	also: $\frac{18}{25} < \frac{3}{4} < \frac{7}{8}$	$0,72 < 0,75 < 0,875$
(2)	Kürzen:	
	$\frac{15}{20} = \frac{3}{4}$	$0,750 = 0,75$
(3)	Erweitern:	
	$\frac{3}{4} = \frac{15}{20}$	$0,75 = 0,750$
(4)	Addition:	
	$\frac{7}{8} + \frac{2}{5} = \frac{35}{40} + \frac{16}{40} = \frac{51}{40} = 1\frac{11}{40}$	$0,875 + 0,4 = 1,275$
(5)	Subtraktion	
	$\frac{7}{8} - \frac{2}{5} = \frac{35}{40} - \frac{16}{40} = \frac{19}{40}$	$0,875 - 0,4 = 0,475$
(6)	Multiplikation:	
	$\frac{7}{8} \cdot \frac{2}{5} = \frac{7 \cdot 2}{8 \cdot 5} = \frac{7}{4 \cdot 5} = \frac{7}{20}$	$0,875 \cdot 0,4 = 0,3500 = 0,35$
(7)	Division:	
	$\frac{7}{8} : \frac{2}{5} = \frac{7}{8} \cdot \frac{5}{2} = \frac{7 \cdot 5}{8 \cdot 2} = \frac{35}{16} = 2\frac{3}{16}$	$0,875 : 0,4 = 8,75 : 4 = 2,1875$

Die Übersicht macht deutlich, daß die Rechnungen beim Größenvergleich, beim Erweitern und Kürzen sowie bei der Addition und Subtraktion in Dezimalbruchschreibweise wesentlich leichter und kürzer sind als bei der üblichen Bruchschreibweise. Bei der Multiplikation und Division ist dagegen zwar auch das Rechen*verfahren* wegen der weitgehenden Benutzung des von den natürlichen Zahlen her vertrauten Verfahrens ebenfalls leichter zu behalten, dagegen dürfte jedoch der Rechen*aufwand* bei der Dezimalbruchschreibweise eher höher liegen als bei der üblichen Bruchschreibweise.

Die genannten Vorteile gelten allerdings nur für *endliche* Dezimalbrüche. Bei der Betrachtung *periodischer* Dezimalbrüche erhöht sich der Schwierigkeitsgrad erheblich.

6. SCHLUSSFOLGERUNG

Die Ausführungen in diesem ersten Kapitel belegen, daß unter verschiedenen Gesichtspunkten die Einführung *beider* Schreibweisen für Bruchzahlen, nämlich als gemeine Brüche und als Dezimalbrüche, äußerst sinnvoll und unbedingt notwendig ist. Es stellt sich daher die Frage, in welcher *Reihenfolge* die beiden Notationsformen behandelt werden sollen: Zunächst gemeine Brüche, dann Dezimalbrüche oder umgekehrt zunächst Dezimalbrüche, dann gemeine Brüche oder Parallelbehandlung beider Schreibweisen? Analysen amerikanischer Arithmetikschulbücher belegen, daß schon im 18. und 19. Jahrhundert(!) *alle drei* Versionen bei *amerikanischen* Schulbüchern vorkommen (Jones (1960)) und daß einige wenige Schulbücher nach dieser Quelle sogar völlig(?) oder weitgehend auf die Behandlung gemeiner Brüche verzichten, wie man der folgenden Übersicht entnehmen kann:

	Anzahl entsprechender Schulbücher
Keine Behandlung gemeiner Brüche	2
Beschränkung der Behandlung gemeiner Brüche auf die Definition oder auf die Umwandlung in Dezimalbrüche	5
Parallele Behandlung von gemeinen Brüchen und Dezimalbrüchen bei jeder Rechenoperation jeweils (Beginn meist mit gemeinen Brüchen)	3
Beginn mit Dezimalbrüchen	22
Beginn mit gemeinen Brüchen	75

Überraschenderweise stellt sich die Situation zu diesem Zeitpunkt in *Deutschland völlig anders* dar. So gilt zumindest in *Preußen* noch 1854 das Rechnen mit Dezimalbrüchen selbst an *Lehrerseminaren*(!) als entbehrlich und gewinnt die Dezimalbruchrechnung erst um 1870 – also nach der Reichsgründung – durch die in Deutschland neu eingeführte dezimale Einteilung der Längen–, Flächen– und Körpermaße sowie der Gewichte und Münzen zunehmend an Bedeutung (DIFF (1982)).

Ein Blick in die *gegenwärtigen Schulbücher* in der BR Deutschland zeigt weithin *dasselbe Bild: Zunächst* werden die gemeinen Brüche gründlich behandelt, *anschließend* erfolgt in einem hiervon getrennten Abschnitt die Behandlung der Dezimalbrüche. Nur in wenigen Schulbüchern werden gemeine Brüche und Dezimalbrüche parallel behandelt. Dagegen werden in *dem* (Einheits)schulbuch der *DDR* schon seit längerem – und auch noch nach den neuesten Lehrplänen – gemeine Brüche und Dezimalbrüche jeweils *parallel* unterrichtet, wobei stets mit den gemeinen Brüchen begonnen wird (vgl. Pietzsch (1988)). Ein Blick in das *Ausland* zeigt, daß auch dort vielfach zunächst die gemeinen Brüche und erst dann die Dezimalbrüche behandelt werden, wobei dort teilweise auch eine Parallelbehandlung erfolgt bzw. hierfür plädiert wird. Dies gilt beispielsweise für die USA, Großbritannien, die UdSSR (Grassmann (1983)) oder die Niederlande. Dagegen werden bzw. wurden in der CSSR (Grassmann (1983)), in Frankreich und auch in Österreich zunächst die Dezimalbrüche und erst dann die gemeinen Brüche behandelt. Allerdings zeichnet sich hier zumindestens in Frankreich und Österreich durch die jeweils Mitte der 80er Jahre erschienenen neuen Lehrpläne ein *Wandel* ab. So wird in Österreich durch eine Parallelbehandlung eine Vernetzung von gemeinen Brüchen und Dezimalbrüchen angestrebt. Auch in Frankreich, das lange Zeit sehr stark die Dezimalbrüche betont hat und wo erst anschließend in Klasse 8 ein recht knapper, in sich geschlossener Durchgang durch die vier Grundrechenarten mit gemeinen Brüchen erfolgte, scheint durch die neuen Lehrpläne wieder eine frühere Betonung der gemeinen Brüche und eine teilweise Parallelbehandlung zu erfolgen (vgl. Schrage (1988)).

Bei der *Einführung der Bruchzahlen* bietet nach unserer Überzeugung ein Beginn mit *gemeinen Brüchen* insbesondere wegen der besseren Veranschaulichungsmöglichkeiten (kleine Nenner!) und der besseren Möglichkeiten zum handelnden Erarbeiten überzeugende Vorteile. Zur Verdeutlichung überlege man sich, was sich ein Schüler ohne eine vorhergehende Erarbeitung gemeiner Brüche beispielsweise unter 0,235 anschaulich vorstellen soll. Bei der *Kleinerrelation* und bei den *Rechenoperationen* bietet eine *Parallelbehandlung* den Vorteil, daß so den Schülern klar wird, daß gemeine Brüche und Dezimalbrüche nur zwei verschiedene *Schreibweisen* für dieselben mathematischen Objekte sind. Bei der in der BR Deutschland weit verbreiteten getrennten Nacheinanderbehandlung besteht nämlich die große Gefahr, daß die Schüler die gemeinen Brüche und die Dezimalbrüche für zwei *verschiedene Arten von Zahlen* halten. Ein Beginn *jeweils* mit gemeinen Brüchen ermöglicht eine einheitliche *Begründung* der Rechenregeln für Dezimalbrüche durch Rückgriff auf die entsprechenden Rechenregeln für gemeine Brüche. Während bei der *Addition und Subtraktion* auch ein Beginn mit Dezimalbrüchen für uns gut vorstellbar ist, ist bei der *Multiplikation und Division* nach unserer Einschätzung ein Beginn mit gemeinen Brüchen gerade auch unter dem Gesichtspunkt einer Vermeidung typischer Schülerfehler (vgl. I.3 und V.) unbedingt notwendig. Allerdings sollte man generell bei der Bruchrechnung kompliziertere oder aufwendige Rechnungen mit gemeinen Brüchen vermeiden. Das Ziel ist nämlich eine anschaulich fundierte Einführung der Bruchzahlen sowie eine einsichtig begründete und gut verstandene Beherrschung der Rechenoperationen mit *einfachen* gemeinen Brüchen, um so fundierte *Grundlagen* für eine Behandlung der im täglichen Leben fast ausschließlich eingesetzten *Dezimalbrüche* zur Verfügung zu haben und um so auch gut gerüstet zu sein für die verschiedenen (schul)mathematischen Gebiete, in denen die Kenntnis gemeiner Brüche erforderlich ist (vgl. 2.).

Ein Blick in das Ausland zeigt, daß dort die Bruchrechnung vielfach auf *mehrere Jahre verteilt* wird, während in der BR Deutschland eine starke Massierung auf das 6. Schuljahr feststellbar ist. Eine Verteilung auf die 5. und 6. Klasse – im Hauptschulbereich auf die Klassen 5 bis 7 – ist auch bei uns unbedingt erstrebenswert, wobei schon in der Grundschule erste anschauliche Vorarbeiten erfolgen sollten (vgl. 1.).

II. KONZEPTE ZUR BEHANDLUNG DER BRUCHRECHNUNG

Auf die Frage: Was ist eine Bruchzahl, kann man *insbesondere* die folgenden Antworten geben:

Eine Bruchzahl ist:

- Eine Größe
- Eine Äquivalenzklasse
- Die Lösung einer linearen Gleichung
- Eine Funktion (Operator)

Ein *weiterer* Ansatz, nämlich Bruchzahl- und *Verhältnis*begriff gleichzusetzen, führt beim Erweitern/Kürzen und bei der Ordnung zu sinnvollen Ergebnissen, ist allerdings schon bei der Addition nicht mehr brauchbar und verursacht dort leicht typische Schülerfehler (vgl. III. 4.4). Wir unterscheiden daher idealtypisch folgende vier Konzepte:

- Das Größenkonzept
- Das Äquivalenzklassenkonzept
- Das Gleichungskonzept
- Das Operatorkonzept.

1. DAS GRÖSSENKONZEPT

Bei diesem Konzept geht man von konkreten Brüchen (vgl. III. 1) wie $\frac{1}{8}$ kg, $\frac{3}{4}$ Stunde oder $1\frac{1}{2}$ km aus, die den Schülern aus dem täglichen Leben vertraut sind. Durch Abstraktion gelangt man – ohne daß dies in den Lehrgängen meist so explizit thematisiert und formuliert wird – zu einer festen Größe als Bezugsgröße, genannt „das Ganze" oder „die Einheit (schlechthin)". Die Bruchzahl $\frac{m}{n}$ ist also hierbei eine Größe, nämlich die Größe $\frac{m}{n}E$, wenn wir „die Einheit" mit E bezeichnen (vgl. Kirsch (1975)).

Das Konzept bietet den Vorteil der Nähe zu vielen Anwendungen der Bruchzahlen im täglichen Leben und damit gute Rückgriffsmöglichkeiten auf Vorkenntnisse der Schüler. Das Erweitern/Kürzen, die Anordnung, das Addieren und Subtrahieren sowie Sonderfälle der Multiplikation und Division lassen sich gut von alltäglichen Anwendungssituationen her motivieren und sehr anschaulich behandeln. Dagegen kann man die Multiplikation – und auch die Division – nicht mehr generell im Sinne dieses Konzepts einführen, werden hier also *Grenzen* dieser Konzeption sichtbar. Bei einer *ausschließlichen* Deutung der Bruchzahlen als Größen wird nämlich – hierauf macht Kirsch (1975) zu Recht aufmerksam – ein „natürlicher Zugang" zur Einführung der *Multiplikation* von Bruchzahlen verbaut, da „für Größen (ein und derselben Art) in natürlicher Weise keine Multiplikation erklärt werden kann" (Kirsch (1975)). Bezeichnen wir – um die Problematik deutlich zu machen – die Einheit etwa mit „Torte", so sehen wir unmittelbar: Im Gegensatz zur Addition ($\frac{1}{2}$ Torte $+\frac{1}{3}$ Torte) und Subtraktion ($\frac{1}{2}$ Torte $-\frac{1}{3}$ Torte) sind Produkte von Bruchzahlen bei diesem Ansatz im allgemeinen sinnlos, wie der Ausdruck „$\frac{1}{2}$ Torte mal $\frac{1}{3}$ Torte" einleuchtend belegt. Daher ist an dieser Stelle beim Größenkonzept das Prinzip der Methodenreinheit *nicht* durchzuhalten. Es ist vielmehr eine *Umdeutung* erforderlich, etwa im Sinne des Operatorkonzepts (vgl. 4.). Statt des sinnlosen Ausdrucks „$\frac{1}{2}$ Torte mal $\frac{1}{3}$ Torte" untersucht man beispielsweise „$\frac{1}{2}$ von $\frac{1}{3}$ Torte" und gibt so dem Produkt einen Sinn. Hierbei werden aber offensichtlich die beiden Bruchzahlen im Produkt unterschiedlich behandelt. Während die Bruchzahl im zweiten Faktor unverändert als Größe gedeutet wird, erfolgt beim ersten Faktor eine Umdeutung. Die Bruchzahl wird hier als Operator gedeutet.

Bei einer Einführung der *Division* als Umkehroperation der Multiplikation gelten offenbar auch hier die bei der Multiplikation genannten Probleme. Führt man die Division *eigenständig* im Sinne des *Messens* bzw. Enthaltenseins ein (Beispiel: $\frac{1}{2} : \frac{1}{4}$ bedeutet: Wie oft ist $\frac{1}{4}$ in $\frac{1}{2}$ enthalten?), so treten spätestens, wenn der Divisor größer ist als der Dividend, Schwierigkeiten bei den anschaulichen Vorstellungen auf. Ferner ist das Ergebnis offenbar *keine* Größe, also keine Bruchzahl im Sinne dieses Konzepts. Unter dem Gesichtspunkt der *Methodenreinheit* treten auch bei den beiden Sonderfällen „natürliche Zahl mal Bruch" und „Bruch durch natürliche Zahl" Schwierigkeiten auf.

2. DAS ÄQUIVALENZKLASSENKONZEPT

Bei diesem Konzept definiert man zunächst in der Menge der geordneten Paare (a,b) natürlicher Zahlen eine Relation „$\sim$" durch

$(a, b) \sim (c, d)$ genau dann, wenn $a \cdot d = b \cdot c$.

Diese Relation „$\sim$" ist reflexiv, symmetrisch und transitiv, also eine Äquivalenzrelation, und bewirkt daher in der Menge der geordneten Paare natürlicher Zahlen eine Klasseneinteilung. Die Äquivalenzklasse, in der beispielsweise (3,4) liegt, bezeichnen wir mit „$\frac{3}{4}$". Bei diesem Konzept ist also die Bruchzahl $\frac{3}{4}$ die Äquivalenzklasse

$\frac{3}{4} = \{(a, b) \mid a, b \in \mathbb{N} \text{ und } 3 \cdot b = 4 \cdot a\}$ bzw. die Bruchzahl $\frac{m}{n}$ die Äquivalenzklasse $\frac{m}{n} = \{(a, b) \mid a, b \in \mathbb{N} \text{ und } m \cdot b = n \cdot a\}$.

Schreiben wir die so definierte Bruchzahl $\frac{3}{4}$ in aufzählender Mengenschreibweise, so erhalten wir:

$\frac{3}{4} = \{(3, 4), (6, 8), (9, 12), (12, 16), \ldots\}$.

Da neben (3,4) beispielsweise auch (6,8) oder (12,16) in derselben Äquivalenzklasse liegen, können wir diese Äquivalenzklasse daher statt mit $\frac{3}{4}$ auch etwa mit $\frac{6}{8}$ und $\frac{12}{16}$ bezeichnen. Man bezeichnet diese Elemente auch als *Repräsentanten* der Äquivalenzklasse. Zwischen den Äquivalenzklassen (Bruchzahlen) definieren wir mit Hilfe der Repräsentanten eine Addition und Multiplikation durch die Festsetzung:
$\frac{m}{n} + \frac{p}{q} \underset{Df}{=} \frac{m \cdot q + n \cdot p}{n \cdot q}$ bzw. $\frac{m}{n} \cdot \frac{p}{q} \underset{Df}{=} \frac{m \cdot p}{n \cdot q}$. („$\underset{Df}{=}$" bedeutet „definitorisch gleich"), d.h. wir ordnen beispielsweise bei der Multiplikation den Äquivalenzklasen $\frac{m}{n}$ und $\frac{p}{q}$ als Produkt die Äquivalenzklasse zu, in der $\frac{m \cdot p}{n \cdot q}$ liegt. Damit diese Definition sinnvoll ist, muß man zuvor noch nachweisen, daß die so definierte Addition und Multiplikation unabhängig ist von den gewählten Repräsentanten (vgl. z.B. Strehl (1976)).

Der skizzierte Weg liegt auf den ersten Blick völlig abseits von der schulischen Wirklichkeit. Dabei durchzieht das Schema der Klassenbildung, also die Zusammenfassung gleichwertiger Brüche zu *einer* Bruchzahl, alle Schulbuchkonzepte zur Bruchrechnung, allerdings jeweils mehr oder weniger deutlich. Weit verbreitet ist der vorstehend skizzierte Weg bei der Einführung der rationalen Zahlen in der *Hochschul*mathematik. Allerdings betrachtet man hier – da man die rationalen Zahlen sofort insgesamt und nicht nur die *positiven* rationalen Zahlen (Bruchzahlen) einführt – Paare *ganzer* Zahlen, bei denen die zweite Komponente von Null verschieden ist. Dieser Weg bietet im *Hochschul*bereich den Vorteil, daß man so zur Einführung der rationalen Zahlen *nur* auf die ganzen Zahlen und ihre Rechengesetze zurückgreifen muß. Insbesondere in den fünfziger Jahren und Anfang der sechziger Jahre wurde mit dem Argument der *Wissenschaftsorientierung* des Unterrichts für die Benutzung dieses Wegs im Mathematikunterricht der 6. Klasse etwa folgendermaßen geworben: „Ich habe die Bruchrechnung der Schule nie verstanden. Erst in den Vorlesungen zum Aufbau des Zahlensystems der Universität ist mir klargeworden, worum es geht. Man sollte doch den ganzen unmathematischen Kram ['Pfannkuchenmethode bzw. Tortenmethode'] lassen und sich gefälligst an dem üblichen Standard der Hochschulmathematik orientieren" (zitiert nach Griesel (1981 a)).

Der vorstehend skizzierte Weg weist bei einer Behandlung im *Unterricht* der 6. Klasse jedoch offenkundig *schwerwiegende Nachteile* auf:

- Sowohl die Definition der Bruchzahlen wie auch die der Rechenoperationen erfolgen für die Schüler *völlig unmotiviert* und *rein formal.* Die Genese der Begriffe und Definitionen wird völlig unterschlagen.
- Es gelingt kaum, Schülern eine anschauliche *Vorstellung* von den Bruchzahlen und besonders von den Verknüpfungen zu vermitteln (vgl. auch Klika/Wolpers (1978)).
- An das *Vorwissen* der Schüler wird nicht angeknüpft.
- Die Einführung der Addition wirkt künstlich. Eine *komponentenweise Addition* liegt bei diesem Ansatz viel näher. Hierdurch kann ein weit verbreiteter Schülerfehler noch gefördert werden (vgl. III. 4.4).
- Die Einführung der Addition und Multiplikation erfolgt *anwendungsfern* (vgl. auch Griesel (1981 a)), eine Verbindung zu den Anwendungen ist kaum herstellbar.

Daher urteilt Bigalke (1974) über diesen Weg zu Recht: „Der vom formalen Standpunkt aus extremste [Vorschlag] war wohl der, Bruchzahlen als Äquivalenzklassen von Paaren natürlicher Zahlen einzuführen.

Obwohl mathematisch einwandfrei, hat er sich in der Schulpraxis jedoch nicht bewährt."

3. DAS GLEICHUNGSKONZEPT

Die Bruchzahl $\frac{m}{n}$ ist bei diesem Konzept *die* Lösung der linearen Gleichung $n \cdot x = m$ mit $m, n \in \mathbb{N}$. Da man für die Lösung dieser Gleichung auch $m : n$ schreibt, erhält man so leicht die Beziehung $m : n = \frac{m}{n}$. Das Erweitern und Kürzen ebenso wie die Rechenoperationen kann man – so Freudenthal (1973), ein Befürworter dieses Ansatzes – „nach übersichtlichen Schemata und gleichzeitig in sinnvollen Prozessen" gut einführen. So benennen etwa $\frac{3}{4}, \frac{6}{8}$ und $\frac{15}{20}$ dieselbe Bruchzahl, da man die zugehörigen Gleichungen $8x = 6$ und $20x = 15$ aus der Ausgangsgleichung $4x = 3$ durch Multiplikation beider Seiten mit 2 bzw. 5 erhält. Die Addition zweier Bruchzahlen führt Freudenthal folgendermaßen ein: „Soll man zwei rationale Zahlen, etwa $\frac{7}{3}$ und $\frac{3}{5}$, addieren, so nenne man eine x und die anderen y und schreibe die Definitionsgleichungen

$$3x = 7, 5y = 3$$

auf. Man hat nun eine Gleichung für $x + y$ zu finden.

Dies geschieht durch
„Erweitern": $15x = 35, 15y = 9$,
woraus folgt: $15(x + y) = 44$,
wir erhalten also: $x + y = \frac{44}{15}$,
also: $\frac{7}{3} + \frac{3}{5} = \frac{44}{15}$.

Von den übrigen Rechenoperationen sagt Freudenthal nur, daß man sie ähnlich behandeln kann. So kann man etwa z.B. die Multiplikationsaufgabe $\frac{7}{3} \cdot \frac{3}{5}$ folgendermaßen einführen:

Die zugehörigen Definitionsgleichungen lauten: $3x = 7$ und $5y = 3$.

Durch Multiplikation der beiden linken bzw. der beiden rechten Seiten der Gleichungen und implizite Anwendung des Assoziativ- und Kommutativgesetzes erhalten wir:

$$(3 \cdot 5) \cdot (x \cdot y) = 7 \cdot 3,$$

also

$$x \cdot y = \frac{21}{15},$$

daher: $\frac{7}{3} \cdot \frac{3}{5} = \frac{21}{15}$.

Analysiert man den vorgeschlagenen Weg kritisch, so fallen insbesondere folgende *Mängel* auf:

- Dieses Konzept belastet eine später erfolgende, systematische Behandlung der Gleichungslehre. Dort bemüht man sich nämlich gerade darum, den Schülern klar zu machen, daß Gleichungen keineswegs stets oder gar eindeutig lösbar sind. Hier hingegen wird naiv die Existenz und Eindeutigkeit der Lösungen der Gleichungen $n \cdot x = m$ vorausgesetzt. Auch deckt sich der hier benutzte Variablenbegriff nicht mit dem in der modernen Gleichungslehre verwandten Variablenbegriff.
- Bei diesem Weg sind Kenntnisse aus der Gleichungslehre erforderlich, die in dieser Form in der 6. Klasse noch nicht zur Verfügung stehen. So benötigen wir beim Kürzen und Erweitern zumindest implizit Kenntnisse über Äquivalenzumformungen.
- Dieser Weg ist ausgesprochen formal. Selbst Freudenthal räumt ein: „... dafür verlaufen die Rechnungen nach einem allgemeinen Schema – allerdings einem Schema, das man erst *nach beträchtlicher algebraischer Übung versteht*“. (Freudenthal (1973); Hervorhebung durch den Verfasser)
- Die Gültigkeit der Rechengesetze (wie etwa des Kommutativ–, Assoziativ– und Distributivgesetzes) in der umfassenden Menge der Bruchzahlen wird i.a. nicht problematisiert.
- Die Einführung der Division bereitet bei diesem Ansatz Schwierigkeiten.
- Eine Anwendung der Bruchzahlen als Maßzahlen von Größen ist von diesem Ansatz her nur schwer erklärbar.

4. DAS OPERATORKONZEPT

Wir gehen hier erst an *letzter* Stelle auf das Opertorkonzept ein, da wir es etwas *breiter* darstellen als die drei übrigen Konzepte. Das Operatorkonzept hat nämlich in den siebziger Jahren – und z.T. auch noch zu Beginn der achtziger Jahre – im Unterricht und auch in der didaktischen Diskussion eine große Rolle gespielt. So haben fast ausnahmslos alle in den siebziger Jahren neu konzipierten Schulbuchwerke das Operatorkonzept in weiten Teilen des Bruchrechenlehrgangs eingesetzt und so in diesen Bereichen einen starken Einschnitt gegenüber der bisherigen Tradition vollzogen. Wir *skizzieren* im folgenden dieses Konzept. Für eine *ausführliche* Darstellung dieser Konzeption verweisen wir an dieser Stelle auf die entsprechenden Schulbuchwerke oder auf Padberg (1978).

Beim Operatorkonzept müssen wir verschiedene *Varianten* unterscheiden: In seiner „reinsten“ Form (Variante 1) werden Bruchzahlen und Bruchoperatoren *identifiziert*, so etwa bei Braunfeld (1968), einem der „Väter“ des Operatorkonzepts. Man kann aber auch die Bruchoperatoren als ein *Modell* für die Bruchzahlen auffassen und die Bruchzahlen hieraus durch *Abstraktion* gewinnen. Diese Variante (Variante 2) spielt in deutschen Schulbuchkonzepten in der *ersten* Hälfte der siebziger Jahre *die* entscheidende Rolle. Schülerschwierigkeiten infolge der *isolierten* Betrachtung der Bruchoperatoren führen allerdings dazu, daß bei Schulbuchwerken der *zweiten* „Operatorgeneration“ – also etwa seit Mitte der siebziger Jahre – die Bruchoperatoren *nicht* mehr isoliert, sondern *im Zusammenhang mit den Größen*, auf die sie wirken, gesehen werden (Variante 3).

Seither ist das Operatorkonzept in den Schulbüchern *sehr stark zurückgedrängt* worden und in den seit Mitte der achtziger Jahre neu konzipierten Schulbuchwerken *explizit* in *formalisierter Form* nur noch minimal bzw. überhaupt nicht mehr vorzufinden. Zum raschen Siegeszug des Operatorkonzepts in den *siebziger Jahren* hat neben der Tatsache, daß man durch eine so konzipierte Behandlung der Bruchrechnung gute Vorarbeiten für den mathematisch äußerst wichtigen *Funktionsbegriff* leisten konnte, gewiß auch beigetragen, daß man so mit einem *einheitlichen* Ansatz – also methodenrein – die gesamte Bruchrechnung ohne Verfälschungen der *mathematischen* Struktur aufbauen konnte. Auf Gründe für die Zurückdrängung des Operatorkonzepts in den achtziger Jahren gehen wir am Ende dieses Abschnittes ein. Das Operatorkonzept insgesamt spielte allerdings – obwohl seine „Väter" Braunfeld und Dienes (vgl. Dienes (1968)) in den *USA* bzw. *Kanada* lebten – ausschließlich im *deutschsprachigen Raum* eine *größere Rolle*, während es *ansonsten* unseres Wissens *höchstens lokal* oder nur für *sehr spezielle* Zielgruppen (lernschwache us–amerikanische Kinder, die die Bruchrechnung in einem zweiten Durchgang lernen sollten) für *sehr kurze Zeit* eine *geringe* Rolle spielte.

Der Ansatz des Operatorkonzepts, Bruchzahlen als Operatoren aufzufassen, scheint dabei auf den *ersten* Blick recht abwegig zu sein. Jedoch *kann* man die im täglichen Leben übliche Sprechweise „$\frac{2}{3}$ von 6 kg sind 4 kg" auch so deuten, daß durch „$\frac{2}{3}$ von" der Größe 6 kg die Größe 4 kg zugeordnet wird. In diesem Sinne kann man die Bruchzahl $\frac{2}{3}$ als Funktion oder – wie man im Mathematikunterricht dieser Klassen stets sagt – Operator auffassen, der den Größen g (etwa Gewichten, Längen, Flächeninhalten oder Zeitspannen) die Größe $\frac{2}{3}$ von g zuordnet (vgl. auch Kap. IV.).

Für den Einsatz dieser Konzeption im *Unterricht* ist es wichtig, die Funktionen zu *konkretisieren*, etwa mit Hilfe von „Maschinen". So kann ein Schüler z.B. eine Maschine mit einer Eingabe x und einer Ausgabe $\frac{3}{4}x$ *vorstellungsmäßig* viel leichter erfassen als eine Funktion $x \longrightarrow \frac{3}{4}x$, die abstrakt nur als Zuordnung erklärt wird, zumal der Zuordnungsbegriff für Schüler ein „schwer zugänglicher, vorstellungsarmer Begriff" ist (vgl. Griesel (1981 a)). „Hierbei spielt es", so Griesel (1981 a) weiter, „keine Rolle, daß die Konkretisierung der Funktion als Maschine nur als ein schwarzer Kasten (black box) vorstellbar ist, in dessen Inneren sich irgendetwas, nicht näher überschaubares, vollzieht. Entscheidend ist, daß beim Gedanken an die Funktion f sich die Vorstellung der Maschine einstellt und damit überhaupt ein vorstellungsmäßiges Substrat vorhanden ist, mit dem man gedanklich operieren kann".

Wir *skizzieren* im folgenden die Behandlung der Bruchrechnung nach dem Operatorkonzept im Sinne der Variante 2 (und z.T. auch der Variante 3) und führen *exemplarisch* das Erweitern/Kürzen, die Multiplikation und die Division etwas näher aus, da in diesen Bereichen die besonderen *Stärken* des Operatorkonzepts – nach in den siebziger Jahren vorherrschender Einschätzung – liegen sollten. Der Abschnitt endet mit kritischen Anmerkungen zum Operatorkonzept und knappen Hinweisen zum Zusammenhang zwischen den hier idealtypisch vorgestellten Konzeptionen und der im Kapitel III dargestellten Behandlung der Bruchrechnung.

Das Operatorkonzept im Sinne der Variante 2 beginnt mit der Behandlung von sogenannten *Multiplikations*– und *Divisionsoperatoren*. *Mathematisch* gesehen ist ein *Multiplikations*operator $(\cdot n)$ jeweils eine Abbildung eines Größenbereichs (vgl. Kap. IV) G in sich, bei der jeder Größe a aus G die Größe $a \cdot n$ aus G (mit $n \in \mathbb{N}$) zugeordnet wird, also: $(\cdot n) : G \to G$ mit $a \to a \cdot n$, ist ein *Divisions*operator $(: n)$ jeweils eine Abbildung eines sogenannten divisiblen Größenbereichs G in sich, die jeder Größe a aus G die Größe $a : n$ (mit $n \in \mathbb{N}$) zuordnet, also: $(: n) : G \to G$ mit $a \to a : n$. Definitions– und Wertebereiche dieser Abbildungen oder Funktionen sind also jeweils ein Größenbereich G, wobei faktisch im Unterricht wegen der leichteren Veranschaulichungsmöglichkeiten der Größenbereich der *Längen* im Vordergrund steht. Die *Konkretisierung* der *Multiplikations*operatoren erfolgt im Unterricht durch *Maschinen*, die z.B. jeden eingegebenen Stab auf die n–fache Länge kontinuierlich strecken oder – eine andere, letztlich tragfähigere Grundvorstellung – für jeden eingegebenen Stab aus ihremVorrat n gleichlange Stäbe zu *einem* neuen Stab n–facher Länge zusammensetzen, die *Konkretisierung* der *Divisions*operatoren erfolgt durch die Vorstellung, daß die Maschine den eingegebenen Stab in n gleichlange Teilstäbe zerlegt und davon *einen* Teilstab ausgibt. Durch das *Hintereinanderschalten* von Maschinen läßt sich eine Verkettung von Multiplikationsoperatoren und auch eine Verkettung von Divisionsoperatoren einführen. Das Ergebnis ist jeweils wieder ein Multiplikations– bzw. Divisionsoperator.

Für die Verkettung von Multiplikations– *und* Divisionsoperatoren weist man nach, daß für alle Operatoren $(\cdot m)$ und $(: n)$ gilt: $(\cdot m) \circ (: n) = (: n) \circ (\cdot m)$. Diese Aussage über die *Vertauschbarkeit* ist für viele Bereiche der Bruchrechnung wichtig, insbesondere für eine fundierte Erarbeitung des Bruchzahlbegriffs (beide Grundvorstellungen; vgl. III) sowie für die Einführung der Multiplikation von Bruchzahlen. Den Bruchoperator $(\cdot \frac{m}{n})$ kann man jetzt definieren durch $(\cdot \frac{m}{n}) \underset{Df}{=} (: n) \circ (\cdot m)$. Wegen der Vertauschbarkeit gilt aber zugleich auch $(\cdot \frac{m}{n}) = (\cdot m) \circ (: n)$. Wenden wir also einen Bruchoperator $(\cdot \frac{m}{n})$ auf eine Größe g (eines divisiblen Größenbereichs) an, so gilt: $(\cdot \frac{m}{n})(g) = (g : n) \cdot m$ und auch $(\cdot \frac{m}{n})(g) = (g \cdot m) : n$.

Legt man – wie Dienes – bei Bruchoperatoren statt der divisiblen Größenbereiche *Teilmengen der natürlichen Zahlen* als Definitionsbereiche zugrunde, so führt dies rasch zu Problemen (vgl. Padberg (1978)).

Im Anschluß an die Behandlung der Bruchoperatoren erfolgt die Behandlung von *Gegenoperatoren*, d.h. von Operatoren, die die Wirkung der ursprünglichen Operatoren aufheben. So entdeckt man zunächst, daß der Multiplikationsoperator $(\cdot n)$ durch den Divisionsoperator $(: n)$ in seiner Wirkung aufgehoben wird und daß es auch zu Bruchoperatoren $(\cdot \frac{m}{n})$ jeweils Gegenoperatoren $(\cdot \frac{n}{m})$ gibt.

Auf dieser Grundlage kann jetzt das *Erweitern* und *Kürzen* sowie die *Kleinerrelation* bei Bruchoperatoren eingeführt werden.

So läßt sich das *Kürzen* als das *Herausnehmen*, das *Erweitern* als das *Einfügen* insgesamt wirkungsloser Operatorpaare (Operator – Gegenoperator) beschreiben, wie die folgenden beiden Beispiele in unterschiedlicher Notationsform zeigen:

Kürzen

$$(\cdot\tfrac{6}{8}) = (\cdot 6) \circ (:8) = (\cdot 3) \circ \underbrace{(\cdot 2) \circ (:2)}_{(\cdot 1)} \circ (:4)$$

$$= (\cdot 3) \circ (:4) = (\cdot\tfrac{3}{4})$$

Erweitern

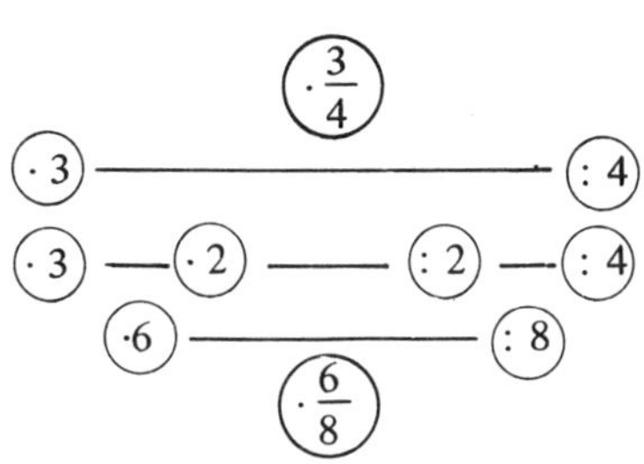

Während man bei der *Variante 3* des Operatorkonzepts von *vorneherein* eine Verbindung zwischen dem *Vorwissen* der Schüler (Brüche dienen als sogenannte „konkrete Brüche" (vgl. III) zur Bezeichnung von Größen; Beispiel: $\frac{1}{2}$ Stunde, $\frac{3}{4}m$) und den Bruchoperatoren herstellt, erfolgt dies bei der *Variante 2* erst an dieser *relativ späten* Stelle des Lehrgangs, und zwar über folgenden – im Unterricht natürlich konkret ausgestalteten – Ansatz: Ist e eine Größeneinheit, $(\cdot\frac{m}{n})$ ein Bruchoperator, so bezeichnen wir mit $\frac{m}{n}e$ das Ergebnis der Anwendung des Bruchoperators $(\cdot\frac{m}{n})$ auf die Größe 1 e; also:

$$1\,e \overset{(\cdot\frac{m}{n})}{\longmapsto} \frac{m}{n}\,e\,.$$

Beim Operatorkonzept liegt es von der *mathematischen Struktur* her offensichtlich nahe, zunächst die *Multiplikation* und die *Division* zu behandeln. Bei der *Variante 2* wird die *Multiplikation* über die Verkettung von Bruchoperatoren eingeführt:

$$(\cdot\tfrac{m}{n})\circ(\cdot\tfrac{p}{q}) \underset{(1)}{=} [(\cdot m)\circ(:n)]\circ[(\cdot p)\circ(:q)] \underset{(2)}{=} (\cdot m)\circ(\cdot p)\circ(:n)\circ(:q) \underset{(3)}{=}$$
$$(\cdot(m\cdot p))\circ(:(n\cdot q)) \underset{(1)}{=} (\cdot\tfrac{m\cdot p}{n\cdot q})$$

Hierbei benötigt man an den beiden Stellen (1) die Definition von Bruchoperatoren, an der Stelle (2) die Assoziativität von Operatoren und die Vertauschbarkeit von Multiplikations- und Divisionsoperatoren sowie an der Stelle (3) Aussagen über die Verkettung von Multiplikations- bzw. Divisionsoperatoren. Durch Übergang von den Bruchoperatoren zu den *Bruchzahlen* gewinnt man so die Multiplikationsregel für Bruchzahlen. Hierbei wird dieser Übergang von den Bruchoperatoren zu den Bruchzahlen mit den Argumenten motiviert, daß man Bruchoperatoren der Größe nach ordnen, sie zur Benennung von Größen benutzen und mit ihnen rechnen kann wie mit natürlichen Zahlen (vgl. auch III.).

Grundlage für die Einführung der *Division* bei der Variante 2 als Umkehroperation der Multiplikation bildet der folgende Satz:

Jede lineare Gleichung der Form

$(\cdot\frac{m}{n})\circ x = (\cdot\frac{p}{q})$ besitzt genau eine Lösung, nämlich
$(\cdot\frac{n}{m})\circ(\cdot\frac{p}{q})$ bzw. $(\cdot\frac{n\cdot p}{m\cdot q})$.

Bei der Begründung – die im Unterricht an konkreten Beispielen mittels einer verallgemeinerungsfähigen Beweisstrategie erfolgt – wird die vorher erarbeitete Kenntnis von Gegenoperatoren eingesetzt.

Bei der *Variante 3* wird bei der Multiplikation und Division *nicht* isoliert auf der Operatorebene argumentiert. Vielmehr deutet man die *Multiplikation* $\frac{m}{n}\cdot\frac{p}{q}$ so, daß auf $\frac{m}{n}$ bzw. auf die Größe $\frac{m}{n}e$ der Bruchoperator $(\cdot\frac{p}{q})$ einwirkt. Den Bruchoperator $(\cdot\frac{p}{q})$ zerlegt man in die beiden Teilkomponenten $(\cdot p)$ und $(:q)$. Nach einer *vorhergehenden* Behandlung des Vervielfachens und des Teilens von Größen in dieser

Terminologie bedeutet die Multiplikation nur noch die Hintereinanderausführung dieser beiden Operationen. Man notiert dies bei dieser Variante häufig in Form folgenden Diagramms:

$$\frac{m}{n} \xrightarrow{\cdot p} \frac{m \cdot p}{n} \xrightarrow{:q} \frac{m \cdot p}{n \cdot q}$$

Mit Ausnahme der Notationsform, der Sprechweise und der Position des Multiplikators und Multiplikanden entspricht dieser Weg vom Grundgedanken her dem in III.6.2 und III.6.3.1 genauer beschriebenen Einführungsweg der Multiplikation nach dem dortigen Von–Ansatz.

Von den verschiedenen Wegen zur Ableitung der *Divisions*regel im Sinne der Variante 3 skizzieren wir hier die sogenannte *Gegenoperatormethode* (vgl. auch III.7.5.7) anhand folgenden Beispiels: $\frac{2}{3} : \frac{4}{5}$ bezeichnet die Zahl x, die mit $\frac{4}{5}$ multipliziert $\frac{2}{3}$ ergibt. Dies notiert man in Form des folgenden Diagramms:

$$x \xrightarrow{\cdot \frac{4}{5}} \frac{2}{3}$$

Formal gelangt man zur Zahl x auf folgende Art:

$$x \underset{:\frac{4}{5}}{\overset{\cdot \frac{4}{5}}{\rightleftarrows}} \frac{2}{3}$$

Die Zerlegung von $(\cdot\frac{4}{5})$ in die beiden Teilkomponenten $(\cdot 4)$ und $(: 5)$, die durch die *Gegenoperatoren* $(: 4)$ und $(\cdot 5)$, also insgesamt durch den

Gegenoperator ($\cdot\frac{5}{4}$), in ihrer Wirkung aufgehoben werden, notiert man folgendermaßen:

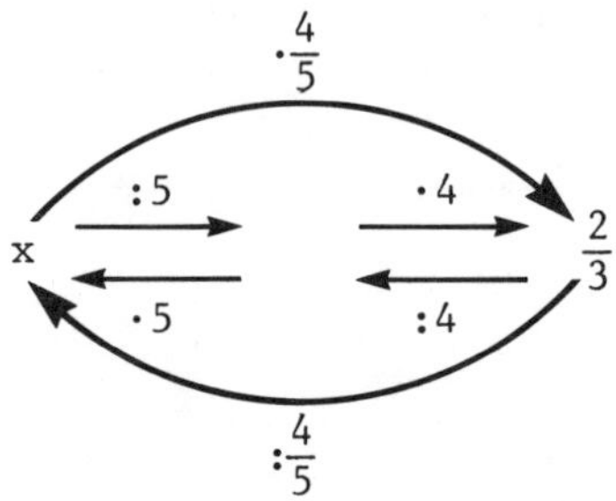

Man entnimmt diesem Diagramm:

$$\frac{2}{3} : \frac{4}{5} = \frac{2}{3} \cdot \frac{5}{4}$$

Erst nach der Multiplikation und Division behandelt man bei dem Operatorkonzept i.a. die *Addition* und *Subtraktion.* Beide Rechenoperationen lassen sich *theoretisch* auch im Sinne des Operatorkonzepts einführen (für Details vgl. Padberg (1978)). Wegen der Kompliziertheit und Anwendungsferne der entsprechenden Wege wurden sie aber selbst zu Beginn der siebziger Jahre nur äußerst selten von Schulbuchautoren beschritten. Vielmehr führte man die Addition und Subtraktion im Prinzip so ein, wie wir es näher in den Abschnitten III.4. und III.5. ausführen.

Neben diesen Problemen bei der *Addition* und *Subtraktion* haben folgende *weiteren Problembereiche* bewirkt, daß das Operatorkonzept zunächst durch Übergang von der Variante 2 zur Variante 3 *modifiziert* und daß es in *formalisierter Form* in den seit Mitte der achtziger Jahre neukonzipierten Schulbuchkonzepten sogar weithin *eliminiert* wurde.

- Die Abfolge *„zunächst Multiplikation, dann Addition"* – wie sie zumindest bei der Variante 2 des Operatorkonzepts üblich ist – weist *viele Nachteile* auf. Für genauere Details vergleiche man III. 8.5
- Zu Beginn des Lehrgangs erfolgt *keine Anknüpfung an die Vorerfahrungen* der Schüler mit Bruchzahlen. (Variante 2)

- Die Behandlung des *Erweiterns* und *Kürzens* durch das Einschieben bzw. Herausnehmen insgesamt wirkungsloser Operatorpaare vermittelt den Schülern ***keine anschauliche Vorstellung*** davon, warum zwei gegebene Brüche gleichwertig sind (vgl. auch Fricke (1983)).
- Die Definition der *Kleinerrelation* bei Bruchoperatoren ist relativ aufwendig (vgl. Padberg (1978)). Der Vergleich von Bruchoperatoren kann ***nur*** innerhalb des Maschinenmodells, ***nicht*** aber von praktischen Anwendungen her motiviert werden.
- Bei der Behandlung der *Multiplikation* im Sinne der Variante 2 handelt es sich um ein Rechnen mit Abbildungen. Hierbei wird oft übersehen – wie Schwartze (1978) zu Recht betont –, daß „es zwar technisch leicht ist, Operatoren miteinander zu verketten, daß aber gerade die *Vorstellung* und der *Anwendungsbezug* bei diesem Modell größere Schwierigkeiten bereiten". Auch kommt man kaum ohne ein Bewußtmachen des *Verkettungsbegriffs* (einschließlich des Symbols „$\circ$") aus.
- Das Operatorkonzept trägt ***nicht*** zu einer Lösung des alten Problems im Bereich der *Multiplikation* bei, den Schülern einsichtig zu machen, ***warum*** man die durch die Verkettung von Bruchoperatoren eingeführte Verknüpfung als *Produkt* bezeichnet (vgl. Schwartze (1978)).
- Die Behandlung der *Multiplikation* im Sinne des Operatorkonzepts verdrängt nach den Erfahrungen von Brüning / Spallek (1981) beim Schüler die wichtigen ***inhaltlichen Vorstellungen*** bei der Multiplikation, denen gerade bei *anwendungsbezogenen* Fragestellungen eine besondere Bedeutung zukommt (vgl. III.6.5.7), zugunsten eines ***mehr formalen*** Umgehens mit Operatoren. Kaum ein Schüler ist – so Brüning / Spallek (1981) – in der Lage, die „relativ aufwendige, allenfalls vielleicht formal elegante Einführung der Multiplikation" über die Verkettung von Operatoren zu *erklären*.
- Offensichtlich ist das Operatorkonzept in Deutschland ***nicht*** primär unter ***pädagogischen***, sondern überwiegend unter *mathematischen* Aspekten eingeführt worden. So hat nach Schwartze (1978)

„primär die *strukturelle Betrachtungsweise* [die Bruchoperatoren bilden unter der Verkettung als Verknüpfung eine kommutative Gruppe] die Operatorverkettung in der Schule motiviert".

- Bei der Einführung der *Multiplikation* im Sinne der Variante 3 können wir gegenüber dem Von–Ansatz (vgl. III.6.2, III.6.3.1) *keine* Vorteile, sondern nur Nachteile (stärker formal, weniger inhaltliche Vorstellungen) erkennen.
- Die für die Multiplikation genannten Argumente treffen auch weithin für die *Division* zu. So moniert Fricke (1983), daß die Schüler beim Operatorkonzept „nichts, aber auch gar nichts, davon erfahren, was denn eine Division eines Bruches durch einen Bruch bedeuten könne. D.h. *es fehlt jeder Bezug zu irgendeiner Anwendung oder anschaulichen Vorstellung.* Es ist nur ein artifizielles Hantieren mit Operatoren". [Heraushebung durch den Verfasser.] Diese Argumente treffen sowohl für die Variante 2 wie die Variante 3 zu.
- Beim Operatorkonzept – insbesondere in der Variante 2 – ist die Gefahr groß, daß man für die Bruchrechnug *mehr Zeit* investieren muß als sonst üblich. So übt und erklärt man in entsprechenden Klassen des 6. Schuljahres nach Lörcher (1982) *zunächst* durchschnittlich 8 Stunden lang Operatoren, um *danach* fast genau so viel Zeit für die Bruchrechnung zu benötigen wie Klassen, die sie *ohne* Operatoren kennenlernen. Ein erhöhter Zeitaufwand resultiert beim Operatorkonzept allein schon daher, daß die Bruchrechnung in Teilen *sowohl* mit Operatoren *wie auch* mit Bruchzahlen behandelt wird (vgl. auch Griesel (1981 b)).
- Ein erhöhter Zeitaufwand ist gerechtfertigt, wenn hieraus *größere Erfolge* in der Behandlung der Bruchrechnung resultieren. Dies ist jedoch *nicht* der Fall, wie eigene umfangreiche empirische *Untersuchungen* belegen (vgl. Padberg (1986) und III. 8.6).

Wir beenden dieses Kapitel mit Hinweisen auf den Zusammenhang zwischen den vier hier idealtypisch vorgestellten Konzeptionen und der Darstellung der Bruchrechnung im nächsten Kapitel. Die Ausführungen in den Abschnitten 2 und 3 zeigen, daß eine Behandlung der Bruchrechnung im Sinne dieser beiden Konzeptionen im *Unterricht* von 6. Klassen *nicht* sinnvoll ist. Aber auch das Operatorkonzept ist in seiner *formalisierten* Form offenkundig mit schweren Mängeln behaftet. Wir werden daher die Bruchrechnung im nächsten Kapitel in Anbetracht der Vorteile weithin im Sinne des Größenkonzepts – also unter Betonung des *Maßzahlaspekts* der Bruchzahlen (vgl. III. 1.) – darstellen. Daneben werden wir aber auch – insbesondere im Bereich der Multiplikation – von der Deutung der Bruchzahlen als *Operatoren* Gebrauch machen, jedoch *nicht* im Sinne der im 4. Abschnitt dargestellten sehr formalen Terminologie, sondern im Sinne des anwendungsnahen Von–Ansatzes (vgl. u.a. III. 6.3.1).

III. BRUCHRECHNUNG

1. ZUR EINFÜHRUNG DER BRUCHZAHLEN

Das wichtigste Ziel des Unterrichts in der Bruchrechnung ist es, die Schüler zu einem einsichtigen und verständigen Umgehen mit Bruchzahlen zu befähigen. Dazu müssen sie insbesondere die Rechenregeln und Gesetzmäßigkeiten der Bruchrechnung einsichtsvoll – und nicht rezeptartig – erwerben sowie es lernen, die Bruchzahlen auch in Anwendungssituationen verständig einzusetzen (vgl. auch Postel (1981)). Hierfür ist es nach Griesel (1976) günstig, die zu erwerbenden Begriffe und Verfahren aus *Umweltbezügen* herauszulösen, um *so* wiederum eine leichtere *Anwendbarkeit* zu erreichen.

Postel (1981) unterscheidet in diesem Zusammenhang 5 verschiedene *Anwendungsaspekte* der Bruchzahlen:

(1) Bruchzahlen werden zur Bezeichnung von Größen (z.B. von Längen, Flächeninhalten, Zeitspannen, Gewichten usw.) eingesetzt (*Maßzahlaspekt*).
Beispiele: $\frac{1}{2}m$, $\frac{3}{4}cm^2$, $\frac{1}{2}$ Stunde, $\frac{3}{4}$ kg
Hierfür verwenden wir im folgenden auch die Bezeichnung *konkrete Brüche.*

(2) Durch Bruchzahlen werden Beziehungen zwischen zwei Größen derselben Art (z.B. zwischen Gewichten) beschrieben (*Relationsaspekt*).
Beispiel: Fleisch besteht zu $\frac{2}{3}$ aus Wasser.

(3) Mit Hilfe von Bruchzahlen werden auf Größen anzuwendende multiplikative Rechenanweisungen angegeben (*Operatoraspekt*).
Beispiel: Nimm $\frac{2}{3}$ von $\frac{3}{8}l$ Sahne (bei einem Backrezept)

(4) Bruchzahlen dienen zur Bezeichnung von Stellen auf einer Skala (*Skalenwertaspekt*).
Beispiel: Wasserstand $1\frac{1}{2}m$

(5) Bruchzahlen dienen zur Angabe von Quotienten (Verhältnissen) aus natürlichen Zahlen bzw. aus Größen (*Quotientenaspekt*).
Beispiele: Maßstab, Mischungsverhältnis.

Bei der Darstellung der Bruchrechnung in diesem Kapitel steht der *Maßzahlaspekt* im Vordergrund. Er spielt bei der Anwendung von Bruchzahlen im täglichen Leben die größte Rolle und stellt daher eine gute Verbindung zum *Vorwissen* der Schüler her. Der *Operatoraspekt* wird insbesondere im Bereich der Multiplikation (vgl. 6.) – allerdings ohne die in den siebziger Jahren übliche Terminologie – angesprochen. Die damals übliche, stark *formalisierte* Behandlung dieses Aspekts im Sinne des Operatorkonzepts hat sich nämlich als problematisch erwiesen (vgl. II.4 und 8.6). *Relations*- und Operatoraspekt hängen offenkundig sehr eng zusammen und sind in konkreten Beispielen kaum unterscheidbar. Die Heraushebung als eigenständiger Aspekt scheint uns für den Unterricht nicht allzu ergiebig zu sein. Der *Skalenwertaspekt* steht in enger Beziehung zu dem Maßzahlaspekt. Er wird im Zusammenhang mit dem Zahlenstrahl, der *Quotientenaspekt* im Zusammenhang mit der *zweiten* Grundvorstellung für Brüche (vgl. 1.1) bzw. im Zusammenhang mit der Division (vgl. 7) thematisiert. Für die Einführung der *Rechenoperationen* sind nur der Größen- und der Operatoraspekt tragfähig. Ein Aufbau der Bruch*rechnung* auf der Grundlage des Quotientenaspekts führt schon im Bereich der Addition zu Problemen und typischen Schülerfehlern (vgl. 4.4). Dabei stehen der Größen- und der Operatoraspekt in einem engen wechselseitigen Zusammenhang: Der Operatoraspekt betont die Herstellung, also die *dynamische* Komponente, der Größenaspekt das Ergebnis, also die *statische* Komponente des Bruchzahlbegriffs.

Neben diesen anwendungsorientierten Aspekten werden wir im folgenden an verschiedenen Stellen auch Analogien zwischen den natürlichen Zahlen als Kardinalzahlen und den Bruchzahlen ausnutzen. Griesel (1981) spricht in diesem Zusammenhang vom *quasikardinalen* Aspekt in der Bruchrechnung (vgl. z.B. 4.1).

1.1 Zwei Grundvorstellungen

Grundlage für die Einführung der Bruchzahlen (vgl. 1.4) ist ein vorhergehendes gründliches Operieren mit konkreten Brüchen (vgl. 1.1 – 1.3). Hierbei unterscheiden wir im Zusammenhang mit konkreten Brüchen gelegentlich 3 Ebenen, wie am Beispiel $\frac{3}{4}cm^2$ verdeutlicht werden soll:

(1) Die durch den konkreten Bruch $\frac{3}{4}cm^2$ benannte *Größe*[1]

(2) Die *Repräsentanten* dieser Größe, wie z.B.

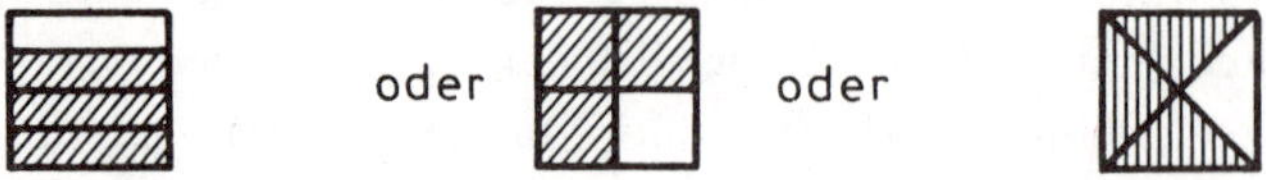

(3) Die *Benennung* der Größe durch den konkreten Bruch $\frac{3}{4}dm^2$.

Wir müssen bei konkreten Brüchen (und entsprechend später auch allgemein bei Brüchen) *zwei* Grundvorstellungen unterscheiden, die wir durch die Bezeichnungen „Bruch als Teil *eines* Ganzen" bzw. „Bruch als Teil *mehrerer* Ganzer" gut kennzeichnen können (vgl. auch Oehl (1974)). Fast alle Bruchrechenlehrgänge beginnen wegen der leichteren Realisierbarkeit mit der Grundvorstellung des „Bruchs als Teil *eines* Ganzen" (1. Grundvorstellung). So bedeutet z.B. $\frac{3}{4}dm$ im Sinne dieser Grundvorstellung: Teile einen Repräsentanten von $1dm$ in 4 gleichlange Teile und nimm 3 Teile davon.

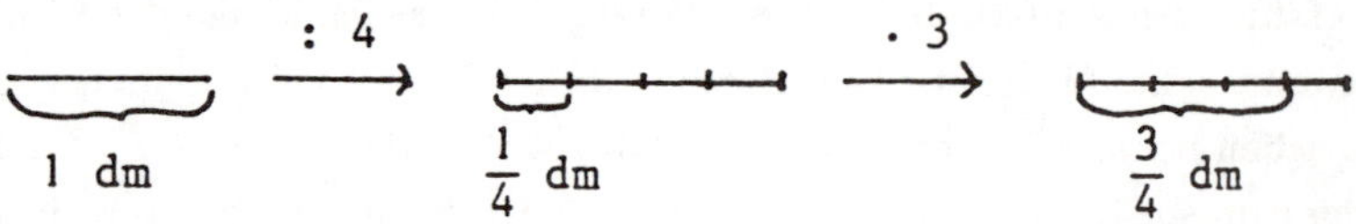

Wir können hierfür auch kurz schreiben $\frac{3}{4}dm = (1dm : 4) \cdot 3$ oder in

[1] Für dieses Kapitel genügt bezüglich der Größen die Vorstellung, daß Längen, Flächeninhalte, Rauminhalte, Geldwerte, Zeitspannen oder Gewichte Beispiele für Größen sind. Eine axiomatische Charakterisierung von Größen führen wir im Kapitel IV. durch. Dort gehen wir auch präzise auf den Zusammenhang zwischen Größen und ihren Repräsentanten ein. Für das Verständnis dieses Kapitels genügt die Vorstellung, daß Rechtecke oder Kreise Repräsentanten (oder auch Darstellungen oder Veranschaulichungen) von Flächeninhalten, Strecken oder Stäbe Repräsentanten von Längen, Gegenstände Repräsentanten von Gewichten oder beispielsweise Geldscheine und Münzen Repräsentanten von Geldwerten sind.

Pfeilschreibweise: $1dm \xrightarrow{:4} \frac{1}{4}dm \xrightarrow{\cdot 3} \frac{3}{4}dm$

Bezeichnen wir allgemein durch e eine Größeneinheit (eines divisiblen Größenbereichs[1]), so ist $\frac{m}{n}e$ mit $m, n \in \mathbb{N}$ eine Kurzschreibweise für $(e : n) \cdot m$. Hierbei gibt der Nenner n an, in wieviel gleichgroße Teile wir einen Repräsentanten der Größe e zerlegen müssen, der Zähler m, wieviele dieser Teile wir zusammenfassen müssen, um einen Repräsentanten der Größe $\frac{m}{n}e$ zu erhalten. Diese Grundvorstellung bleibt im wesentlichen auch noch tragfähig, wenn der Zähler m größer als der Nenner n ist. Ist speziell der Zähler ein Vielfaches des Nenners, so läßt sich durch Beobachtungen wie $\frac{4}{4}m = 1m$, $\frac{8}{4}m = 2m$ gut die Einbettung von $\mathbb{N}$ in $\mathbb{Q}$ vorbereiten, die den Schülern sonst nach unseren Untersuchungsbefunden bei den Rechenoperationen oft Probleme bereitet. Ist der Zähler kein Vielfaches des Nenners (z.B. $\frac{7}{3}m$, $\frac{8}{5}m$), so kann das Ergebnis in der gemischten Schreibweise $\frac{7}{3}m = 2\frac{1}{3}m$ bzw. $\frac{8}{5}m = 1\frac{3}{5}m$ angegeben werden.

Konkrete Brüche wie $\frac{3}{4}dm$ lassen sich nach Vorschlägen von Winter (1984) gut *enaktiv* durch Teilen eines vorgegebenen Streifens herstellen. Das Verfahren funktioniert besonders einfach, wenn durch 2,4,8,..., also durch *Zweierpotenzen*, geteilt wird. In diesen Fällen muß man den Papierstreifen nur durch Falten wiederholt halbieren. Die praktische Teilung eines Streifens in 3,5,... gleichlange Stücke ist eine *anspruchsvollere* Aufgabe. Nach Beoabachtungen von Winter schaffen aber auch dies die meisten Schüler. Unter den verschiedenen, vorgefundenen Lösungswegen ist die folgende Strategie besonders günstig: Um beispielsweise einen Papierstreifen zu siebteln, rollt man ihn solange probierend – korrigierend, bis sich ein passender Querschnitt ergibt. Drückt man die Rolle geschickt zusammen, so erhält man eine

---

[1] Eine axiomatische Kennzeichnung von divisiblen Größenbereichen erfolgt im Kapitel IV. Für das Verständnis dieses Kapitels reicht folgende Vorstellung aus: Ein Größenbereich ist eine Zusammenfassung von Größen *einer* Art, etwa Längen. In der Menge dieser Größen erklärt man durch Rückgriff auf Repräsentanten eine Addition, ferner eine Multiplikation mit und Division durch natürliche Zahlen.

erstaunlich genaue Teilung in 7 Stücke.

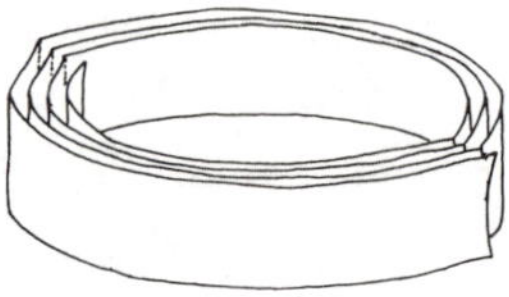

Schülerlösung: Siebteln eines Papierstreifens (nach Winter (1984))

In diesem Zusammenhang sind auch die Befunde von Pothier (1983) über die verschiedenen *Entwicklungsstufen* bezüglich des Teilens eines Ganzen äußerst interessant. Hilfreich für ein freihändiges *Zeichnen* einfacher Bruchteile sind daneben auch die Hinweise von Schönwald (1980).

Tragfähiger als das *enaktive* Teilen von Streifen ist das ebenfalls von Winter (1984) vorgeschlagene Arbeiten mit *Streifenmustern* (vgl. auch Freund (1977)). Ein Verweis auf entsprechende Haushaltsgeräte wie z.B. Eierschneider motiviert den Bau einer *„Gleichteilungsmaschine"* für das Teilen von Papierstreifen oder auch Strecken. Hierzu genügt ein auf Papier oder transparente Folie gezeichnetes Muster von Parallelen mit jeweils gleichem Abstand. Der zu teilende Streifen (bzw. die Strecke) wird „eingepaßt", die Teilungspunkte kann man direkt vom Muster auf den Streifen übertragen:

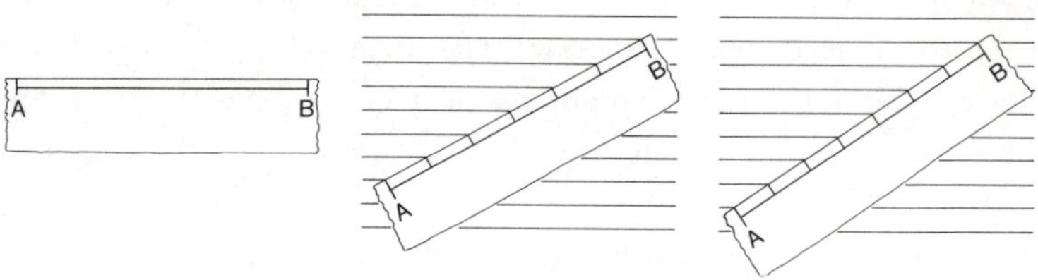

Sechsteln und Siebteln am Streifenmuster (nach Winter (1984))

Von hier aus ist der Weg zur klassischen Lösung der Teilung einer Strecke mit Zirkel und Lineal nicht mehr weit. Man muß – so Winter (1984) – der Strecke nur das Streifenmuster passend "überstülpen":

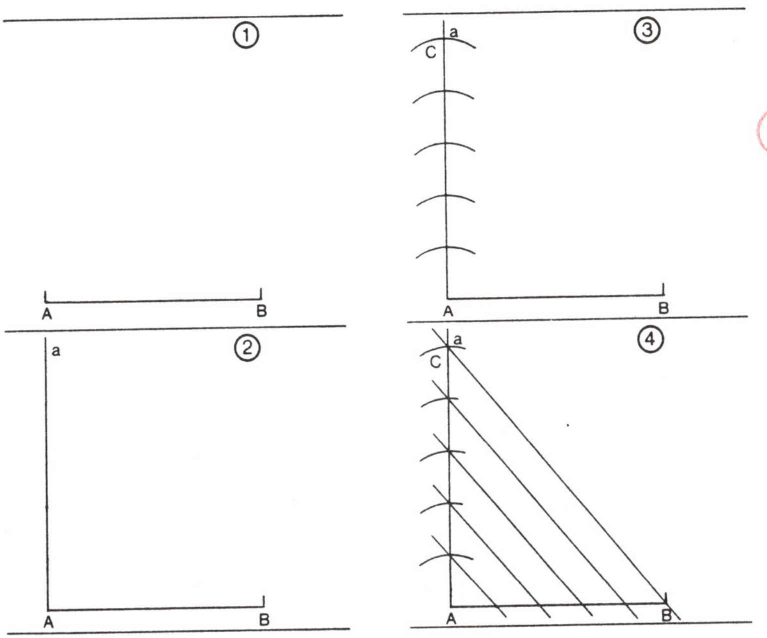

Herstellen eines Streifenmusters zum Fünfteln einer Strecke (nach Winter (1984))

Offensichtlich läßt sich auf dieser enaktiven bzw. ikonischen Ebene gut ein *handlungsnahes* Verständnis der ersten Grundvorstellung erzielen. Neben Strecken und Streifen sollten allerdings unbedingt auch *Kreise* und *Rechtecke* eingesetzt werden.

Die *zweite* Grundvorstellung, die wir gut durch die Formulierung „der Bruch als Teil *mehrerer* Ganzer" charakterisieren können, ist für die Schüler *komplizierter* als die erste. Sie wird daher zweckmäßigerweise erst erarbeitet, wenn die erste Grundvorstellung „sitzt". So bedeutet z.B. $\frac{3}{4}dm$ im Sinne dieser *zweiten* Grundvorstellung: Teile einen

Repräsentanten von $3dm$ in 4 gleichlange Teile und nimm *einen* Teil davon bzw. ausführlicher: Verdreifache zunächst einen Repräsentanten von $1dm$. Teile den so erhaltenen Repräsentanten von $3dm$ in 4 gleichlange Teile und nimm *einen* Teil davon.

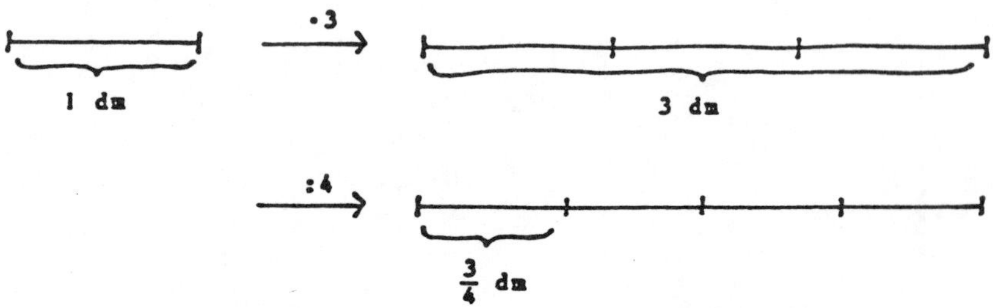

Wir können hierfür auch kurz schreiben:
$\frac{3}{4}dm = (1dm \cdot 3) : 4$ oder in Pfeilschreibweise:
$1dm \xrightarrow{\cdot 3} 3dm \xrightarrow{:4} \frac{3}{4}dm$

Rein formal unterscheidet sich also die erste und zweite Grundvorstellung nur in der *Reihenfolge* des Teilens und Vervielfachens: Bei der ersten Grundvorstellung wird zunächst geteilt, dann vervielfacht, bei der zweiten Grundvorstellung hingegen zunächst vervielfacht, dann geteilt. Bezeichnen wir allgemein durch e eine Größeneinheit (eines divisiblen Größenbereichs), so bedeutet $\frac{m}{n}e$ im Sinne der zweiten Grundvorstellung eine Kurzschreibweise für $(e \cdot m) : n$. Wir erhalten also einen Repräsentanten der Größe $\frac{m}{n}e$, indem wir m Repräsentanten von e zu einem Repräsentanten der Größe me zusammenfassen, diesen neuen Repräsentanten in n gleichgroße Teile teilen und *einen* dieser Teile auswählen.

An dieser Stelle sollte man im Unterricht thematisieren, daß sich *keineswegs alle* Dinge „gerecht“ an beispielsweise 3 Schüler verteilen lassen – etwa durch Aufgabenstellungen wie: Welche der folgenden Dinge können gerecht an 3 Schüler verteilt werden: 2 Pizzas, 2 DM, 2 Flaschen Apfelsaft, 2 Luftballons – und sollte so inhaltliche Vorarbeiten für den Begriff des divisiblen Größenbereichs leisten. Auch sollte hier nicht ausschließlich ein stromlinienförmiger, direkter Zugang zur zweiten Grundvorstellung gesucht werden. Wie *variationsreich* nämlich Schüler bei geeigneter Fragestellung an *Verteilungssituationen* herangehen, haben Bidwell (1982) und Streefland (1986, aber auch 1983, 1985) eindrucksvoll beschrieben. So motiviert Streefland (1986) verschiedene gerechte Verteilungen von 3 Pizzas an 4 Kinder durch folgende Hinweise:

- Die drei Pizzas kommen nacheinander (und nicht gleichzeitig) auf den Tisch.

  Naheliegende Verteilung: 

- Zunächst kommt nur eine Pizza, dann kommen zwei Pizzas gleichzeitig auf den Tisch.

  Naheliegende Verteilung: 

- Alle drei Pizzas kommen zugleich auf den Tisch.

  Weitere naheliegende Verteilungen (neben den schon erwähnten):

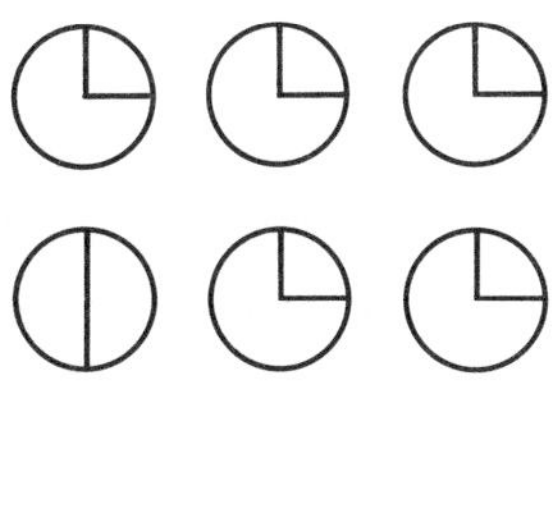

Aber auch Hinweise auf *verschiedene* Pizzasorten können an dieser Stelle hilfreich sein.

Auch im Zusammenhang mit der *zweiten* Grundvorstellung läßt sich die Einbettung der natürlichen Zahlen in die Bruchzahlen (z.B. durch das Verteilen von 3 Pizzas an 3 Kinder, von 4 Pizzas an 2 Kinder usw.) sowie die Behandlung der gemischten Zahlen gut motivieren. Erarbeitet man diese zweite Grundvorstellung mit Hilfe von Strecken, so können auch hier die Streifenmuster erfolgreich eingesetzt werden.

Daß wir sowohl das Ergebnis von $(e : n) \cdot m$ wie von $(e \cdot m) : n$ durch $\frac{m}{n}e$ benennen dürfen, ist *keineswegs* selbstverständlich. Dies muß im Unterricht unbedingt herausgestellt werden. Den Nachweis der Gleichheit von $(e : n) \cdot m$ und $(e \cdot m) : n$ können wir leicht *mathematisch exakt* führen, wenn wir Größenbereiche axiomatisch charakterisieren. Definieren wir daher $\frac{m}{n}e$ durch $\frac{m}{n}e \underset{Def.}{=} (e : n) \cdot m$, so gilt wegen der genannten Gleichheit auch $(e \cdot m) : n = \frac{m}{n}e$. Wir gehen hierauf systematisch im Kapitel IV. ein. Im *Unterricht* kann Einsicht in die *Gleichwertigkeit* beider Grundvorstellungen folgendermaßen gewonnen werden:

- (1) Auf der *ikonischen Ebene* (vgl. auch Postel (1981))

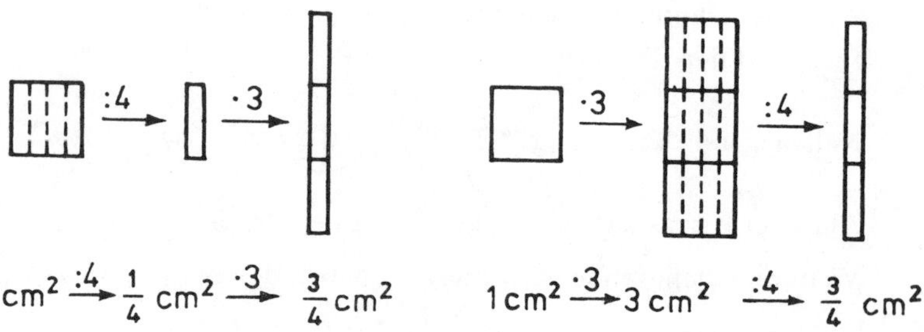

- (2) Durch *konkrete Verteilungssituationen*

  Beispiel: Das gerechte Verteilen von 3 Pizzas an 4 Kinder

  Bem.: Am günstigsten verwendet man hier die Vorstellung, daß die 3 Pizzas nacheinander (und nicht gleichzeitig) auf den Tisch kommen (s.S. 49)

- (3) Durch Übergang zu *kleineren Maßeinheiten*

  Beispiele:

  $3m : 4 = 300cm : 4 = 75cm$

  $\frac{3}{4}m = (1m : 4) \cdot 3 = (100cm : 4) \cdot 3 = 25cm \cdot 3 = 75cm$

  $3kg : 4 = 3000g : 4 = 750g$

  $\frac{3}{4}kg = (1kg : 4) \cdot 3 = (1000g : 4) \cdot 3 = 250g \cdot 3 = 750g$

- (4) Mit Hilfe des *quasikardinalen Aspekts* der Bruchzahlen

Beispiel:

$3P : 4 = 12$ Viertel $P : 4 = 3$ Viertel $P = \frac{3}{4}P$ (P = Pizza)

Bemerkung:

Sind im Unterricht schon Brüche (und nicht nur konkrete Brüche) eingeführt, so kann man ebenso argumentieren:

$3 : 4 = 12$ Viertel $: 4 = 3$ Viertel $= \frac{3}{4}$

Hierbei bleibt die Grundvorstellung des *Verteilens*, die die Schüler seit der Grundschulzeit mit der Division *natürlicher* Zahlen verbinden, voll erhalten. Dem Verwandeln von 3 in 12 Viertel entspricht bei der (schriftlichen) Division in $\mathbb{N}$ das *Entbündeln*, z.B. von Hundertern in Zehner (vgl. Griesel (1981)).

Vergleichen wir die vier vorgestellten Begründungen, so erfolgt bei den Wegen (1), (2) und (4) die Einsicht zwar jeweils anhand eines konkreten Beispiels, also *beispielgebunden*, die Begründung ist jedoch unmittelbar zu verallgemeinern, sie liefert also eine *Beweisstrategie*. Der Weg (3) ist dagegen nicht ganz so generell einsetzbar (Beispiel: $2m : 3$). *Insgesamt* ist bei der Behandlung der beiden Grundvorstellungen zu beachten, daß die Schüler *zunächst* die *Unterschiede* zwischen den beiden Grundvorstellungen deutlich erkennen, daß sie aber *anschließend* die Einsicht gewinnen, daß man dennoch in beiden Fällen zu *derselben Größe* gelangt und man daher hierfür *denselben Namen* verwenden darf.

1.2 Zusammenhang: Repräsentant – konkreter Bruch

Wir haben bislang *einen* wichtigen Gesichtspunkt zur Entwicklung des Bruchzahlbegriffs herausgestellt, nämlich die Fähigkeit, zu einem *vorgegebenen konkreten Bruch* einen *Repräsentanten* auf der Grundlage *beider* Grundvorstellungen anzugeben. Auf die ebenso wichtige Fähigkeit, einen *vorgegebenen Repräsentanten* durch einen *konkreten Bruch* zu benennen, gehen wir in diesem Abschnitt genauer ein.

Der Flächeninhalt des folgenden Quadrates sei $1dm^2$. Um den schraffierten Teil als $\frac{3}{4}dm^2$ identifizieren zu können, müssen die Schüler folgende Fragen richtig beantworten können: (Vgl. die folgende Seite oben.)

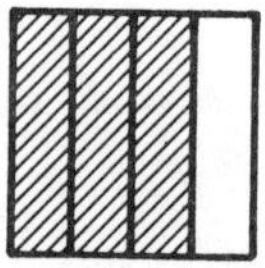

1. Was ist die Einheit (das Ganze)?
2. In wieviele Teile ist sie zerlegt worden?
3. Sind die Teile jeweils „gleich groß"?
4. Wie groß ist jedes Teil (bezogen auf die Einheit)?
5. Wieviele Teile sind hier zusammengefaßt worden?

Besondere Beachtung verdient die *dritte* Frage. Schüler achten nämlich häufig nicht auf die *„gleiche Größe"* der Teile, wie Novillis (1973) und Wagner (1975) nachweisen konnten. Daher sind in dieser Unterrichtsphase *Gegenbeispiele* ebenso wichtig wie auch die Benutzung *verschiedenartiger* Unterteilungen einer Einheit, wie es das folgende Beispiel zeigt:

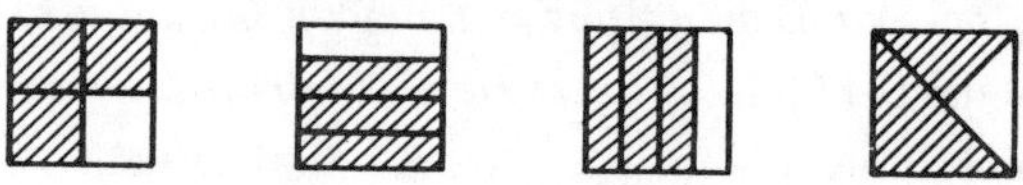

Überlegenswert ist auch die gelegentliche Benutzung von Unterteilungen in gleichgroße – jedoch *nicht kongruente* – Teile.

Neben *Rechtecken* bzw. *Quadraten* werden im Unterricht häufig auch *Kreise* bei der Einführung der Brüche eingesetzt. Besitzt eine dieser Formen Vorzüge gegenüber der anderen? Ziehen wir folgende Kriterien heran:

- Ist die Bezugsbasis (Einheit) klar zu erkennen?
- Kann man die Unterteilung leicht und auf verschiedene Arten durchführen?
- Wie sieht es mit der Einsetzbarkeit im weiteren Verlauf der Bruchrechnung (Erweitern/Kürzen, Rechenoperationen) aus?

so ist die Rechtecksform der Kreisform insgesamt deutlich überlegen (vgl. auch Oehl (1974)). Während die Kreisform bezüglich des ersten

Gesichtspunktes – auch bei Brüchen größer als 1 – Vorzüge aufweist und darum zu *Beginn* der Bruchrechnung neben der Rechtecksform eingesetzt werden sollte, ist die Rechtecksform in den beiden anderen wichtigen Punkten der Kreisform klar überlegen. Neben Kreis und Rechteck werden im Unterricht häufiger auch *Strecken* zur Veranschaulichung benutzt. Gerade im Hinblick auf die (spätere) Darstellung der Bruchzahlen auf dem *Zahlenstrahl* ist diese Darstellungsform wichtig. *Mengen* spielen in deutschsprachigen Schulbüchern nur eine sehr untergeordnete Rolle.

Nach amerikanischen Untersuchungen unterscheiden sich die Veranschaulichungsformen *Fläche* (z.B. Rechteck), *Menge* (z.B. schwarze und weiße Quadrate) und *Zahlenstrahl* deutlich im *Schwierigkeitsgrad.* So fällt nach den Ergebnissen einer Ende der 70er Jahre durchgeführten Repräsentativerhebung (National Assessment of Educational Progress, Post (1981)) den amerikanischen Schülern die Veranschaulichung durch Flächen am leichtesten, durch den Zahlenstrahl am schwersten. So beantworten 82% der 13–jährigen Schüler die Frage: Welcher Bruchteil dieser Figur ist schraffiert? richtig (mit $\frac{1}{3}$ bzw. $\frac{4}{12}$).

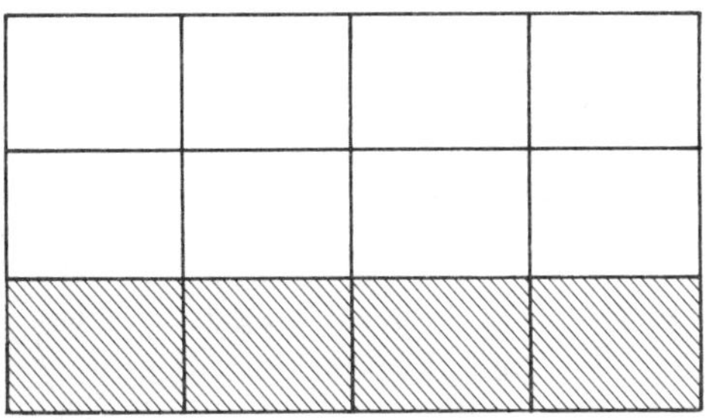

Neben der fälschlichen Angabe der Anzahl der schraffierten Felder (4) wird häufiger fehlerhaft geantwortet $\frac{1}{4}$ und auch $\frac{4}{8}$ (Verhältnis der schraffierten Felder zu den übrigen Feldern!).

Der Bruchteil der schwarzen Quadrate bei einer Menge von weißen und schwarzen Quadraten wird von 72% der 13–jährigen richtig angegeben. (Vgl. die folgende Seite oben.)

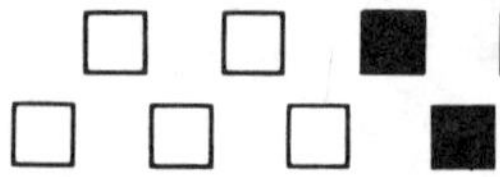

Neben der fälschlichen Angabe der Anzahl der schwarzen Quadrate (3) wird am häufigsten als falsche Antwort $\frac{3}{5}$ bzw. $\frac{5}{3}$ gegeben (Verhältnis der schwarzen zu den weißen Quadraten bzw. umgekehrt), ein Fehler, der auch bei Untersuchungen von Silver (1983) bei Collegestudenten(!) häufig auftrat.
Markiere durch x die Stelle, wo $\frac{1}{2}$ liegt,

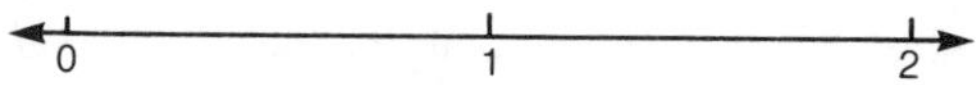

wird nur noch von 58% der 13-jährigen – selbst bei großzügiger Interpretation – richtig beantwortet. Hauptfehler sind Probleme mit der *Bezugsbasis* (Einheit). So wird gehäuft fälschlich die Hälfte des Zahlenstrahlausschnittes – also 1 – angekreuzt. Gründliche Untersuchungen von Larson (1980) bestätigen, daß Schüler beim Zahlenstrahl deutliche Probleme mit der *Bezugsbasis* haben, und zwar auch bei der Bestimmung des zugehörigen Bruches zu einer Markierung auf dem Zahlenstrahl. Diese Befunde sind allerdings *nicht* auf *Strecken* übertragbar, da dort diese Probleme mit der Bezugsbasis nicht auftreten.

Wir skizzieren zum Abschluß dieses Abschnittes in Anlehnung an Winter (1984) drei verschiedene Fragestellungen über den Zusammenhang zwischen Repräsentant und (konkreten) Bruch, die bei Strecken mit Hilfe des Streifenmusters sehr variationsreich eingeübt werden können:

(1) $\frac{1}{2}$ von $\overline{AE} =$

$\frac{2}{3}$ von $\overline{BE} =$

(2) $\overline{BD} = \frac{2}{3}$ von

$\overline{AD} = \frac{3}{4}$ von

(3) $\overline{AC} =$ von $\overline{AE}$

$\overline{DH} =$ von $\overline{DF}$ (Vgl. die folgende Seite oben.)

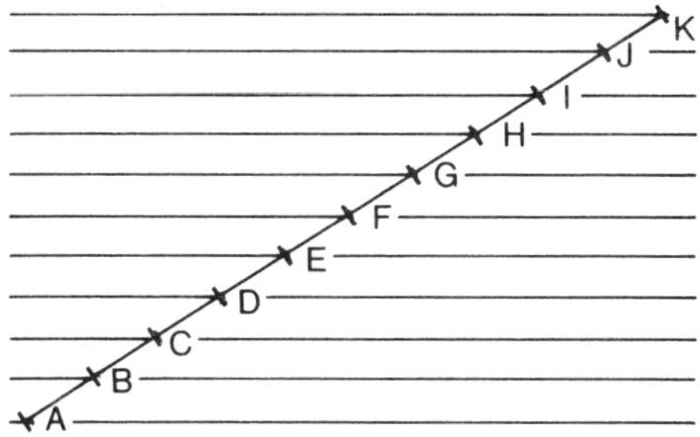

Die Fragestellung (2) – also die Bestimmung der *Einheit* (des Ganzen) zu einem vorgegebenen Bruchteil – sollte im Unterricht auch an *Flächen* – insbesondere an Rechtecken – thematisiert werden, da sie gut zu einem vertieften Verständnis der Bruchzahlen beiträgt.

1.3 Benennung einer Größe durch verschiedene konkrete Brüche

Eine weitere wichtige Voraussetzung für die Entwicklung des Bruchzahlbegriffs ist die Einsicht, daß man *ein und dieselbe* Größe durch *verschiedene* konkrete Brüche benennen kann.

Vergleichen wir hierzu den Anteil der schraffierten Fläche bei den folgenden drei Quadraten, so stellen wir fest, daß er in allen drei Fällen gleich ist.

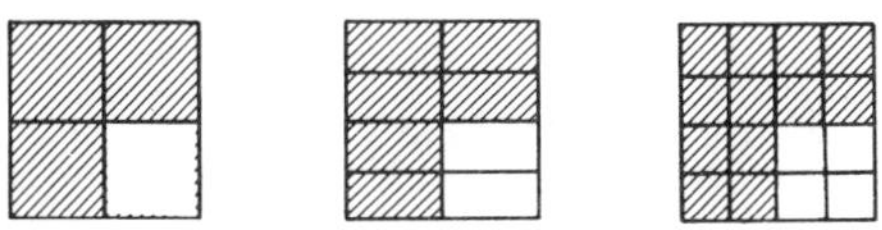

Bezeichnen wir den Flächeninhalt des Quadrates mit F, so können wir den Flächeninhalt der schraffierten Fläche mit $\frac{3}{4}F$ bzw. $\frac{6}{8}F$ bzw. $\frac{12}{16}F$ benennen und es gilt:

$$\frac{3}{4}F = \frac{6}{8}F = \frac{12}{16}F$$

Auch ein Vergleich des Anteils der graugefärbten Fläche bei den folgenden beiden Kreisen ergibt, daß er gleich ist,

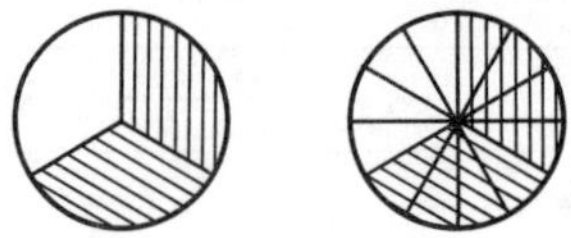

daß also bei Benutzung von F für den Flächeninhalt des Kreises gilt:

$$\frac{2}{3}F = \frac{8}{12}F$$

Wir können dieses Phänomen nicht nur bei flächenhaften Formen wie Quadraten und Kreisen, sondern auch bei Strecken beobachten, wie das folgende Beispiel zeigt. Bezeichnen wir die Gesamtlänge der Strecke mit l, so gilt für den schraffierten Teil:

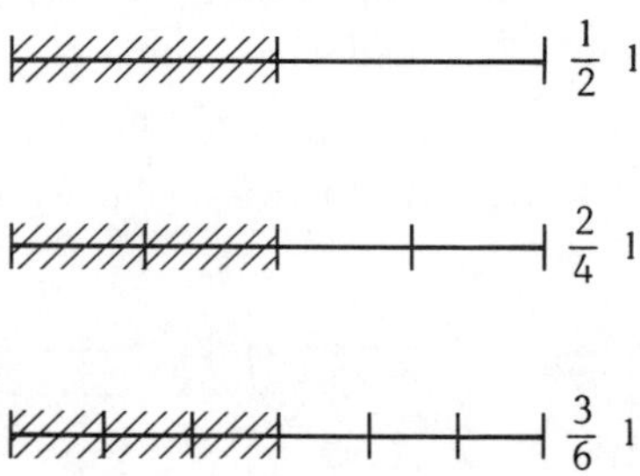

$$\frac{1}{2}l = \frac{2}{4}l = \frac{3}{6}l$$

Wir können also in allen drei vorstehenden Beispielen *ein und dieselbe* Größe durch *verschiedene* konkrete Brüche benennen. Hierbei ist im Unterricht eine Erarbeitung dieses Sachverhaltens an flächenhaften *und* linearen Beispielen wichtig.

Die *Ursachen* für diese verschiedenen Benennungsmöglichkeiten lassen sich auf dieser anschaulichen Ebene folgendermaßen gut einsehen: Unterteilen wir die Ausgangsfläche oder –strecke *doppelt* so stark, so ist jede Teilfläche oder –strecke nur *halb so groß*, also müssen wir *doppelt* soviele Teilstücke zusammenfassen, um wieder einen Repräsentanten der ursprünglichen Größe zu erhalten (Beispiele: $\frac{3}{4}F = \frac{6}{8}F$ oder $\frac{1}{2}l = \frac{2}{4}l$). Zerlegen wir allgemein eine Fläche oder Strecke in n–mal ($n \in \mathbb{N}$) soviele gleichgroße Teilstücke, so müssen wir auch n–mal soviele Teilstücke zusammenfassen, um wiederum einen Repräsentanten der ursprünglichen Größe zu erhalten. *Halbieren* wir *umgekehrt* die Anzahl der jeweils gleichgroßen Teilstücke bei einer stark unterteilten Fläche oder Strecke durch Zusammenfassungen, so ist jedes Teilstück doppelt so groß, also müssen wir nur noch *halb so viele* Teilstücke zusammenfassen, um wieder einen Repräsentanten der ursprünglichen Größe zu erhalten (Beispiele: Übergang von $\frac{2}{4}l$ zu $\frac{1}{2}l$ oder von $\frac{6}{8}F$ zu $\frac{3}{4}F$). Reduzieren wir allgemein die Anzahl der jeweils gleichgroßen Teilstücke durch Zusammenfassungen auf ein n–tel, so ist jedes Teilstück n–mal so groß, also müssen wir nur ein n–tel soviele Teilstücke zusammenfassen, um wieder einen Repräsentanten der ursprünglichen Größe zu erhalten. Der vorstehende Sachverhalt sollte allerdings nicht nur auf der *ikonischen* Ebene erarbeitet werden. Sehr hilfreich ist auch ein – vorheriges – Agieren auf der *enaktiven* Repräsentantenebene (vgl. auch Bohan 1970), wie es die folgenden Beispiele (leicht modifiziert nach dem Schulbuch Kahle/ Lörcher, Mathematik 6) andeuten: Welcher Teil des Blattes ist jeweils schraffiert? Was fällt auf?

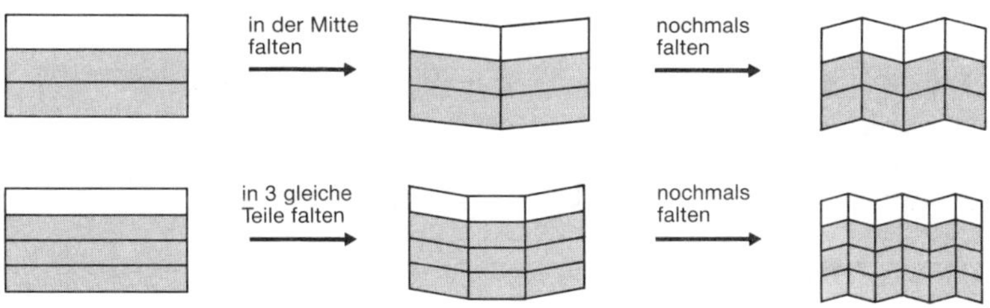

Erst im Anschluß an die Behandlung auf der enaktiven und ikonischen Repräsentationsebene sollte man durch Übergang zu *kleineren*

Größeneinheiten – also rein auf der *symbolischen* Ebene – aufzeigen, daß wir ein und dieselbe Größe durch verschiedene konkrete Brüche benennen können, wie es die folgenden Beispiele verdeutlichen:

(1) $\frac{3}{5}m = 60cm$, $\frac{6}{10}m = 60cm$, $\frac{12}{20}m = 60cm$, $\frac{15}{25}m = 60cm$
also: $\frac{3}{5}m = \frac{6}{10}m = \frac{12}{20}m = \frac{15}{25}m$

(2) $\frac{3}{4}km = 750m$, $\frac{6}{8}km = 750m$, $\frac{15}{20}km = 750m$, $\frac{30}{40}km = 750m$
also: $\frac{3}{4}km = \frac{6}{8}km = \frac{15}{20}km = \frac{30}{40}km$

(3) $\frac{1}{2}$ Std = 30 Min,$\frac{3}{6}$ Std = 30 Min, $\frac{2}{4}$ Std = 30 Min, $\frac{6}{12}$ Std = 30 Min
also: $\frac{1}{2}$ Std = $\frac{2}{4}$ Std = $\frac{3}{6}$ Std = $\frac{6}{12}$ Std

Einen originellen Weg, die Gleichwertigkeit von (konkreten) Brüchen mit Hilfe von *Tischordnungen* zu behandeln, schlägt Streefland (1985) vor. Bei diesem Ansatz kommt zugleich die Beziehung zwischen (konkreten) Brüchen und *Verhältnissen* ins Bild:
„Ein Pizzarestaurant wird von einer lustigen Gruppe von Kindern bestürmt, 24 in Anzahl. Kein Wunder – die Pizzas sind wegen ihres Geschmacks und ihrer Größe berühmt. Aufgrund von Erfahrungen bestellt man nur 18. Damit soll eine früher konstatierte Störung des Gleichgewichts zwischen eingebildeten und vertilgbaren Portionen wieder hergestellt werden. „Jedem eine Pizza“ war zuviel des Guten, aber mehr als eine Halbe, das wird wohl gelingen.“ Wie lassen sich die Kinder im Restaurant nieder? An einem großen Tisch. Da muß dann auch die ganze Bestellung drauf, alle 18.

Oder an zwei kleineren Tischen? Dann geschieht mit der Bestellung dasselbe, wenn man gerecht bleiben will.

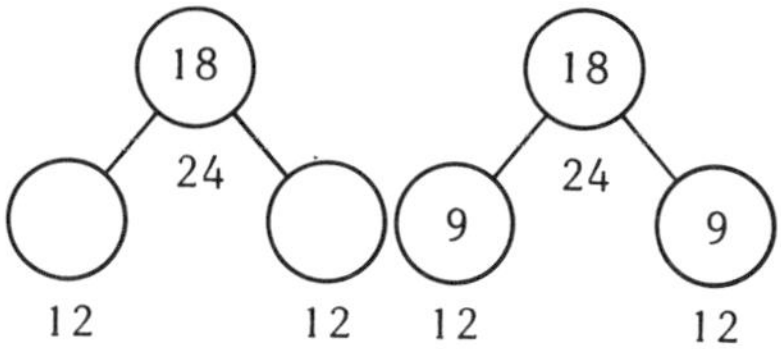

So kann das Tischverteilen fortgesetzt werden mit entsprechender Verteilung der Bestellung.

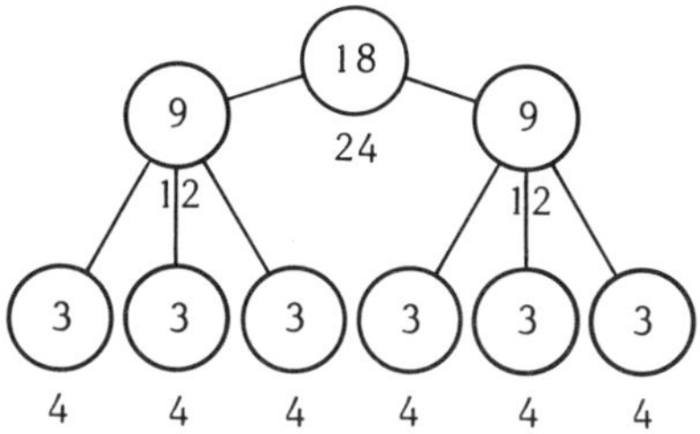

Offensichtlich sind die Portionen, die durch die folgenden Tischordnungen beschrieben werden, gleichgerecht, daher können wir kurz festhalten:

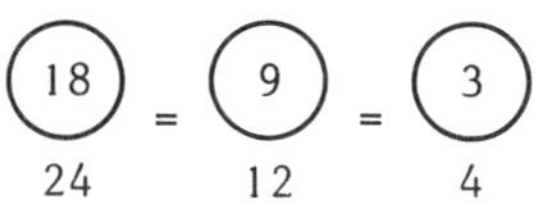

Bei diesem Ansatz von Streefland kommt die *zweite* Bruch–Grundvorstellung (der Bruch als Teil *mehrerer* Ganzer) zum Tragen, im Unterschied zu den anderen vorher genannten Beispielen, die auf die erste Bruch–Grundvorstellung zurückgreifen.

Die *Gleichwertigkeit* verschiedener konkreter Brüche sollte zu Beginn für einige Zeit *anschaulich* – wie in diesem Abschnitt 1.3 beschrieben – erarbeitet werden. Die *Regeln* zum Erweitern und Kürzen (vgl. 2.) sollten auf *keinen* Fall *zu früh* eingeführt werden.

1.4 Übergang zu den Bruchzahlen

Nach einer gründlichen Beschäftigung mit konkreten Brüchen kann schließlich die *Abstraktion zu den Bruchzahlen* erfolgen. Die Schüler sollten die konkreten Brüche hierfür *mindestens* im bislang aufgezeigten Umfang kennengelernt haben. Überlegenswert ist auch, ob zuvor in einfachen Fällen die Addition und Subtraktion (vgl. 4., 5.) sowie das Vervielfachen und Teilen von Größen (vgl. 6.1, 7.1 sowie allgemein Kap. IV.3) angesprochen werden sollte. So steht eine hinreichend breite Grundlage zur Verfügung, um zu einem fundierten Bruchzahlbegriff zu gelangen. Beim Umgang mit konkreten Brüchen finden die Schüler nämlich schnell: Gilt beispielsweise $\frac{3}{4}dm^2 = \frac{6}{8}dm^2$, so auch $\frac{3}{4}dm = \frac{6}{8}dm, \frac{3}{4}cm = \frac{6}{8}cm, \frac{3}{4}kg = \frac{6}{8}kg$ oder $\frac{3}{4}dm^3 = \frac{6}{8}dm^3$. Oder falls die Schüler die Addition von Größen schon kennengelernt haben, so entdecken sie ebenso rasch: Wenn $\frac{1}{5}kg + \frac{3}{5}kg = \frac{4}{5}kg$, dann gilt auch $\frac{1}{5}m + \frac{3}{5}m = \frac{4}{5}m, \frac{1}{5}cm + \frac{3}{5}cm = \frac{4}{5}cm$ oder $\frac{1}{5}dm^3 + \frac{3}{5}dm^3 = \frac{4}{5}dm^3$.

Die Schüler erkennen also: Gilt eine entsprechende Aussage bezüglich *einer* Größeneinheit e, so gilt sie bezüglich *aller* Größeneinheiten desselben bzw. eines anderen Größenbereichs. Diese Erkenntnis, die die Schüler aus der konkreten Erfahrung im Umgang mit Größen gewinnen, ist für sie völlig unproblematisch und bedarf für sie keines Beweises[1] Die naheliegende Frage in diesem Zusammenhang: Warum sollen wir bei den obigen Rechnungen stets die doch überflüssigen Größeneinheiten „mitschleppen"?, gibt Veranlassung, die Größeneinheiten fortzulassen und statt der *konkreten Brüche* $\frac{m}{n}e$ allein die *Brüche* $\frac{m}{n}$ zu betrachten. Wir vollziehen also den Übergang von den konkreten Brüchen zu den Brüchen, indem wir bei konkreten Brüchen $\frac{m}{n}e$ die Größeneinheit e fortlassen. Soweit bislang nun Regeln für den Umgang mit konkreten Brüchen abgeleitet worden sind – etwa bezüglich des Erweiterns/Kürzens, des Addierens, Subtrahierens, eventuell des Vervielfachens und Teilens –, erhält man so durch das Fortlassen der Größeneinheit e Regeln für den Umgang mit Brüchen. „Das ist wohl der natürlichste Weg zu den grundlegenden Regeln der Bruchrechnung.

[1] Für Hinweise, wie man diese Aussage formal beweisen kann, vergleiche man Kirsch (1975).

[...] Man beachte, daß die Ausdrücke $\frac{m}{n}$, $\frac{m}{n}+\frac{k}{l}$ usw. für sich genommen noch keine Bedeutung haben: Die Regeln [...] bilden vorerst nichts anderes als eine *„Merkhilfe für das Umgehen mit konkreten Brüchen"*. (Kirsch (1975)) Was bezeichnen nun diese Brüche?

Während die konkreten Brüche Namen für Größen sind, sind die Brüche Namen für *Zahlen*, die sogenannten Bruchzahlen. Die Frage, wann *zwei Brüche dieselbe Bruchzahl* benennen, beantworten wir durch Rückgriff auf die konkreten Brüche. Wir definieren[1] die *Gleichheit von Bruchzahlen* durch:

▲ Die Brüche $\frac{m}{n}$ und $\frac{p}{q}$ stellen genau dann dieselbe Bruchzahl dar, wenn die konkreten Brüche $\frac{m}{n}e$ und $\frac{p}{q}e$ für irgendeine Größeneinheit e eines divisiblen Größenbereichs G dieselbe Größe darstellen.

Um also zu überprüfen, ob zwei Brüche $\frac{m}{n}$ und $\frac{p}{q}$ dieselbe Bruchzahl bezeichnen, braucht man nur einen beliebigen Repräsentanten einer beliebigen Größeneinheit zu verwenden, also etwa ein beliebiges Rechteck als Repräsentanten für einen Flächeninhalt F, und hieran überprüfen, ob $\frac{m}{n}F$ und $\frac{p}{q}F$ die gleiche Größe bezeichnen. Wie sich diese Entscheidung schon rein anhand der konkreten Brüche, also ohne Rückgriff auf Repräsentanten, treffen läßt, werden wir im nächsten Abschnitt beim Erweitern/Kürzen behandeln.

Wir müssen noch die Frage beantworten, *warum* die Brüche Namen für *Zahlen* sind. Dazu müssen wir uns fragen, was Schülern dieser Klassenstufe bis zu diesem Zeitpunkt für Zahlen, d.h. konkret für natürliche Zahlen, *charakteristisch* erscheint. Offenbar kann man

- mit Zahlen rechnen,
- sie der Größe nach ordnen,
- sie am Zahlenstrahl darstellen,
- mit ihrer Hilfe Größen benennen (z.B. 2 kg, 4 m)

Diese Eigenschaften treffen auch auf die „Bruchzahlen" zu; denn offenbar kann man auch

- mit den Bruchzahlen rechnen,

---

[1] Definitionen kennzeichnen wir in diesem Band durch das Zeichen ▲.

- sie der Größe nach ordnen (vgl. 3.),
- sie auf dem Zahlenstrahl darstellen (vgl. 3.4), wobei man sogar die natürlichen Zahlen als *spezielle* Bruchzahlen auffassen kann,
- mit ihrer Hilfe Größen benennen (z.B. $\frac{3}{4}kg$, $\frac{4}{5}m$)

Darum liegt es für die Schüler nahe, auch die Brüche als Namen für Zahlen, nämlich für die Bruchzahlen, aufzufassen.[1]

Für den Übergang von den konkreten Brüchen zu den Bruchzahlen greifen *neuere Schulbuchwerke* i.a. allerdings *nicht* auf diese *komplette* Palette von Argumenten zurück. Von den vier genannten Argumenten wird meist nur der Gesichtspunkt der Darstellbarkeit am *Zahlenstrahl* besonders betont und mit seiner Hilfe – meist direkt nach dem Erweitern/Kürzen, z.T. aber auch unmittelbar vorher – der Übergang zu den Bruchzahlen motiviert. Zur Begründung hierfür wird angeführt (vgl. z.B. Mathematik heute, 6, Lösungen – didaktischer Kommentar), daß die Schüler schon zu Beginn des Bruchrechenlehrganges über *Vorwissen* über die Brüche und deren Verwendung verfügen, und daß darum nicht unbedingt alle oben genannten Punkte *vor* dem Übergang zu den Bruchzahlen im Unterricht explizit thematisiert werden müssen. Ein frühzeitiger Übergang zu den Bruchzahlen biete darüber hinaus den Vorteil, daß bei der Erarbeitung der Rechenoperationen und des Größenvergleichs (sowie ggf. des Kürzens/Erweiterns) die Aussagen bereits sofort für *Bruchzahlen* formuliert werden können und auch ein Großteil der erforderlichen Übungen in der Ebene der Zahlen erfolge. Das folgende Schulbuchbeispiel (Mathematik heute, 6) vermittelt ein typisches Bild von dieser Vorgehensweise:

Aufgabe

Zeichne den Abschnitt von 0 bis 3 aus dem Zahlenstrahl für die natürlichen Zahlen vergrößert; wähle 12 Kästchen für die Strecke von 0 bis 1.

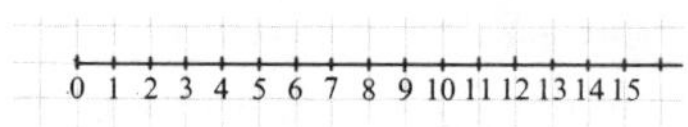

a) Trage vom Anfangspunkt 0 aus ab.

(1) $\frac{1}{2}, \frac{2}{2}, \frac{3}{2}, \frac{4}{2}, \frac{5}{2}$ (2) $\frac{1}{4}, \frac{2}{4}, \frac{3}{4}, \frac{4}{4}, \frac{5}{4}, \ldots, \frac{9}{4}$ (3) $\frac{1}{8}, \frac{2}{8}, \frac{3}{8}, \frac{4}{8}, \ldots, \frac{16}{8}, \frac{17}{8}$

b) Trage entsprechend ab. (1) $\frac{1}{3}, \frac{2}{3}, \frac{3}{3}, \frac{4}{3}, 2\frac{1}{3}$ (2) $\frac{1}{6}, \frac{2}{6}, \frac{3}{6}, \frac{4}{6}, \frac{5}{6}, 1\frac{5}{6}, 2\frac{1}{6}$

c) Wo liegen die Punkte für $\frac{1}{12}, \frac{4}{12}, \frac{5}{12}, \frac{9}{12}, \frac{11}{12}, 2\frac{1}{12}$?

---

[1] Auf *Unterschiede* zwischen natürlichen Zahlen und Bruchzahlen gehen wir im Abschnitt 3.5 näher ein.

Im Anschluß an die ausführlich dargestellten Lösungen dieser Aufgabe wird folgende abschließende Aussage festgehalten:

> Ebenso wie die natürlichen Zahlen 0, 1, 2, 3, ... kann man auch Brüche wie $\frac{1}{2}$, $\frac{3}{4}$, $\frac{5}{8}$, $\frac{4}{3}$, $1\frac{5}{6}$, $2\frac{2}{5}$, $\frac{0}{12}$, ... durch einen Punkt auf einem *Zahlenstrahl* festlegen.
> Wir nennen daher $\frac{1}{2}$, $\frac{3}{4}$, $\frac{5}{8}$, $\frac{4}{3}$, $1\frac{5}{6}$, $2\frac{2}{5}$, $\frac{0}{12}$, ... **Bruchzahlen**.
>
> Zu einer Bruchzahl (zu einem Punkt des Zahlenstrahls) gehören verschiedene Brüche.
>
> *Beispiel:* $\frac{3}{4}$, $\frac{6}{8}$, $\frac{9}{12}$ gehören zu demselben Punkt.
>
> Wir sagen: $\frac{3}{4}$, $\frac{6}{8}$ *und* $\frac{9}{12}$ *sind verschiedene Namen für dieselbe Bruchzahl*
> oder auch: *die Brüche* $\frac{3}{4}$, $\frac{6}{8}$ *und* $\frac{9}{12}$ *haben denselben Wert.* $\qquad \frac{3}{4} = \frac{6}{8} = \frac{9}{12}$
>
> Die natürlichen Zahlen sind besondere Bruchzahlen (z. B.: $2 = \frac{8}{4}$).

Typisch für die neueren Bruchrechenlehrgänge ist auch, daß man – im Unterschied zu den siebziger Jahren – bei der Abwägung der Gesichtspunkte *sprachliche Sauberkeit* und *Verständlichkeit* wieder mehr Gewicht auf die *Verständlichkeit* legt. So wird heute z.B. die Unterscheidung zwischen Brüchen und Bruchzahlen höchstens an *den* Stellen sauber durchgehalten, wo sonst Mißverständnisse zu befürchten sind. Charakteristisch ist auch, daß man nicht (mehr) das Prinzip der *Methodenreinheit* überbetont (Beispiel: Bruchzahlen sind Operatoren) und daher auch *nicht* definiert, was eine Bruchzahl *ist*. Vielmehr sollen die Schüler die Bruchzahlen in *verschiedenen* Verwendungssituationen unter *vielen Aspekten* kennenlernen, um sie so umso leichter bei Anwendungen wieder einsetzen zu können. Der Begriff *Bruchzahl* wird also als ein zu erläuternder, aber nicht zu definierender *Grundbegriff* aufgefaßt. Dies ist naheliegend; denn – so Seyfferth (1975) – der „mehrdeutige Charakter des natürlichen Sprachgebrauchs" bei Bruchzahlen je nach ihrer Verwendung ist ein Indiz dafür, daß der Bruchzahlbegriff schon frühzeitig als eigenständiger Begriff auftritt. So vermeidet man auch die Schwierigkeiten, die mit einer Definition zwangsläufig verbunden sind; denn wegen der Mehrdeutigkeit des Sprachgebrauchs müßten wir bei einer Definition *eine* Möglichkeit auswählen und daher zumindestens zu Beginn der Bruchrechnung „eine gewisse Distanz zum natürlichen Sprachgebrauch" einnehmen. Schließlich ist auch in den letzten Jahren der Gesichtspunkt (wieder) stärker in den Blick geraten, daß man *Analogien* zwischen den vertrauten natürlichen Zahlen als Kardinalzahlen und den Bruchzahlen im Unterricht mit Gewinn bei der Erarbeitung von Rechenregeln und zur Vermeidung von Schülerfehlern (vgl. 4., 5., 6., 7.) einsetzen kann, wenn man zu Beginn der Bruchrechenkurse neben dem Bruchsymbol (z.B. $\frac{3}{4}$) auch die *Wortnamen* (z.B. 3 Viertel) für Brüche gezielt einsetzt. Diesen Gesichtspunkt hat Griesel unter dem Stichwort *quasikardinaler Aspekt* gründlich analysiert (vgl. Griesel (1981)).

Den in diesem Abschnitt beschriebenen Übergang von den konkreten Brüchen zu den Bruchzahlen kann man – wie wir hier noch zum Abschluß dieses Abschnittes herausheben wollen – *auch* unter dem Blickwinkel beschreiben, daß hier de facto von den bekannten Größeneinheiten wie Meter, Zentimeter, Kilogramm usw. abstrahiert wird, da sie sich bei den betrachteten Rechnungen, aber auch bei der Ordnung nach der Größe und bei der Darstellung am Zahlenstrahl als – in einem gewissen Sinne – überflüssig erweisen. Man geht also bei dieser Betrachtungsweise faktisch über zu einer einzigen festen Größeneinheit, die man „das Ganze" oder „die Einheit schlechthin" oder „die natürliche Einheit" nennt. Diese Einheit führt man allerdings i.a. weder sprachlich noch schriftlich auf. Höchstens bei der Einführung der Bruchzahlen erläutert man, daß etwa $\frac{2}{3}$ bedeutet „$\frac{2}{3}$ von 1" und daß das Bezugsganze die Einheit schlechthin ist (vgl. Oehl (1974)). Allerdings bleiben – wie Kirsch (1975) zu Recht aufzeigt – die Vorstellungen von dem, was das Ganze bzw. die Einheit schlechthin ist, zwangsläufig recht vage.

2. ERWEITERN / KÜRZEN

2.1 Erweitern

Wählen wir zur Veranschaulichung ein Rechteck, so erkennen wir völlig analog wie im vorigen Abschnitt (vgl. 1.3), daß beispielsweise die Bruchzahl $\frac{3}{4}$ auch durch die Brüche $\frac{6}{8}$ und $\frac{12}{16}$ benannt werden kann. Während wir jedoch im vorigen Abschnitt fast ausschließlich die *Repräsentanten* der Größe und die mit ihnen durchgeführten Veränderungen untersuchten, wollen wir jetzt die hiermit verbundenen Veränderungen der *Brüche* genauer betrachten. Hierbei ist unser Ziel: Wir wollen *direkt anhand der gegebenen Brüche* – also *ohne* Rückgriff auf Veranschaulichungen – entscheiden können, ob gegebene Brüche *dieselbe* Bruchzahl bezeichnen.

Verfeinern wir zunächst die Unterteilung bei dem zur Veranschaulichung benutzten Rechteck,

Beispiel:

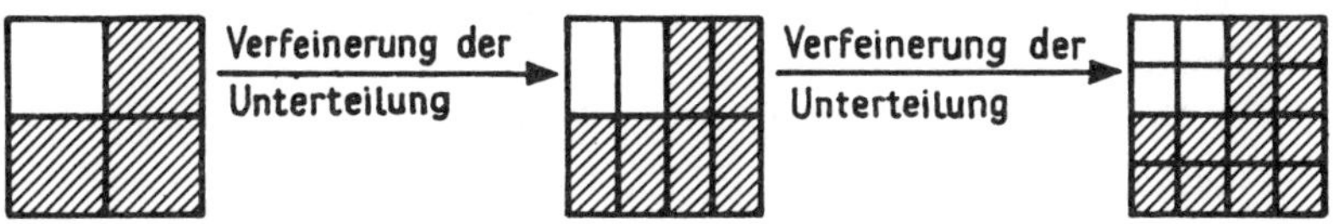

so entsteht aus dem Bruch $\frac{3}{4}$ der Bruch $\frac{6}{8} = \frac{3\cdot 2}{4\cdot 2}$, bzw. $\frac{12}{16} = \frac{3\cdot 4}{4\cdot 4}$ und es gilt: $\frac{3}{4} = \frac{6}{8} = \frac{12}{16}$, da die drei Brüche dieselbe Bruchzahl benennen. Der *Verfeinerung* der Unterteilung des Rechtecks entspricht also beim Bruch ein *Multiplizieren des Zählers und Nenners* mit 2 bzw. 4, also jeweils mit derselben natürlichen Zahl. Diesen Vorgang des Multiplizierens von Zähler und Nenner eines Bruchs mit derselben natürlichen Zahl nennen wir *Erweitern*. Da wir – zumindest theoretisch – die Verfeinerung beliebig stark durchführen können (wir können die Anzahl der gleichgroßen Teile des Rechtecks verdoppeln, verdreifachen, vervierfachen usw.), kann man auf diese Art anschaulich einsehen, daß man einen gegebenen Bruch mit *jeder* natürlichen Zahl erweitern kann, daß also gilt:[1]

■ Für alle $k, m, n \in \mathbb{N}$ gilt: $\frac{m}{n} = \frac{m \cdot k}{n \cdot k}$

Auf diese Weise erhalten wir für eine Bruchzahl $\frac{m}{n}$ unendlich viele verschiedene Namen.

Die vorstehende Aussage läßt sich durch Rückgriff auf die Axiome eines divisiblen Größenbereichs und daraus gezogene Folgerungen auch leicht *formal* beweisen. Wir gehen hierauf im Kapitel IV. ein.

Das Erweitern notiert man *zu Beginn* am übersichtlichsten mit Hilfe von *Erweiterungszahlen*, etwa in der Form: $\frac{3}{4} \stackrel{5}{=} \frac{15}{20}$. Für das anschließende Einüben sind *variationsreiche* Aufgabenstellungen wichtig. Einige Beispiele für *verschiedene Aufgabentypen*:

- Erweitere $\frac{3}{4}$ mit 5.
- Mit welcher Zahl wurde erweitert? $\frac{4}{5} = \frac{12}{15}$
- Bestimme die Erweiterungszahl. Welche Aussagen sind falsch? $\frac{5}{7} = \frac{40}{56}$, $\frac{9}{11} = \frac{99}{111}$
- Erweitere auf Hundertstel: $\frac{3}{4}$, $\frac{7}{20}$
- Der Bruch $\frac{18}{24}$ ist durch Erweitern entstanden. Aus welchem Bruch kann er entstanden sein? Schreibe *alle* Möglichkeiten auf.
- Wahr oder falsch? $\frac{4}{5} = \frac{28}{35}$ $\frac{3}{5} = \frac{36}{65}$. Falls falsch: Ändere bei dem zweiten Bruch entweder den Zähler oder den Nenner so ab, daß eine wahre Aussage entsteht.
- Setze geeignete Zahlen ein:

$$\frac{1}{2} = \frac{\square}{6}$$

$$\frac{2}{3} = \frac{10}{\square}$$

$$\frac{\square}{6} = \frac{10}{30}$$

$$\frac{3 \cdot \square}{5 \cdot \square} = \frac{15}{\bigcirc}$$

[1] Sätze kennzeichnen wir in diesem Band durch ■

- Erweitere die Brüche so, daß sie einen gemeinsamen Nenner haben: $\frac{3}{4}, \frac{5}{6}$
- Stelle 3 auf vier verschiedene Arten als Bruch dar.

Der letzte Aufgabentyp thematisiert das fehlerträchtige (vgl. 8.2 und 8.3) *Einbetten* der natürlichen Zahlen in die Menge der Bruchzahlen, der Aufgabentyp davor das Erweitern von Brüchen auf *gemeinsame* Nenner, das für den Größenvergleich, die Addition und Subtraktion wichtig ist. Bei weiteren Aufgabentypen wird schon implizit das *Kürzen* angesprochen.

Nach der Behandlung der Multiplikation kann das Erweitern gut unter dem Gesichtspunkt der Multiplikation mit 1 *wiederholt* werden (vgl. auch Ettline (1985)). So gilt z.B.
$\frac{2}{3} \cdot 1 = \frac{2}{3} \cdot \frac{5}{5} = \frac{2 \cdot 5}{3 \cdot 5}$ oder allgemein für $n \in \mathbf{N} : \frac{2}{3} \cdot 1 = \frac{2}{3} \cdot \frac{n}{n} = \frac{2 \cdot n}{3 \cdot n}$

2.2 Kürzen

Während die *Verfeinerung* einer gegebenen Unterteilung z.B. eines Rechtecks - zumindestens theoretisch – beliebig weit getrieben werden kann, läßt sich eine *Vergröberung* nur begrenzt durchführen, wie man schon dem folgenden Beispiel entnehmen kann.

Beispiel:

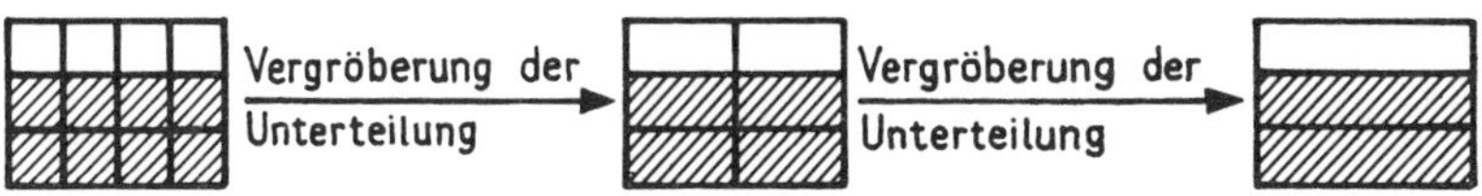

Vergröbern wir also die Unterteilung, so entsteht aus dem Bruch $\frac{8}{12}$ der Bruch $\frac{4}{6}$ und schließlich der Bruch $\frac{2}{3}$, und es gilt:

$$\frac{8}{12} = \frac{4}{6} = \frac{8:2}{12:2}$$

und

$$\frac{8}{12} = \frac{2}{3} = \frac{8:4}{12:4}$$

Dem Vergröbern der Unterteilung des Rechtecks entspricht also in diesem Fall beim Bruch ein Dividieren des Zählers und Nenners durch 2 bzw. 4, also jeweils durch *dieselbe* natürliche Zahl. Diese dem Erweitern entgegengesetzte Operation bezeichnet man als *Kürzen*. Offensichtlich kann man einen Bruch nur durch die *gemeinsamen* Teiler von Zähler und Nenner kürzen. Wir erhalten also:

■ Für alle gemeinsamen Teiler k von m und n gilt:

$$\frac{m}{n} = \frac{m:k}{n:k}$$

Zwischen dem Erweitern und Kürzen eines Bruches besteht also ein wesentlicher *Unterschied*: Können wir einen gegebenen Bruch mit *jeder* natürlichen Zahl erweitern, so können wir ihn nur durch *gemeinsame Teiler* von Zähler und Nenner kürzen. Beim Kürzen teilt man Zähler und Nenner solange durch gemeinsame Teiler, bis schließlich Zähler und Nenner *teilerfremd* sind, d.h. nur noch 1 als größten gemeinsamen Teiler besitzen. Der Bruch ist dann vollständig gekürzt, und man spricht auch von der *Grundform* des Bruches oder vom *Kernbruch*. Bei Kenntnis des *größten* gemeinsamen Teilers (ggT) von Zähler und Nenner kann man durch Division von Zähler und Nenner durch diesen ggT den Kernbruch in *einem* Schritt erreichen. Zu Beginn notiert man zweckmäßiger auch beim Kürzen die sogenannten *Kürzungszahlen* (Beispiel: $\frac{8}{12} \underset{4}{=} \frac{2}{3}$). Gerade auch das *schrittweise* Kürzen läßt sich so sehr übersichtlich notieren (Beispiel: $\frac{36}{42} \underset{3}{=} \frac{12}{14} \underset{2}{=} \frac{6}{7}$).

Die Schüler müssen den *Grundgedanken* des Erweiterns und Kürzens von Brüchen zunächst unbedingt *anschaulich* anhand der Vergröberung bzw. Verfeinerung der Unterteilung etwa von Rechtecken oder auch Strecken – wichtig sind mehrere verschiedenartige Veranschaulichungen – gründlich erarbeitet und voll verstanden haben, bevor dann abschließend die üblichen *Regeln* formuliert werden können:

Man erweitert bzw. kürzt einen Bruch, indem man Zähler und Nenner mit derselben natürlichen Zahl multipliziert bzw. durch dieselbe natürliche Zahl dividiert.

Durch die *anschauliche* Erarbeitung muß den Schülern ebenfalls deutlich gemacht werden, daß Erweitern und Kürzen eines Bruches nur einen Übergang zu einem *anderen Namen* für ein und *dieselbe Bruchzahl* bedeuten, daß Erweitern und Kürzen also nur Veränderungen bei dem *Bruch*, *nicht* aber bei der zugehörigen *Bruchzahl*, bewirken. Ferner muß beim Erweitern und Kürzen auch noch beachtet werden, daß es für die Schüler in dieser Form neu ist, daß eine einzige Zahl mehrere, ja sogar unendlich viele Namen hat. Dieser Unterschied der Bruchzahlen zu den natürlichen Zahlen muß deutlich herausgestellt werden.

Aufgrund der Kenntnis des Kürzens von Brüchen können wir jetzt auch die Frage beantworten, wie man zwei Brüchen *direkt* (also ohne Rückgriff auf z.B. Rechtecke) ansehen kann, ob sie dieselbe Bruchzahl bezeichnen.

■ Zwei Brüche bezeichnen genau dann dieselbe Bruchzahl, wenn sie durch Kürzen in denselben Kernbruch übergehen.

Die auf den ersten Blick naheliegende Formulierung, daß die beiden Brüche durch Kürzen *ineinander* überführt werden können, reicht offensichtlich *nicht* aus (Beispiel: $\frac{4}{6} = \frac{6}{9}$).

Aber auch mit Hilfe des Erweiterns – und zwar auf den gemeinsamen Nenner $n \cdot q$ – können wir die gestellte Frage offensichtlich direkt beantworten. Wir erhalten in diesem Fall mit Hilfe des „Kreuzproduktes“ folgende griffige Formulierung:

■ Die Brüche $\frac{m}{n}$ und $\frac{p}{q}$ bezeichnen genau dann dieselbe Bruchzahl, wenn gilt: $m \cdot q = n \cdot p$.

Die Einübung des Kürzens sollte mit Hilfe variationsreicher Fragestellungen erfolgen (vgl. 2.1). Für eine *vertiefte* Behandlung des Kürzens liefert das von Hefendehl–Hebeker (1986) vorgestellte „Haus der Brüche“ gute Anregungen.

Nach der Behandlung der Multiplikation von Brüchen kann auch das Kürzen mit Hilfe der Multiplikation mit 1 gut *wiederholt* werden. So gilt z.B.

$$\frac{8}{10} = \frac{4 \cdot 2}{5 \cdot 2} = \frac{4}{5} \cdot \frac{2}{2} = \frac{4}{5} \cdot 1 = \frac{4}{5}$$

oder

$$\frac{15}{18} = \frac{3 \cdot 5}{3 \cdot 6} = \frac{3}{3} \cdot \frac{5}{6} = 1 \cdot \frac{5}{6} = \frac{5}{6}.$$

2.3 Typische Schülerfehler

Die Bezeichnungen „Erweitern“ und „Kürzen“ sind nicht unproblematisch, da wir im täglichen Leben mit dem Begriff des Erweiterns die Vorstellung des Vergrößerns, mit dem Begriff des Kürzens (Beispiel: Kürzen des Gehaltes) die Vorstellung des Verkleinerns verbinden, während sowohl das Erweitern wie das Kürzen die betreffende Bruchzahl *unverändert* läßt. Dennoch haben nach umfangreichen Untersuchungen von uns (vgl. u.a. Padberg (1983) und Padberg (1986)) die Schüler bei der *isolierten* Durchführung der Techniken des Kürzens, Erweiterns und auch des Umwandelns nur äußerst selten Schwierigkeiten und erreichen beachtlich hohe Lösungsquoten von oft sogar weit über 90 % (so etwa bei den folgenden Beispielen: Kürze: $\frac{6}{8}$. Erweitere: $\frac{5}{8} = \frac{\square}{24}$. Wandle um: $\frac{14}{5}$, $2\frac{4}{7}$).

In der *angloamerikanischen* Literatur genannte Fehlertypen beim Umwandeln ($\frac{4}{5} = 1\frac{1}{5}, \frac{4}{5} = 1\frac{1}{4}, 2\frac{4}{7} = \frac{8}{14}$) spielen in unseren Untersuchungen *keine* Rolle. Nur bei *speziellen Zahlenkonstellationen* fällt beim *Kürzen* die hohe Lösungsquote etwas ab. So kürzen in verschiedenen Untersuchungen von uns rund 20 % (!) der Schüler jeweils fehlerhaft $\frac{9}{18} = \frac{1}{9}$ bzw. $\frac{9}{18} = \frac{3}{6} = \frac{1}{3}$. Hierbei ist die 9 beim Kürzen von $\frac{9}{18}$ offenbar so *dominant*, daß die Schüler zwar richtig im Zähler $9 : 9 = 1$ rechnen, aber im Nenner fehlerhaft 9 notieren und so zum Ergebnis $\frac{1}{9}$ gelangen. Analog kann man offenkundig das falsche Kürzen bei $\frac{3}{6} = \frac{1}{3}$ erklären. Es handelt sich hier um sogenannte *Assoziationsfehler* (vgl. Schaffrath (1957), Pippig (1975)). Beim *Erweitern* ist eine gewisse Unsicherheit nur bei den Aufgaben erkennbar, die auf die *Einbettung* der natürlichen Zahlen in die Menge der Bruchzahlen Bezug nehmen (Beispiel: $5 = \frac{\square}{3}$). Eine Verwechslung von Erweitern und Multiplizieren erfolgt fast ausschließlich nur in der *einen* Richtung, daß nämlich beim Multiplizieren eines Bruches mit einer natürlichen Zahl fehlerhaft erweitert wird. Dies geschieht allerdings dort *sehr häufig* (vgl. 6.5.4).

In den *USA* gibt dagegen das Erweitern, Kürzen und auch der Größenvergleich von Brüchen laut Behr (1984) und Post (1987) häufiger Anlaß zu *fehlerhaften Additions- und Subtraktionsstrategien*. So wird etwa die Aufgabe $\frac{3}{4} = \frac{\square}{8}$ oft als $\frac{3}{4} = \frac{7}{8}$ gelöst, da $4 + 4 = 8$ und $3 + 4 = 7$ gilt.

Hier verändern also die Schüler zwar richtig Zähler und Nenner auf dieselbe Art. Statt jedoch mit derselben Zahl zu multiplizieren (bzw. beim Kürzen durch dieselbe Zahl zu dividieren) wird jeweils dieselbe Zahl im Zähler wie im Nenner addiert.

Befunde von Hart (1981, 1987) – in Großbritannien mittels Einzelinterviews gefunden – deuten außerdem darauf hin, daß die Annahme, daß Schüler beim korrekt durchgeführten Erweitern generell mit der üblichen – im Unterricht schon behandelten – multiplikativen Regel arbeiten, so *nicht* unbedingt haltbar und zumindestens fragwürdig ist.

So wird beim Lösen der Aufgaben $\frac{1}{3} = \frac{2}{?}$ oft argumentiert: 1 addiert zu 1 ergibt 2, 3 addiert zu sich selbst ergibt 6. Diese Strategie klappt nur beim Verdoppeln relativ unproblematisch, während sie bei einer Aufgabe wie $\frac{2}{3} = \frac{?}{15}$ äußerst umständlich und fehlerträchtig ist. (Bei der Untersuchung von Hart liegen die Richtigkeitsquoten bei der zweiten Aufgabe auch wesentlich unter den entsprechenden Quoten der ersten Aufgabe.) Bei der Aufgabe $\frac{5}{10} = \frac{?}{30}$ dagegen argumentieren die Schüler häufig: 5 ist die Hälfte von 10, also suche ich *die* Zahl, die die Hälfte von 30 ist. Auch hier wird also mit einer Strategie gearbeitet, die nur in diesem Sonderfall (der Zähler ist die Hälfte des Nenners) gut funktioniert, die aber beispielsweise bei einer Aufgabe wie $\frac{2}{7} = \frac{?}{35}$ nicht angewandt werden kann.

Beim Kürzen muß man allerdings unterscheiden zwischen der *Beherrschung* dieser Technik und ihrer *Durchführung* etwa *nach* einer Additionsaufgabe. So sinkt nach Lörcher (1982) durch die Forderung nach einem *vollständig* gekürzten Ergebnis der Lösungsprozentsatz bei *kürzbaren* Ergebnissen in Realschulen auf zwei Drittel und in Hauptschulen auf weniger als die Hälfte ab. Ursache ist hierfür jedoch *nicht* eine mangelhafte Beherrschung der Technik des Kürzens. Es wird vielmehr nur einfach am Ende der Aufgabe *vergessen*, das Ergebnis noch weiter auf Kürzbarkeit zu untersuchen.

Eine andere Fragestellung, auf die wir hier zum Abschluß eingehen wollen, ist, wieweit Schüler bei Rechenoperationen etwa fehlerhaft aus einer Summe oder Differenz kürzen (Beispiel: $\frac{3}{8} + \frac{2}{5} = \frac{3}{4} + \frac{1}{5} = \ldots$). Nach unseren Untersuchungen passiert dies nur *äußerst selten.* Dies ist verständlich; denn wenn Schüler Schwierigkeiten beim Kürzen haben, werden sie eher auf das Kürzen verzichten. Läßt man jedoch die Schüler beurteilen, ob $\frac{3}{8} + \frac{2}{5} = \frac{3}{4} + \frac{1}{5}$ richtig gerechnet ist, bewerten überraschend viele Schüler diese Rechnung als korrekt.

3. KLEINERRELATION

Bei natürlichen Zahlen und bei Dezimalbrüchen können wir schon direkt anhand der *Ziffernschreibweise* entscheiden, welche von zwei gegebenen Zahlen die größere ist. Dies trifft dagegen für gemeine Brüche im allgemeinen *nicht* zu.

Die Erarbeitung der Kleinerrelation im Unterricht beginnt üblicherweise bei den *gleichnamigen* Brüchen. Sehr rasch folgt der Hinweis, daß man *beliebige* Brüche gleichnamig machen und sie so ebenfalls leicht vergleichen kann. Hierbei ist allerdings die Gefahr groß, daß die Schüler im folgenden bei sämtlichen Bruchvergleichen *schematisch* nach diesem Rezept vorgehen. Um dies zu vermeiden, sollte man die Strategie des Gleichnamigmachens nicht zu früh in den Vordergrund stellen. Vielmehr bietet gerade die Behandlung der Kleinerrelation reiche Möglichkeiten, die *Grundvorstellungen*, die Schüler mit Brüchen verbinden (sollen), *variationsreich zu vertiefen* und auf dieser Grundlage *Größenvergleiche* durchführen.

3.1 Einführung

Zu Beginn kann man zu einer gegebenen Bruchzahl (z.B. $\frac{4}{7}$) eine größere bzw. kleinere Bruchzahl bestimmen lassen, indem man *nur* den Zähler bzw. den Nenner des Bruches verändern läßt.

Ein Vergleich von *Stammbrüchen*, also von Brüchen mit dem Zähler 1, ist ebenfalls besonders leicht durchzuführen. So gilt: $\frac{1}{3} < \frac{1}{2}$, da wir im ersten Fall einen Repräsentanten – etwa eine Strecke – in 3, im zweiten Fall dagegen in nur 2 Teile teilen müssen. Dieser Rückgriff auf die Grundvorstellungen für Brüche hilft zugleich, Fehler, die gerade bei Stammbrüchen gehäuft vorkommen und die auf einer *Übergeneralisierung* der Kleinerrelation in $\mathbb{N}$ beruhen, zu vermeiden (vgl. 3.3).

Ein Vergleich von Stammbrüchen ist besonders einfach, weil diese Brüche jeweils den *gleichen* Zähler, nämlich 1, besitzen. Aber auch beliebige

Brüche mit *gleichen Zählern* lassen sich durch Rückgriff auf die *zweite* Grundvorstellung für Brüche leicht vergleichen. So gilt: $\frac{2}{5} < \frac{2}{3}$; denn teilen wir etwa eine Strecke von der Länge $2dm$ in 5 gleiche Teile, so ist das Ergebnis offenkundig kleiner als wenn wir sie nur in 3 gleiche Teile teilen. Aber auch durch Rückgriff auf die *erste* Grundvorstellung läßt sich die Beziehung $\frac{2}{5} < \frac{2}{3}$ direkt begründen.

Besonders einfach ist der Vergleich auch bei Brüchen mit *gleichen Nennern*, also bei *gleichnamigen* Brüchen. Durch Rückgriff auf die erste Grundvorstellung läßt sich auf der Repräsentantenebene – etwa mit Strecken oder Rechtecken – unmittelbar abklären, daß z.B. gilt: $\frac{2}{5} < \frac{4}{5}$. Dieser Sonderfall ist besonders leicht, weil die Ordnungsbeziehung von $\mathbb{N}$ hier unmittelbar auf die Brüche übertragen werden kann. So gilt $\frac{2}{5} < \frac{4}{5}$ bzw. 2 Fünftel < 4 Fünftel, weil $2 < 4$. Es brauchen also nur die Zähler verglichen zu werden. Die Nähe dieses Sonderfalles zu $\mathbb{N}$ ist allerdings *nicht unproblematisch* (Gefahr der Übergeneralisierung; vgl. 3.3).

Neben den bisherigen Fällen können wir aber auch z.B. $\frac{4}{5}$ und $\frac{6}{7}$ *direkt* ohne Bestimmung eines gemeinsamen Nenners (oder Zählers) der Größe nach vergleichen. So ist $\frac{4}{5}$ um $\frac{1}{5}$, $\frac{6}{7}$ dagegen nur um $\frac{1}{7}$ kleiner als 1, also gilt: $\frac{4}{5} < \frac{6}{7}$. Neben der Bestimmung des Abstandes von einer *gemeinsamen* größeren (oder auch kleineren) Zahl bietet es sich oft an, eine *dazwischen* gelegene Zahl als Vergleichsbasis zu wählen (man vgl. auch: Behr u.a. (1984), Fricke (1983), Vollrath (1980)).

Beispiele:

(1) $\frac{3}{8} < \frac{5}{9}$; denn $\frac{3}{8} < \frac{1}{2}$ und $\frac{5}{9} > \frac{1}{2}$

(2) $\frac{5}{6} < \frac{6}{5}$; denn $\frac{5}{6} < 1$ und $\frac{6}{5} > 1$

(3) $\frac{29}{6} < \frac{26}{5}$; denn $4\frac{5}{6} < 5$ und $5\frac{1}{5} > 5$.

Ferner kann häufiger auch durch die *kombinierte Betrachtung von Zähler und Nenner* ein Größenvergleich durchgeführt werden. Unter Rückgriff auf die erste Grundvorstellung ergibt sich nämlich: $\frac{3}{8} < \frac{4}{7}$; denn der linke Bruch besteht aus Achteln, die kleiner sind als Siebtel, und es gilt außerdem $3 < 4$.

Die aufgezeigten Beispiele verdeutlichen, wie im Zusammenhang mit der Kleinerrelation *einerseits* die Grundvorstellungen der Brüche besonders gut eingeübt werden können und so *andererseits* variationsreich und nicht schematisch der Größenvergleich durchgeführt werden kann. Aus Bequemlichkeitsgründen wird man aber im Unterricht auf diesem Niveau nicht stehenbleiben können, sondern *anschließend* zu einem *systematischen* Größenvergleich von Brüchen durch Gleichnamigmachen übergehen.

3.2 Systematische Behandlung

Besonders leicht kann man – wie in 3.1 schon erwähnt – *gleichnamige* Brüche vergleichen. Hier gilt:

■ Für alle Bruchzahlen $\frac{m}{n}$ und $\frac{p}{n}$ gilt:
$\frac{m}{n} < \frac{p}{n}$ genau dann, wenn $m < p$.

Durch Erweitern lassen sich auch *beliebige* Brüche *gleichnamig* machen. Daher kann man diese Regel auch auf beliebige Brüche anwenden.

Für den Größenvergleich können wir mit *beliebigen gemeinsamen* Nennern arbeiten. Um den Rechenaufwand gering zu halten, verwendet man jedoch meist den *kleinsten* gemeinsamen Nenner, den man *Hauptnenner* nennt. In *zwei Sonderfällen* läßt sich der Hauptnenner zweier Brüche besonders leicht bestimmen:

- Teilt der eine Nenner den zweiten ohne Rest, so ist der größere Nenner schon der Hauptnenner.
- Haben die beiden Nenner keinen gemeinsamen Teiler außer 1, sind sie also teilerfremd, so erhalten wir durch ihr Produkt den Hauptnenner.

Generell kann man stets folgendermaßen den Hauptnenner bestimmen: Man bildet so lange Vielfache des *größeren* Nenners, bis der kleinere Nenner zum erstenmal eines dieser Vielfachen ohne Rest teilt.

Folgende *Schritte* sind beim Größenvergleich von ungleichnamigen Brüchen zu beachten:

Beispiel: $\frac{7}{12}$, $\frac{9}{20}$

(1.) Bestimmung des *Hauptnenners:*
Vielfache von 20: 20, 40, 60, ...
12 teilt erstmalig die Zahl 60, also ist 60 der Hauptnenner.

(2.) Bestimmung der *Erweiterungszahlen:*
Für $\frac{7}{12}$ erhalten wir $60 : 12 = 5$.
Für $\frac{9}{20}$ erhalten wir $60 : 20 = 3$.

(3.) *Erweitern der Brüche:*
$\frac{7}{12} = \frac{7 \cdot 5}{12 \cdot 5} = \frac{35}{60}$; $\frac{9}{20} = \frac{9 \cdot 3}{20 \cdot 3} = \frac{27}{60}$.

(4.) *Vergleich:*
$\frac{27}{60} < \frac{35}{60}$, also $\frac{9}{20} < \frac{7}{12}$.

Das vorgestellte Verfahren über die Vielfachenreihe reicht im Unterricht i.a. völlig aus. Nur bei komplizierten Zahlen oder mehreren Nennern wird man ggf. die *Primfaktorzerlegung* der Nenner benutzen, um so den Hauptnenner zu bestimmen.

3.3 Typische Schülerfehler

Die *unreflektierte* Übertragung der Ordnung von $\mathbb{N}$ auf den Bereich der Bruchzahlen ist ein *häufiger* Fehler. Während diese Übertragung bei *gleichnamigen* Brüchen zum richtigen Ergebnis führt (Beispiel: $\frac{2}{5} < \frac{3}{5}$ bzw. 2 Fünftel $<$ 3 Fünftel, da $2 < 3$), führt dies bei Brüchen mit *gleichen Zählern*, insbesondere bei Stammbrüchen, häufig zu folgender fehlerhafter Argumentation: $\frac{1}{3} < \frac{1}{4}$, da $3 < 4$ (man vgl. auch Behr u.a. (1984), Payne (1986), Post u.a. (1986)). Aber auch bei *beliebigen* Brüchen wird gelegentlich fehlerhaft in diesem Sinne argumentiert, so z.B. $\frac{3}{5} < \frac{5}{12}$, weil $3 < 5$ und $5 < 12$! Zähler und Nenner werden hier also getrennt bezüglich der vertrauten Kleinerrelation in $\mathbb{N}$ untersucht und das Ergebnis dann fälschlich auf die beiden Brüche übertragen.

Nach Beobachtungen von Post u.a. (1986) sind daneben aber auch *Verständigungsschwierigkeiten* bezüglich der Kleinerrelation gerade zu Beginn ihrer Behandlung für Fehler mitverantwortlich. So richten Schüler in dieser Phase beim Größenvergleich auf der Repräsentantenebene häufiger ihr Augenmerk entweder *nur* auf die Frage nach der *Anzahl* oder *nur* auf die Frage nach der *Größe* der Teile. So ist unter dem Gesichtspunkt der *Anzahl* der (insgesamt erhaltenen) Teile $\frac{1}{2} < \frac{1}{3}$, während unter dem Gesichtspunkt der *Größe* der Teile $\frac{1}{3} < \frac{1}{2}$ gilt. Erschwerend kommt beim Agieren auf der Repräsentantenebene hinzu, daß bei ***gleichnamigen*** Brüchen der Blick nur auf die *Anzahl* der Teile, daß dagegen bei Brüchen mit ***gleichen Zählern*** bei Benutzung der zweiten Grundvorstellung der Blick nur auf die *Größe* der einzelnen Teile gelenkt wird.

3.4 Zahlenstrahl

Die *Ordnung* der natürlichen Zahlen bezüglich der Kleinerrelation läßt sich gut *am Zahlenstrahl* veranschaulichen. Entsprechendes gilt auch für die Bruchzahlen. Hierzu zeichnen wir eine Länge l als Längeneinheit aus. Tragen wir nun auf einem Strahl mit dem Anfangspunkt 0 von 0 aus eine Strecke der Länge l ab und nennen den Endpunkt 1 l, so können wir sämtlichen Längen $\frac{m}{n}$ l jeweils genau einen Punkt zuordnen (vgl. auch 1.2 und IV.1).

Wir erhalten beispielsweise:

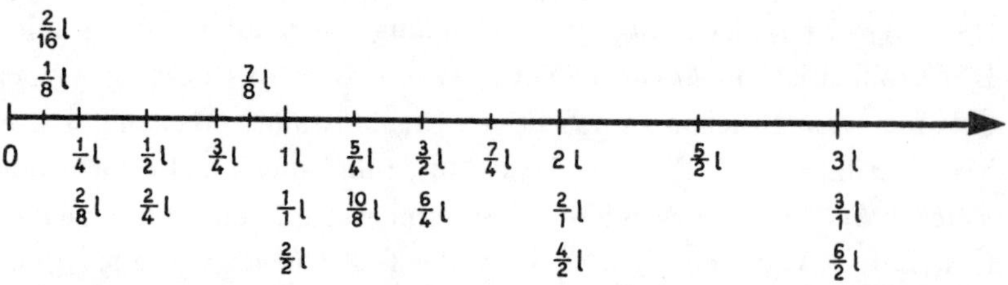

Wir gestalten den Strahl übersichtlicher, wenn wir jeweils nur die zugehörigen *Kernbrüche* angeben.

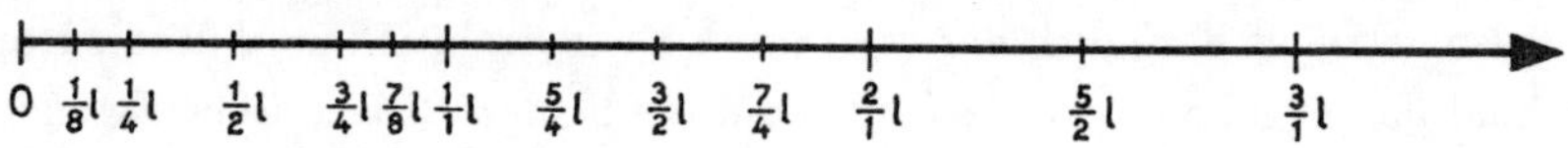

Durch Fortlassen der Größeneinheit l erhalten wir folgenden Zahlenstrahl:

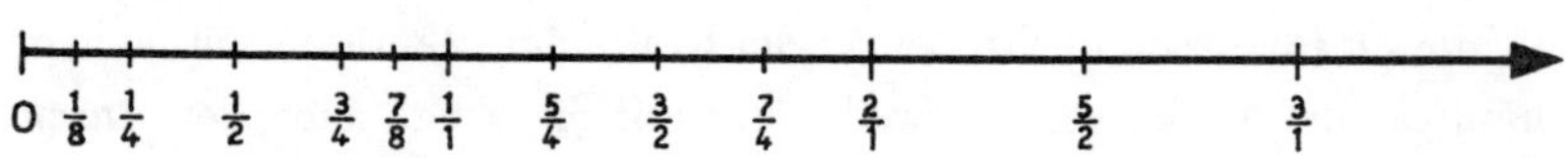

So läßt sich auch für Bruchzahlen die Kleinerbeziehung durch die Beziehung *liegt links von* gut am Zahlenstrahl veranschaulichen. Ein *Vergleich* des Zahlenstrahls für *Bruchzahlen* mit dem Zahlenstrahl *für natürliche Zahlen* legt es nahe, die *natürlichen Zahlen* als *spezielle* Bruchzahlen aufzufassen, nämlich 1 als $\frac{1}{1} = \frac{2}{2} = \frac{3}{3} = \ldots$, 2 als $\frac{2}{1} = \frac{4}{2} = \frac{6}{3} = \ldots$ bzw. allgemein n als $\frac{n}{1} = \frac{2n}{2} = \frac{3n}{3} = \ldots$ für $n \in \mathbb{N}$.

Daher bezeichnet man diese speziellen Brüche gelegentlich auch als *Scheinbrüche*. So läßt sich bei diesem Ansatz die Einbettung der natürlichen Zahlen in der Menge der Bruchzahlen motivieren.

Bei der Behandlung der Bruchzahlen sollte der *Zahlenstrahl* allerdings *nicht zu früh* als Veranschaulichungsmittel herangezogen werden. Vielmehr müssen die Schüler *zuvor* intensiv Bruchzahlen mit Hilfe von Rechtecken und Strecken veranschaulicht haben, bevor sie einen Zahlenstrahl erfolgreich als Veranschaulichungsmittel benutzen können, wie Novillis (1976) nachweisen konnte. Ursache für die Schülerfehler sind Probleme bei der *Identifizierung der Längeneinheit* am Zahlenstrahl (vgl. auch 1.2). Wieviele Schüler – zumindestens in den USA – hier Schwierigkeiten haben, kann man der zweiten amerikanischen Repräsentativerhebung NAEP entnehmen: So können nur 58 % der 13–jährigen Schüler in den USA die Zahl $\frac{1}{2}$, sogar nur 43 % die Zahl $1\frac{3}{4}$ auch nur *annähernd richtig* am Zahlenstrahl markieren (vgl. Post (1981)).

3.5 Vertiefung

Der Zahlenstrahl eignet sich gut, *Unterschiede* zwischen den natürlichen Zahlen und den Bruchzahlen herauszuarbeiten. So können wir zu zwei verschiedenen Bruchzahlen nämlich stets Bruchzahlen angeben, die *dazwischen* liegen. Man zeigt dies im Unterricht konstruktiv an Beispielen. So kann man nach Bruchzahlen zwischen $\frac{1}{3}$ und $\frac{2}{3}$ fragen.

Durch Erweitern erhält man $\frac{2}{6} < \frac{3}{6} < \frac{4}{6}$.

Durch stärkeres Erweitern der Brüche – etwa mit 100 – erkennen die Schüler, daß nicht nur *eine* Bruchzahl, sondern eine *größere Anzahl* von Bruchzahlen zwischen $\frac{1}{3}$ und $\frac{2}{3}$ liegen. Da wir die beiden Brüche mit beliebig großen Zahlen erweitern können, liegen sogar *beliebig viele* bzw. *unendlich viele* Bruchzahlen zwischen $\frac{1}{3}$ und $\frac{2}{3}$, und auch allgemein zwischen zwei beliebigen verschiedenen Bruchzahlen. Die Bruchzahlen liegen also – wie man sagt – überall *dicht*. Diese Sprechweise erklärt sich unmittelbar aus der Veranschaulichung der Bruchzahlen am Zahlenstrahl. Eine Konsequenz der „Dichtheit" der Bruchzahlen: Man kann zu einer gegebenen Bruchzahl keinen *Nachfolger* und auch keinen *Vorgänger* angeben, im Unterschied zu den entsprechenden Verhältnissen in der Menge der natürlichen Zahlen. In diesem Zusammenhang kann man einen *weiteren* Unterschied zur Menge $\mathbb{N}$ erarbeiten: Es gibt *keine kleinste positive Bruchzahl.*

Auch auf die Frage nach der *Mächtigkeit* der Bruchzahlen kann man in leistungsstarken Klassen des 6. Schuljahres – also etwa in guten Gymnasial- und Realschulklassen – eingehen. Kann man – so etwa eine geeignete Frage – die Bruchzahlen so anordnen, daß wir sie mit Hilfe der natürlichen Zahlen 1, 2, 3, 4, ... durchnumerieren können? Interessante Hinweise zur methodischen Gestaltung dieser Frage kann man den anregenden Arbeiten von Winter (1976) und Hefendehl-Hebeker (1986) entnehmen. Wegen der Dichte der Bruchzahlen werden die Schüler spontan behaupten, daß es wesentlich *„mehr"* Bruchzahlen als natürliche Zahlen gibt und daß daher ein derartiges Durchnumerieren *nicht* möglich ist. Durch das *Cantorsche Diagonalverfahren* erhalten wir jedoch folgende Anordnung der Brüche: (Vgl. die folgende Seite oben.)

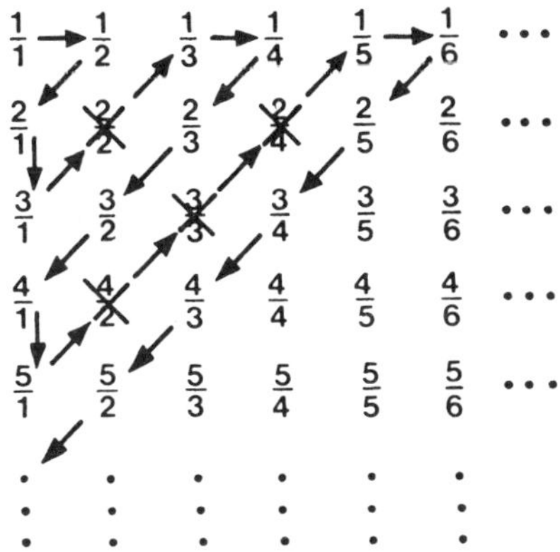

Streichen wir die Brüche, die eine schon aufgeführte Bruchzahl darstellen, so können wir die Bruchzahlen folgendermaßen numerieren:

Nummer der Bruchzahl	1	2	3	4	5	6	7	8	9	10	...
Bruchzahl	$\frac{1}{1}$	$\frac{1}{2}$	$\frac{2}{1}$	$\frac{3}{1}$	$\frac{1}{3}$	$\frac{1}{4}$	$\frac{2}{3}$	$\frac{3}{2}$	$\frac{4}{1}$	$\frac{5}{1}$	...

Lassen wir die Schüler dies durchführen, so können sie die Erfahrung gewinnen, daß man bei *unendlichen* Mengen nicht mehr naiv – wie bei endlichen Mengen – von „mehr“ oder „weniger“ oder „gleichviel“ Elementen sprechen kann, sondern daß man hier nur die Frage stellen kann, ob die Elemente von zwei Mengen einander *paarweise zugeordnet* werden können oder nicht.

Durch die oben durchgeführte paarweise Zuordnung zwischen den natürlichen Zahlen und den Bruchzahlen können die Schüler ferner erste Vorerfahrungen bezüglich eines deutlichen *Unterschiedes* zwischen *endlichen* und *unendlichen* Mengen gewinnen: Bei unendlichen Mengen gibt es – im Gegensatz zu endlichen Mengen ! – *echte* Teilmengen, deren Elemente sich paarweise den Elementen der gegebenen Menge zuordnen lassen.

Die beiden gerade im Zusammenhang mit der Kleinerrelation bei Bruchzahlen behandelten Fragestellungen der Dichte und der Mächtigkeit der Menge der Bruchzahlen eignen sich gut für *eine* Form der *Differenzierung* im Unterricht der 6. Klasse. Da diese Stoffgebiete für den *weiteren* Aufbau der Bruch*rechnung* nicht erforderlich sind und vor allem nur im Hinblick auf spätere allgemeine algebraische Fragestellungen von Interesse sind, kann man sie gut als *Zusatzstoff* einsetzen, der nur von den *leistungsstärkeren* Klassen bearbeitet wird.

4. ADDITION

4.1 Einführung

Als Vorstufe zur Einführung der Addition von *Bruchzahlen* behandelt man zweckmäßigerweise im Unterricht *zunächst* die Addition von *Größen.* So läßt sich die Notwendigkeit der Addition von Bruchzahlen gut von alltäglichen Anwendungssituationen her motivieren. Hierbei kann diese Behandlung der Addition von Größen unmittelbar im Zusammenhang mit der Addition von Bruchzahlen erfolgen oder in einem eigenen – der eigentlichen Bruchrechnung vorangestellten – Abschnitt.

Die *Grundvorstellung* der Addition von Größen ist den Schülern intuitiv klar. So läßt sich die „Addition" von 2 Längen, etwa von $\frac{1}{5}$ m und $\frac{2}{5}$ m, auf der Repräsentantenebene leicht konkret realisieren. Die Schüler legen 2 Strecken oder Stäbe entsprechender Länge aneinander. Die Gesamtlänge der beiden Stäbe liefert uns die gesuchte „Summe":

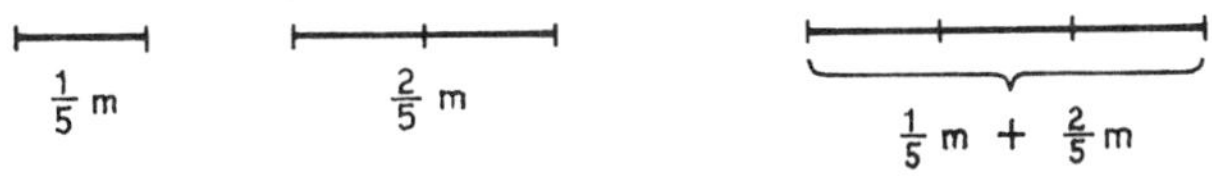

Entsprechendes gilt beispielsweise auch für die „Addition" von 2 Volumina – etwa $\frac{1}{5}l$ und $\frac{2}{5}l$ –, wenn man diese Volumina durch entsprechende Flüssigkeitsmengen veranschaulicht, die man dann zusammenschüttet oder auch für die „Addition" von Flächeninhalten, etwa von $\frac{1}{5}dm^2$ und $\frac{2}{5}dm^2$, wenn man Repräsentanten dieser Flächeninhalte zusammenfaßt, wie es die folgende Zeichnung verdeutlicht: (Vgl. die folgende Seite oben.)

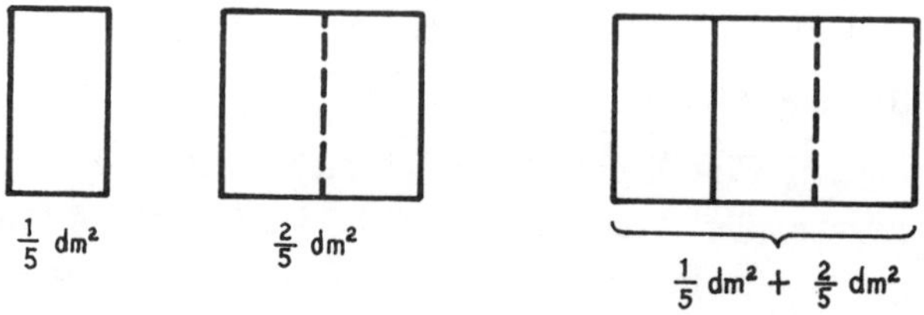

Im Unterricht wird man sich bei der Einführung der Addition von Größen wegen der leichteren Veranschaulichungsmöglichkeiten stark auf die Größenbereiche der Längen und Flächeninhalte stützen, und andere Größenbereiche nur in einzelnen Aufgaben „einblenden“, um einseitige Fixierungen auf *einen* Größenbereich zu vermeiden.

Von der intuitiv unmittelbar klaren *Grundvorstellung* der Bestimmung der Summe zweier Größen durch die Zusammenfassung zugehöriger Repräsentanten müssen wir allerdings die Bestimmung der *Maßzahl* dieser Summe bzw. die Gewinnung des konkreten Bruches, mit dem wir die Summe benennen können, unterscheiden. In Sonderfällen, wenn wir durch Übergang zu kleineren Größeneinheiten *natürliche* Zahlen als Maßzahlen erhalten, können wir die Maßzahl der Summe der beiden Größen leicht bestimmen:

Beispiel: $\frac{1}{5}m + \frac{2}{5}m = 20cm + 40cm = 60cm = \frac{6}{10}m = \frac{3}{5}m$

Dasselbe Ergebnis können die Schüler aber auch auf der *zeichnerischen* Ebene gewinnen, wie man der folgenden Zeichnung entnehmen kann:

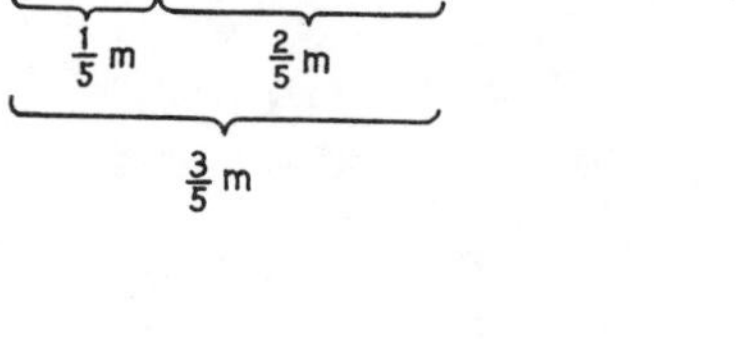

Wir brauchen also in diesem Sonderfall – die konkreten Brüche sind gleichnamig – nur die Gesamtzahl der Teilstrecken (von je $\frac{1}{5}m$ Länge) zu bestimmen, um die Maßzahl der Gesamtlänge zu erhalten. Wir erhalten diese Maßzahl durch Additon der Zähler (der zugehörigen konkreten Brüche und Beibehaltung des Nenners). Entsprechendes gilt aber ebenso auch für die Aufgabe $\frac{1}{5}dm^2 + \frac{2}{5}dm^2$, wie man ebenso anschaulich auf der Repräsentantenebene abklären kann. Durch bewußte *Variation* der verwendeten Größenbereiche gelangen die Schüler rasch zu der Erkenntnis, daß es auf die Größeneinheit *nicht* ankommt, daß also für *beliebige* Größeneinheiten e (eines divisiblen Größenbereichs) stets gilt:

$$\frac{m}{n}e + \frac{p}{n}e = \frac{m+p}{n}e.$$

Die vorstehende Aussage läßt sich – neben dem anschaulichen Rückgriff auf *Repräsentanten* der Größen – auch leicht durch einen Rückgriff auf die *erste Grundvorstellung* für konkrete Brüche *allgemein* begründen. Charakterisiert man Größenbereiche axiomatisch, so läßt sich diese Begründung zu einem exakten Beweis ausbauen. Wir gehen hierauf im Kapitel IV. genauer ein.

Sind dagegen die betrachteten konkreten Brüche *ungleichnamig*, so können wir die Gesamtlänge offensichtlich nicht so leicht direkt *benennen* wie im vorhergehenden Sonderfall:

Beispiel: $\frac{1}{2}m + \frac{1}{4}m$

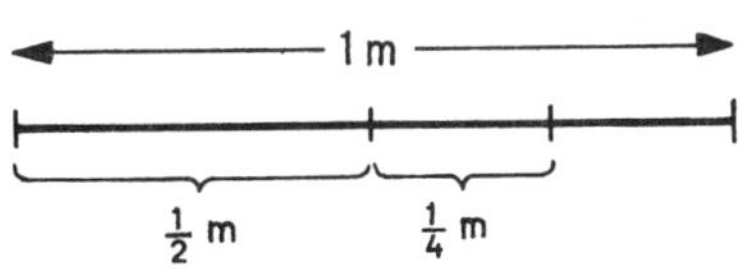

Wir müssen vielmehr zuvor eine *gemeinsame* Unterteilung für *beide* Strecken finden. In diesem Fall erhalten wir sie durch eine Viertel–Teilung der Gesamtstrecke: (Vgl. die folgende Seite oben.)

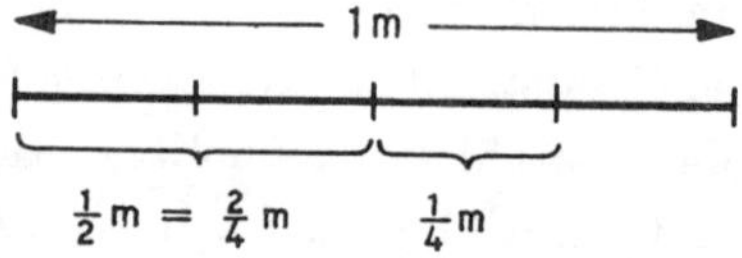

Jetzt können wir auch hier die Gesamtlänge durch Abzählen der Teilstrecken bestimmen

$$\frac{1}{2}m + \frac{1}{4}m = \frac{2}{4}m + \frac{1}{4}m = \frac{3}{4}m$$

Die – als Zwischenschritt – erforderliche *gemeinsame* Unterteilung findet man leichter bei der Benutzung von *Rechtecken* als bei der Benutzung von Strecken. Zur Bestimmung der Summe von

$$\frac{2}{3}dm^2 + \frac{1}{4}dm^2$$

unterteilen wir das zur Veranschaulichung benutzte Rechteck waagerecht dreimal (entsprechend dem 1. Nenner) und senkrecht viermal (entsprechend dem 2. Nenner). So können wir die Größen $\frac{2}{3}dm^2$ und $\frac{1}{4}dm^2$ veranschaulichen und erhalten *gleichzeitig* schon stets eine passende *gemeinsame*[1] Unterteilung des Rechtecks.

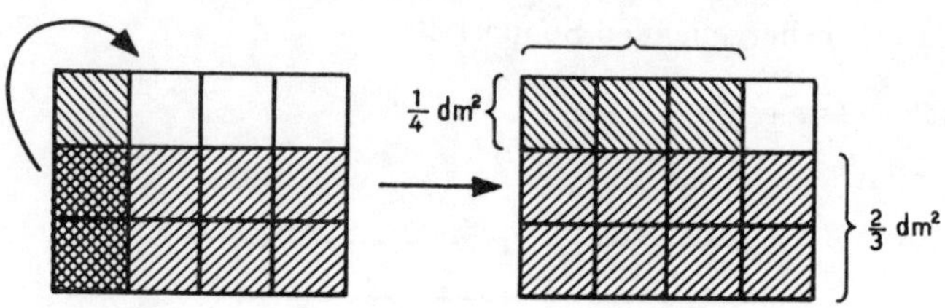

[1] Sind die beiden Nenner *nicht* teilerfremd, so genügt schon eine schwächere Unterteilung des Rechtecks. Die minimal notwendige Anzahl von Unterteilungen ist durch den Hauptnenner der betreffenden Brüche bestimmt.

Wir entnehmen der Figur unmittelbar:

$$\frac{2}{3}dm^2 + \frac{1}{4}dm^2 = \frac{8}{12}dm^2 + \frac{3}{12}dm^2 = \frac{11}{12}dm^2.$$

Analysieren wir die Vorgehensweise bei den beiden vorstehenden Beispielen, so erkennen wir folgenden Weg:

Dem Aufsuchen einer *gemeinsamen Unterteilung* bei den Repräsentanten entspricht jeweils ein *Gleichnamigmachen* der zugehörigen konkreten Brüche. Hierbei gibt es *verschiedene* Möglichkeiten, jeweils eine gemeinsame Unterteilung zu finden, so etwa bei der Strecke u.a. eine Viertel-, Achtel- oder Sechzehntel-Teilung. Aus Gründen der Arbeitsökonomie wird man jeweils die *gröbste* gemeinsame Unterteilung, d.h. hier bei der Strecke die Viertel-Teilung, auswählen. Diesem Aufsuchen der *gröbsten* gemeinsamen Unterteilung entspricht auf der *rechnerischen* Ebene die Bestimmung des zugehörigen Hauptnenners. Damit verfügen wir jetzt über ein Verfahren, wie wir stets *rein rechnerisch* zwei durch konkrete Brüche benannte Längen bzw. Flächeninhalte addieren können:

Sind die zugehörigen konkreten Brüche gleichnamig, so addieren wir die Zähler und behalten den gemeinsamen Nenner bei. Andernfalls machen wir die konkreten Brüche zunächst gleichnamig.

Ein *Vorteil* dieses Einführungsweges soll an dieser Stelle noch deutlich herausgestellt werden: Der vorgestellte Weg über die Repräsentantenebene ist nicht nur sehr naheliegend und leicht verständlich, sondern er entspricht auch völlig dem abzuleitenden *rechnerischen* Verfahren und motiviert durch die *Verfeinerung* der Unterteilung gut das erforderliche *Erweitern* der konkreten Brüche.

Der Schritt von den Größen zu den Bruchzahlen ist bei dem vorliegenden Größenkonzept völlig unproblematisch! Da die Bruchzahlen nämlich spezielle Größen sind, haben wir durch obige Überlegungen auch schon die üblichen Additionsregeln für Bruchzahlen begründet. Wir brauchen nämlich nur noch – wie dies bei der Benennung der

Bruchzahlen durch Brüche üblich ist –, die Größeneinheiten fortzulassen und erhalten dann[1]

■ Für alle Bruchzahlen $\frac{m}{n}$ und $\frac{p}{n}$ gilt:

$$\frac{m}{n} + \frac{p}{n} = \frac{m+p}{n}$$

Sind die zugehörigen Brüche *ungleichnamig*, so macht man sie zunächst gleichnamig.

Allerdings sollte die *Regelformulierung* nicht – wie in der Unterrichtspraxis leider vielfach üblich – *zu rasch* erfolgen. Für ein fundiertes inhaltliches Verständnis der Additionsregel ist vielmehr zuvor ein *gründliches* Agieren auf der Repräsentantenebene erforderlich, um die Schüler dort vielfältige *konkrete* Erfahrungen zur Addition gewinnen zu lassen. Die von Freund (1977) und – gründlicher – von Winter (1984) vorgestellten *Streifenmuster* können bei dieser konkreten Arbeit äußerst hilfreich sein.

Insbesondere zur Verhinderung typischer *Schülerfehler* (vgl. 4.4) ist die Betonung des *quasikardinalen Aspekts* zu Beginn der Behandlung der Addition von Bruchzahlen hilfreich. So ergeben 2 Siebtel + 3 Siebtel hiernach 5 Siebtel genauso wie 2 Äpfel + 3 Äpfel 5 Äpfel ergeben. Die Siebtel bilden also im Sinne dieses Aspektes *Einheiten*, der Zähler gibt jeweils die *Anzahl* an. So kann an dieser Stelle die gute Vertrautheit der Schüler mit den natürlichen Zahlen als Kardinalzahlen für die Addition von Bruchzahlen ausgenutzt werden. Hierdurch ist auch unmittelbar klar, daß bei der Addition *gleichnamiger* Brüche nur die Zähler addiert werden, daß dagegen die Nenner beibehalten werden müssen. Dagegen können wir *ungleichnamige* Brüche, etwa 1 Halb + 1 Viertel, so *nicht* direkt addieren. Erst die *Umwandlung* der Halben in Viertel – und damit die Herstellung der *gleichen* Einheit bei beiden Summanden – ergibt 2 Viertel + 1 Viertel = 3 Viertel, ermöglicht also die Durchführung der Addition.

---

[1] Man vergleiche auch die anschauliche Vorgehensweise Karaschewski's mit Hilfe von "Feldern" (Karaschewski (1970)).

Zur *Einübung* des Additionskalküls sind vielfältige Übungen notwendig. Hierbei kann der Einsatz von *Lernspielen* hilfreich sein und für erwünschte Abwechslung sorgen. Das von Streu (1983) vorgestellte Würfelspiel zur Addition – eine Übertragung dieses Spiels auf die drei anderen Grundrechenarten ist leicht möglich – ist ein Beispiel für ein problemlos herstellbares und gut einsetzbares Lernspiel.

Die Addition von Bruchzahlen ist *kommutativ* und *assoziativ*, wie man durch Rückgriff auf entsprechende Eigenschaften der natürlichen Zahlen oder von Größen unter der Addition leicht zeigen kann. Ferner sind Addition und Kleinerrelation auch bei den Bruchzahlen im Sinne des *Monotoniegesetzes der Addition* verträglich, d.h. für Bruchzahlen $\frac{m}{n}, \frac{p}{q}, \frac{r}{s}$ folgt aus $\frac{m}{n} < \frac{p}{q}$ stets $\frac{m}{n} + \frac{r}{s} < \frac{p}{q} + \frac{r}{s}$.

Eine Herausarbeitung dieser *Struktureigenschaften* der Bruchzahlen ist vor allem für die *leistungsstärkeren* Schüler von Bedeutung.

4.2 Gemischte Zahlen

Der Einsatz sogenannter *„gemischter Zahlen“* erleichtert die Addition von Bruchzahlen *größer als eins* und macht die Rechnung übersichtlicher:

Beispiel:

Rechnung *ohne* gemischte Zahlen: $\frac{34}{3} + \frac{67}{5} = \frac{170}{15} + \frac{201}{15} = \frac{371}{15}$

Rechnung *mit* gemischten Zahlen: $11\frac{1}{3} + 13\frac{2}{5} = 24 + \frac{1}{3} + \frac{2}{5} = 24\frac{11}{15}$

Hierbei sind $11\frac{1}{3}$, $13\frac{2}{5}$ und $24\frac{11}{15}$ *Kurzschreibweisen* für $11+\frac{1}{3}$, $13+\frac{2}{5}$ und $24+\frac{11}{15}$. Man verzichtet also bei dieser Schreibweise aus Bequemlichkeit auf das Pluszeichen.

Gegen die Bezeichnungsweise bzw. die Benutzung gemischter Zahlen werden vereinzelt zwei *Einwände* erhoben:

- Die *Bezeichnungsweise* ist – streng genommen – nicht ganz zutreffend; denn das Zeichen $11\frac{1}{3}$ z.B. ist nicht charakteristisch für die zu benennende *Zahl*. Wir können dieselbe Zahl nämlich auch durch den Bruch $\frac{34}{3}$ benennen. Korrekter, jedoch umständlicher, müßte man daher – so der Einwand – eigentlich von „gemischten Zahl*zeichen*“ sprechen.

- Es wird auf die Möglichkeit eines fehlerhaften Transfers in der *Algebra* verwiesen ($a\frac{b}{c}$ könnte fälschlich als $a+\frac{b}{c}$ gedeutet werden).

Dagegen bewirkt die Einführung der gemischten Zahlen deutliche *Vorteile* bei

- der Kleinerrelation: $\frac{35}{3} < \frac{61}{5}$, denn $11\frac{2}{3} < 12\frac{1}{5}$,
- der Addition: $\frac{35}{3} + \frac{61}{5} = 11\frac{2}{3} + 12\frac{1}{5} = 23\frac{13}{15}$,
- der Subtraktion: $\frac{35}{3} - \frac{21}{5} = 11\frac{2}{3} - 4\frac{1}{5} = 7\frac{7}{15}$.

Ferner benötigen wir die gemischten Zahlen zur Einführung und zur Begründung der Rechenoperationen mit *Dezimalbrüchen* auf der Grundlage der gemeinen Brüche (vgl. Kap. V.).

Die *Addition* gemischter Zahlen führt man unmittelbar durch Rückgriff auf ihre Definition ein, wie die beiden vorstehenden Beispiele schon verdeutlichen. Allerdings muß im Unterricht der Fall der Addition von natürlichen Zahlen und Brüchen unbedingt thematisiert werden, um hier Unsicherheiten und Fehler zu vermeiden (vgl. 4.4).

4.3 Schwierigkeitsfaktoren

Eine Additionsaufgabe wie $\frac{1}{5} + \frac{2}{5}$ ist für die meisten Schüler äußerst leicht, eine Aufgabe wie $\frac{19}{20} + \frac{8}{15}$ dagegen wesentlich schwerer. Folgende *Schwierigkeitsfaktoren* bewirken eine deutliche *Abstufung* im Schwierigkeitsgrad:

- Beziehung der *Nenner* zueinander (gleichnamig – ein Nenner ist ein Vielfaches des anderen Nenners – die Nenner sind teilerfremd – die Nenner besitzen gemeinsame Teiler (> 1), sind jedoch nicht Vielfache voneinander).
- *Kürzbarkeit* des Ergebnisses (nicht kürzbar – der Zähler oder der Nenner ist selbst schon die Kürzungszahl – einmaliges Kürzen – mehrfaches Kürzen).
- *Größe* der Summe (die Summe ist kleiner als 1, gleich 1 oder größer als 1) / *Umwandelbarkeit* des Ergebnisses in eine gemischte Zahl.
- *Zahlenraum* des Zählers und Nenners.
- *Kombination* von Brüchen und natürlichen Zahlen.

– *Gemischte Zahlen* (beide Summanden – nur ein Summand).

Nach Befunden von Lörcher (1982) ist allerdings bei den Nennern eine Unterscheidung der beiden letzten dort genannten Fälle (teilerfremd, nicht teilerfremd) *nicht* allzu ergiebig, während Uprichard/Phillips (1977) hier *deutliche* Unterschiede im Schwierigkeitsgrad herausfanden. Nach den Ergebnissen von Uprichard/Phillips ist ferner von Bedeutung, ob die Nenner Primzahlen oder zusammengesetzte Zahlen sind.

Wie stark eine *Kombination verschiedener Schwierigkeitsfaktoren* in einer Aufgabe den Lösungsprozentsatz insgesamt *herabdrückt*, belegen eindrucksvoll die Untersuchungsbefunde von Lörcher (1982):

Die folgenden Schwierigkeitsmerkmale *reduzieren* den Lösungsprozentsatz einer Aufgabe jeweils auf etwa folgende Werte:

	Realschulklassen	
	6/7	8–10
Addition gleichnamiger Brüche	90 %	90 %
Gleichnamigmachen	80 %	90 %
Gemischte Zahlen	90 %	90 %
Umwandelbarkeit	80 %	80 %
Kürzbarkeit	60 %	70 %

Bei der Addition zweier ungleichnamiger Brüche, bei denen die Summe gekürzt und in eine gemischte Zahl umgewandelt werden soll, ist hiernach nur folgender Lösungsprozentsatz zu erwarten:

6./7. Klasse (Realschulen): $0,9 \cdot 0,8 \cdot 0,8 \cdot 0,6 \approx 0,35$
8./10. Klasse (Realschulen): $0,9 \cdot 0,9 \cdot 0,8 \cdot 0,7 \approx 0,45$,

also etwa 35 % im ersten,etwa 45 % im zweiten Fall.

Hierbei muß man allerdings beim Kürzen unterscheiden zwischen der *Beherrschung* des Kürzungskalküls durch die Schüler und der *Ausführung* des Kürzens am Ende etwa einer Additionsaufgabe (vgl. auch 2.3). Während die Schüler das Kürzen selbst hochprozentig beherrschen, wird das Kürzen am Ende einer Aufgabe – wie auch die vorstehenden Ergebnise von Lörcher zeigen – relativ häufig „vergessen“. Welche Schwierigkeiten ferner die *Kombination* von natürlichen Zahlen und Brüchen (Beispiele: $3 + \frac{1}{5}$, $\frac{1}{4} + 5$) den Schülern bei der Addition – aber auch bei den übrigen Rechenoperationen – bereitet, belegt deutlich unsere Untersuchung (Padberg (1986); vgl. auch 4.4).

4.4 Typische Schülerfehler

4.4.1 Vorbemerkungen

Hauptgrundlage des Abschnittes 4.4 (und der entsprechenden Abschnitte bei den *übrigen* Rechenoperationen) ist eine von uns durchgeführte, umfangreiche empirische Untersuchung an knapp 900 Schülern in 28 Realschulklassen des siebten Schuljahres. Dieser Untersuchung gingen zwei Voruntersuchungen mit jeweils 200 Schülern voraus sowie eine Bestandsaufnahme vorliegender deutscher und insbesondere angloamerikanischer Fehleruntersuchungen zur Bruchrechnung (für genauere Informationen vgl. man Padberg (1986)).

Im folgenden benutzen wir häufiger die Termini *systematischer Fehler* bzw. *typischer Fehler* oder *charakteristischer Fehler*. Hierbei bezeichnen wir Fehler als *systematisch*, wenn sie bei *mindestens 50 %* aller entsprechenden Aufgaben bzw. in den (wenigen) Fällen, in denen nur zwei Aufgaben als Bezugsbasis zur Verfügung stehen, in *beiden* Fällen von dem einzelnen Schüler gemacht werden. Fehler nennen wir *typisch* oder *charakteristisch*, wenn sie bei einer Rechenoperation *gehäuft* vorkommen, wobei diese Fehler systematisch gemacht werden können, aber auch rein aus Flüchtigkeit. Zwar ist nach Befunden von Van Lehn (1982) aus dem Bereich der schriftlichen Subtraktion natürlicher Zahlen die weit verbreitete Meinung, daß der einzelne Schüler im Regelfall *systematische* Fehler über *längere* Zeiträume *stabil beibehält*, vermutlich in dieser Form *nicht* haltbar. Dennoch ist die Kenntnis systematischer und typischer Schülerfehler äußerst wichtig, um durch den Einsatz geeigneter Maßnahmen (vgl. 4.4.3) den Erwerb dieser fehlerhaften Problemlösungsstrategien rechtzeitig zu verhindern bzw. zu bekämpfen.

rechnen, wird vielfach sehr formal

$$3+\frac{1}{5}=\frac{3}{1}+\frac{1}{5}=\frac{15}{5}+\frac{1}{5}=\frac{16}{5}=3\frac{1}{5}$$

gerechnet – mit diversen Fehlermöglichkeiten bei der Einbettung, beim Erweitern, bei der Addition und schließlich beim Umwandeln.

- Einer fehlerhaften Übertragung des eingängigen *Multiplikationsrahmens* $n \cdot \frac{a}{b} = \frac{n \cdot a}{b}$ auf die Addition.
- Einer nicht hinreichend gründlichen und anschaulichen Behandlung der *Einbettung* der natürlichen Zahlen in die Menge der Bruchzahlen

4.4.3 Gegenmaßnahmen

Eine gezielte und effektive Vorbeugung bzw. Bekämpfung von Schülerfehlern bei der Addition ist aufgrund der Massierung auf nur *wenige verschiedene* Fehlermuster gut möglich. Insbesondere sollten hierbei die folgenden Gesichtspunkte berücksichtigt werden:

- Vor dem Rechnen anhand der Additions*regel* müssen zunächst *anschauliche Grundvorstellungen* zur Addition aufgebaut werden und diese auch bewußt beim Lösen von Aufgaben – besonders zu Beginn, aber auch immer mal wieder später nach der Regelformulierung! – eingesetzt werden.
- Schreibt man Brüche *anfangs* entsprechend unserer Sprechweise (also z.B. 2 Drittel, 3 Fünftel), so ist bei der Addition insbesondere gleichnamiger Brüche die starke *Analogie* zu dem – den Schülern sehr vertrauten – Rechnen mit natürlichen Zahlen und Größen sehr hilfreich (vgl. auch Payne (1984)). Diese Betonung des *quasikardinalen Aspekts* durch Schreibweisen wie 2 Fünftel + 1 Fünftel = 3 Fünftel zu Beginn der Behandlung im Unterricht müßte helfen, ein *hohes Widerstandsniveau* bei den Schülern gegen den charakteristischen Fehler A 1 aufzubauen, und dürfte zugleich auch eine gute *Merkhilfe* für die Additionsregel darstellen.
- Die Rechnungen bei $\frac{a}{b} + \frac{c}{d}$ und $\frac{a}{b} \cdot \frac{c}{d}$ sollten gezielt *miteinander verglichen* und *gegeneinander abgesetzt* werden, um so eine fehlerhafte Übertragung des sehr einprägsamen und rechentechnisch

4.4.2 Typische Fehler und mögliche Ursachen

4.4.2.1 Bruchzahl plus Bruchzahl

Die Fehler massieren sich hier weit überwiegend auf *ein* Fehlermuster, nämlich auf das Muster A 1: $\frac{a}{b} + \frac{c}{d} = \frac{a+c}{b+d}$.

Das Fehlermuster A 1 wird häufiger bei der Addition *ungleichnamiger* Brüche gemacht, und zwar zumeist *systematisch*. Mehr als 10 % der Schüler formulieren sogar die Additionsregel in dieser Form, nämlich als Zähler plus Zähler durch Nenner plus Nenner. Schüler, die den Bruchrechenlehrgang mit der *Multiplikation* begonnen haben, machen den Fehler A 1 *fast doppelt so oft* wie die Schüler mit Additionsbeginn. Auch bei Untersuchungen im *Ausland* dominiert im Bereich der Addition eindeutig das Fehlermuster A 1. So unterläuft bei Repräsentativerhebungen in den USA bei der Addition ungleichnamiger Brüche jeweils 20 bis 30 % der Schüler der obige Fehler (vgl. Post (1981), Carpenter u.a. (1976)) und auch bei einer breiteren Untersuchung von Hart in *England* (vgl. Hart (1981)) ist dieses Fehlermuster der häufigste Fehler bei der Addition.

Als *Ursachen* für dieses Fehlermuster A 1 kommen folgende Faktoren in Frage:

- *Unscharfe, anschauliche Bruchvorstellungen*, wie das folgende Diagramm belegt (vgl. auch Peck/Jencks (1981)): (Vgl. die folgende Seite oben.)

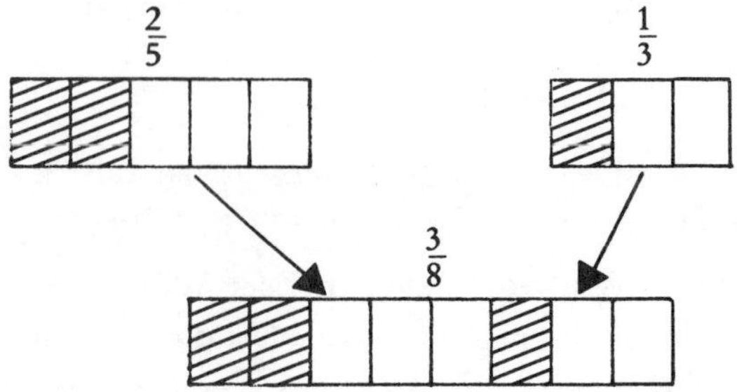

- Verwechslung bzw. Vermischung der Addition von Brüchen mit der im täglichen Leben häufiger vorkommenden *Addition von Verhältnissen* (vgl. Borasi/Michaelsen (1986)):

  Hans hat zunächst 3 von 5, danach 2 von 4 Spielen gewonnen. Er hat insgesamt $5(= 3 + 2)$ von $9(= 5 + 4)$ Spielen gewonnen.
- Übertragung der vom schriftlichen Addieren bei den natürlichen Zahlen vertrauten Strategie *Verknüpfe Gleichartiges* (dort Einer plus Einer, Zehner plus Zehner usw.) auf das Addieren von Brüchen (hier Zähler plus Zähler, Nenner plus Nenner bzw. Addition der Zahlen oben und getrennte Addition der Zahlen unten) und Gewinnung so eines formal korrekt aussehenden Ergebnisses (vgl. Daubert/Gerster (1983)).
- Mängel im *Bruchzahlverständnis:* Der Bruch benennt für diese Schüler nicht *eine* Zahl, sondern besteht aus *zwei* voneinander *unabhängigen natürlichen* Zahlen, die entsprechend getrennt addiert werden. Die Tendenz hierzu könnte bei Benutzung des *Operator*konzepts verstärkt werden, da dort die Bruchoperatoren in weitgehend selbständige Komponenten (Multiplikations–, Divisionsoperatoren) zerlegt werden.
- Übertragung des rechnerisch sehr leichten und einprägsamen *Multiplikationsrahmens* (oder -frame; vgl. Goffmann (1974)) auf die Addition, wobei dieser fehlerhafte Transfer bei einem Beginn der Bruchrechnung mit der Multiplikation besonders naheliegt.

Neben dem *dominanten* Fehlermuster A 1 spielen folgende charakteristischen Fehler nur noch eine sehr *untergeordnete* Rolle:

- Addition der *ursprünglichen* Zähler bei korrekter Bildung des Hauptnenners (Beispiel: $\frac{3}{5}+\frac{1}{2}=\frac{3+1}{10}=\frac{4}{10}$), möglicherweise durch die Regelkurzformulierung „erst gleichnamig machen, dann die Zähler addieren“ verursacht.
- Multiplikation statt Addition.

4.4.2.2 Kombinierter Fall (Bruchzahl und natürliche Zahl)

Bei diesem Aufgabentyp ist der deutliche Unterschied zwischen dem *sehr leichten* Grundverständnis und der *hohen* Fehlerquote der Schüler – der *höchsten* von allen Additionsaufgaben! – äußerst frappierend. Es überrascht hier auch der nur *geringe* Vorsprung von Aufgaben des Typs „natürliche Zahl plus Bruch“ vor Aufgaben vom Typ „Bruch plus natürliche Zahl“. Die Fehler massieren sich auf *einen* Fehlertyp, nämlich auf das Muster A 2 $n+\frac{a}{b}=\frac{n+a}{b}$ bzw. $\frac{a}{b}+n=\frac{a+n}{b}$

Im Durchschnitt machen rund 20 % der Schüler je Aufgabe den Fehler A 2, dabei die Schüler mit Multiplikationsbeginn etwas häufiger. Neben A 2 sind nur noch *Einbettungsfehler* von Bedeutung, also Fehler im Zusammenhang mit der Einbettung der natürlichen Zahlen in die Menge der Bruchzahlen. Am häufigsten setzen hierbei die Schüler $n=\frac{n}{n}$.

Die Schwierigkeiten der Schüler mit diesem – auf der *semantischen* Ebene – *äußerst einfachen* Aufgabentyp basieren nach unserer Einschätzung auf folgenden *Ursachen:*

- Einer *Unterschätzung* dieses Aufgabentyps durch viele Lehrer („völlig trivial“) und entsprechend einer weitgehenden oder völligen Vernachlässigung im Unterricht (vgl. auch Brueckner (1928) und Lörcher (1982)).
- Einem *zu starken Agieren* vieler Schüler auf der *syntaktische Ebene* statt auf der – hier äußerst einfachen – semantischen Eben Auf der *syntaktischen* Ebene ist dieser Aufgabentyp natürlich *scl rer* als der allgemeine Fall (Bruch plus Bruch). Statt durch Rü griff auf anschauliche Bruchvorstellungen direkt $3+\frac{1}{5}=3\frac{1}{5}$

viel leichteren Multiplikationsrahmens $\frac{a}{b} \cdot \frac{c}{d} = \frac{a \cdot c}{b \cdot d}$ auf die Addition mit dem daraus resultierenden Fehlermuster A 1 möglichst zu verhindern und um so eine möglichst umfassende Immunität gegen die $\mathbb{N}$ –Verführer (Streefland (1986)) aufzubauen.

- Die Fälle $n + \frac{a}{b} | \frac{a}{b} + n$, die offenkundig von vielen Lehrern in ihrem Schwierigkeitsgrad völlig *unterschätzt* werden, sollten *bewußt berücksichtigt* werden, um so unnötige Schwierigkeiten der Schüler an dieser Stelle zu vermeiden.
- Unter *inhaltlichen* Gesichtspunkten *leichte* Aufgaben – wie z.B. $n + \frac{a}{b} | \frac{a}{b} + n$ – sollten auf der Grundlage *anschaulicher Grundvorstellungen* über die Brüche – auf keinen Fall *formal-kalkülmäßig* – gelöst werden, um so die Schüler zu mehr Flexibilität und zur Vermeidung der sturen Benutzung starrer Schemata und Kalküle zu erziehen.
- Die Addition $n + \frac{a}{b} | \frac{a}{b} + n$ und die Multiplikation $n \cdot \frac{a}{b} | \frac{a}{b} \cdot n$ sollten – wie schon im Fall Bruch + Bruch – bewußt *kontrastiert* werden, um so bei den Schülern Abwehrmechanismen gegen das häufig benutzte Fehlermuster A 2 $n + \frac{a}{b} = \frac{n+a}{b}$ aufzubauen.
- Die *Einbettung* der natürlichen Zahlen in die Bruchzahlen sollte sorgfältig und anschaulich behandelt und eingeübt werden, um die in vielen Bereichen der Bruchrechnung von uns beobachteten fehlerhaften Einbettungen zu vermeiden.
- Die Schüler sollten auch unbedingt stets prüfen, ob ein gefundenes Ergebnis *von der Größenordnung* her überhaupt stimmen kann. Hierdurch könnten schon in sehr vielen Fällen die Strategien A 1 und A 2 als fehlerhaft entlarvt werden. Dieses *Abschätzen* muß allerdings bewußt *eingeübt* werden, da die Schüler sonst hiermit große *Schwierigkeiten* haben, wie die folgenden Daten aus einer amerikanischen Repräsentativerhebung (Post (1981)) eindrucksvoll belegen:

  Die Summe von $\frac{12}{13} + \frac{7}{8}$ sollte rasch durch Überschlag bestimmt werden. Von den vorgegebenen Antworten „1, 2, 19, 21, ich weiß nicht“ wurden 19 und 21 am häufigsten, und zwar von jeweils mehr als einem Viertel der Schüler (!), angekreuzt.
- Das Herstellen *kognitiver Konflikte* bei den Schülern durch die

Wahl von Extrembeispielen oder von besonders einfachen Aufgaben, bei denen die Schüler die Ergebnisse auf verschiedenen Wegen (z.B. rechnerisch und zeichnerisch) finden können, ist oft hilfreich beim Aufbau von Abwehrmechanismen gegen Fehlerstrategien.

- Für das Ergreifen von Therapiemaßnahmen ist die Anlage einer *Klassenliste* über Schülerfehler hilfreich. Wegen genauerer Hinweise hierzu vergleiche man ggf. Lörcher (1982).
- Zum Abschluß eine Bemerkung, die genau so für die Subtraktion gilt. Den *Zahlenraum* der Zähler und Nenner sollte man *klein(er)* wählen. Das *Prinzip* des Addierens / Subtrahierens sollte stärker im Vordergrund stehen als das Jonglieren mit komplizierten Zählern und Nennern.

5. SUBTRAKTION

5.1 Einführung

Die Subtraktion von Bruchzahlen führt man am kürzesten als *Umkehrung der Addition* ein. Dieser Weg ist schon bei der Behandlung der Subtraktion in $\mathbb{N}$ weit verbreitet. So bezeichnet man dort die Lösung von $11 + x = 13$ durch $13 - 11$. Entsprechend bezeichnen wir hier die Lösung von $\frac{4}{7} + x = \frac{9}{7}$ durch $\frac{9}{7} - \frac{4}{7}$. Hierbei ist bei dem Größenkonzept für die Schüler die *Eindeutigkeit* der Lösung – sofern überhaupt eine Lösung existiert – völlig unproblematisch. Aufgrund der bekannten Additionsregeln erhalten wir als Lösung obiger Gleichung $\frac{5}{7}$, also gilt:

$$\frac{9}{7} - \frac{4}{7} = \frac{5}{7}.$$

Sind die zugehörigen Brüche *ungleichnamig*, so macht man sie zunächst gleichnamig.

Bei der Subtraktion von Bruchzahlen bemerken wir, daß diese Rechenoperation auch hier – entsprechend wie schon in der Menge der natürlichen Zahlen – *nicht* stets durchführbar ist. So ist $\frac{m}{n} + x = \frac{p}{q}$ genau dann in der Menge der Bruchzahlen *unlösbar* – und entsprechend $\frac{p}{q} - \frac{m}{n}$ kein Zahlzeichen für Bruchzahlen –, wenn $\frac{m}{n} > \frac{p}{q}$ gilt. Im Fall $\frac{m}{n} = \frac{p}{q}$ erhalten wir Null als Ergebnis. Die Zahl Null können wir als Bruchzahl auffassen und durch die Brüche $\frac{0}{1}$, $\frac{0}{2}$, allgemein $\frac{0}{n}$ mit $n \in \mathbb{N}$, benennen. Die Subtraktion bildet also – im Gegensatz zur Addition – *keine* Verknüpfung in der Menge der Bruchzahlen. Erst nach der Durchführung einer *weiteren* Zahlbereichserweiterung – nach dem Übergang zur Menge *aller rationalen* Zahlen – können alle 4 Grundrechenarten (mit Ausnahme der Division durch 0) uneingeschränkt durchgeführt werden.

Wir definieren für Bruchzahlen $\frac{m}{n}$ und $\frac{p}{q}$ mit $\frac{m}{n} \geqslant \frac{p}{q}$ die Differenz $\frac{m}{n} - \frac{p}{q}$ als die eindeutig bestimmte Lösung der Gleichung

$$\frac{p}{q} + x = \frac{m}{n}.$$

Durch Rückgriff auf die Aussagen über die Addition von Bruchzahlen finden die Schüler:

■ Für Bruchzahlen $\frac{m}{n}, \frac{p}{n}$ mit $\frac{m}{n} \geqslant \frac{p}{n}$ gilt stets:

$$\frac{m}{n} - \frac{p}{n} = \frac{m-p}{n}.$$

Besitzen die zugehörigen Brüche *verschiedene* Nenner, so macht man sie zunächst gleichnamig.

Sind die Bruchzahlen bezüglich der *Addition* kommutativ und assoziativ, so sind sie bezüglich der *Subtraktion weder* kommutativ *noch* assoziativ, wie man leicht mit Gegenbeispielen belegt.

Die Subtraktion von Bruchzahlen kann man auch *anschaulicher* durch Rückgriff auf die *Subtraktion von Größen* einführen, entsprechend wie wir es schon bei der Addition durchgeführt haben. Legen wir hierbei den Größenbereich der Längen oder Flächeninhalte zugrunde, so läßt sich die Subtraktion mit Hilfe von Strecken oder Rechtecken gut veranschaulichen. Sind die zugehörigen Brüche zunächst noch ungleichnamig, so wird man – entsprechend wie bei der Addition! – zunächst eine *gemeinsame* Unterteilung für die beiden Strecken bzw. Rechtecke suchen. Dies bedeutet – auf der rechnerischen Ebene – ein Gleichnamigmachen der zugehörigen Nenner. Hiernach läßt sich dann auch in diesem Fall die Subtraktion leicht durchführen.

Den Übergang von den Größen zu den Bruchzahlen schaffen wir durch Fortlassen der Größeneinheiten. Da wir den entsprechenden Weg im vorigen Abschnitt bei der Addition genau beschrieben haben, verzichten wir hier auf weitere Details.

Im Unterricht behandelt man vielfach die Addition und Subtraktion im Sinne des operativen Prinzips *parallel*. Diese Vorgehensweise bietet sich besonders an, wenn wir beide Rechenoperationen mit Hilfe von Größen einführen.

Auch bei der Subtraktion sollte der Regelformulierung ein gründliches Agieren auf der Repräsentantenebene *vorausgehen*. Neben den in 1.1 erwähnten *Streifenmustern* und der Benutzung der Diagramme im eingeführten Schulbuch ist das *Falten von Papierstreifen* hierbei ein sinnvoller Weg (vgl. z.B. Scott (1981) und 1.3). Zur Reduzierung typischer

Fehler (vgl. 5.4) und auch zur besseren Rückerinnerung der Subtraktionsregel ist die Betonung des *quasikardinalen Aspekts* zu Beginn der Behandlung der Subtraktion von Bruchzahlen äußerst hilfreich (vgl. auch 4.1).

5.2 Gemischte Zahlen

Die Subtraktion gemischter Zahlen ist schwieriger als die entsprechende Addition, da hierbei zumindest implizit eine Klammerregel beachtet werden muß. Folgender *Stufengang* ist empfehlenswert:

- Subtraktion einer natürlichen Zahl (Beispiel: $5\frac{1}{7} - 2$)
- Gleicher Nenner, ohne Umwandlung (Beispiel: $5\frac{4}{7} - 2\frac{1}{7}$)
- Beliebiger Nenner, ohne Umwandlung (Beispiel: $5\frac{3}{4} - 2\frac{1}{2}$)
- Subtraktion von einer natürlichen Zahl (Beispiel: $8 - 2\frac{3}{4}$)
- Beliebiger Nenner, mit Umwandlung (Beispiel: $6\frac{1}{2} - 2\frac{3}{4} = 5\frac{6}{4} - 2\frac{3}{4} = 3\frac{3}{4}$)

5.3 Schwierigkeitsfaktoren

Die in 4.3 bei der Addition näher ausgeführten Schwierigkeitsfaktoren gelten *völlig analog* auch bei der Subtraktion. Entsprechend unterscheiden sich die Lösungsquoten bei vergleichbaren Additions- und Subtraktionsaufgaben mit Brüchen nur *geringfügig*. Die Subtraktion *Natürliche Zahl minus Bruch* bereitet den Schülern allerdings *mehr* Schwierigkeiten als die entsprechende Addition (vgl. Padberg (1986)).

5.4 Typische Schülerfehler

5.4.1. Typische Fehler und mögliche Ursachen

5.4.1.1 Bruchzahl minus Bruchzahl

Die Fehler massieren sich hier auf das A 1 entsprechende Fehlermuster
S 1 $\frac{a}{b} - \frac{c}{d} = \frac{a-c}{b-d}$.

Da die Schüler den Fehler S 1 jedoch *nur* machen, wenn sie die Zahlen im Zähler sowie die Zahlen im Nenner jeweils in „gleicher“ Richtung subtrahieren können (Beispiele: $\frac{5}{8}-\frac{1}{3}$, $\frac{3}{4}-\frac{5}{8}$) kommt S 1 bei ungleichnamigen Brüchen *etwas seltener* vor als A 1 bei der Addition. Ist nämlich, wie etwa bei $\frac{5}{3} - \frac{1}{6}$, ein „ gleichsinniges" Subtrahieren unmöglich, so lösen die Schüler dieses Problem (meist) durch Auslassen der Aufgabe bzw. (seltener) durch Ausweichen auf eine andere Fehlerstrategie, etwa auf die Strategie, die Zähler wie gewohnt zu subtrahieren und einen der beiden ursprünglichen Nenner als Nenner des Ergebnisses zu verwenden. Da die *Ursachen* für den Fehler S 1 weitgehendst mit den Ursachen für A 1 übereinstimmen, erübrigt sich hier eine erneute Analyse.

5.4.1.2 Kombinierter Fall (Natürliche Zahl minus Bruchzahl)

Die Beobachtungen in diesem Fall decken sich weithin mit den entsprechenden Befunden bezüglich der Addition (4.4.2.2) mit folgenden beiden kleineren *Abweichungen:*

- Die Quote richtig gelöster Aufgaben liegt erwartungsgemäß *noch niedriger* als im additiven Fall (wir finden hier die *schwächsten* Ergebnisse bezüglich der Addition und Subtraktion insgesamt), obwohl auch hier sämtliche Aufgaben (Beispiel: $1 - \frac{7}{15}, 5 - \frac{1}{3}$) rein aufgrund von anschaulichen Bruchvorstellungen ohne jeden formalen Kalkül gelöst werden können. Diese Daten belegen klar deutliche Defizite in den *anschaulichen* Bruchvorstellungen (s.u.!) sowie möglicherweise eine mangelnde *Flexibilität* der Schüler (stattdessen herrscht ein stures Abarbeiten sämtlicher Aufgaben nach starren Schemata vor).
- Eine besonders große *Unsicherheit* der Schüler ist hier zu beobachten, erkennbar an der höchsten Quote von Auslassungen bezüglich der gesamten Addition und Subtraktion.

Starke *Defizite* in den anschaulichen Bruchvorstellungen belegt auch klar die folgende Aufgabe:

„Von einer Tafel Schokolade wurden 7 Stücke gegessen (siehe Zeichnung). Welcher *Bruchteil* bleibt noch übrig?" ... (Vgl. die folgende Seite oben.)

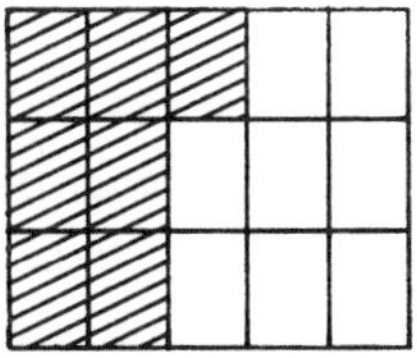

Kannst du die obige Aufgabe auch *rechnerisch* lösen? Wie lautet die *Rechenaufgabe?* … "

Nur die Hälfte der Schüler gibt den Bruchteil *richtig* an, einige weitere Fehler lassen sich möglicherweise durch Flüchtigkeit und Mißverständnis erklären (Angabe des anderen Bruchteils, Angabe der Kästchenzahl), jedoch weit über ein Drittel der Schüler gibt den Bruchteil völlig falsch an bzw. gibt keine Antwort, und dies trotz einer Position dieser Aufgabe fast ganz zu Beginn des Tests. Das Auffinden der *zugehörigen Rechenaufgabe* bereitet den Schülern große Schwierigkeiten: Rund die Hälfte der Schüler läßt diese Teilaufgabe ganz aus und nur gut ein Viertel löst sie völlig richtig (während weitere 11 % diese Aufgabe als Subtraktionsaufgabe mit Kästchen im Bereich der natürlichen Zahlen formulieren).

Wegen der *zusätzlichen* leichten Lösungsstrategie (Abzählen, Bruchteilauffassung) finden wir bei dieser *zeichnerischen* Aufgabenstellung *(etwas) mehr* richtige Lösungen als bei der – an einer anderen Stelle des Tests stehenden – entsprechenden *reinen Rechenaufgabe* $1 - \frac{7}{15}$.

Analog zur Addition finden wir auch hier dominierend das *Fehlermuster* S 2, nämlich $n - \frac{a}{b} = \frac{n-a}{b}$ (bzw. $\frac{|n-a|}{b}$), sowie den typischen Einbettungsfehler $n = \frac{n}{n}$.

Ursachen für diese massiven Schwierigkeiten der Schüler dürften auch hier die schon bei der Addition in 4.4.2.2 genannten Gesichtspunkte sein.

5.4.1.3 Gegenmaßnahmen

Das in 4.4.3 Gesagte gilt auch analog für die Subtraktion.

6. MULTIPLIKATION

Bei der Behandlung der Multiplikation im Unterricht unterscheidet man meist *drei Fälle*: Natürliche Zahl mal Bruchzahl, Bruchzahl mal natürliche Zahl und Bruchzahl mal Bruchzahl. Hierbei ist der *erste* Fall wegen seiner starken Analogie zur vertrauten Multiplikation im Bereich der natürlichen Zahlen der *leichteste*. Er wird daher stets zuerst behandelt. Es schließt sich i.a. der eng hiermit zusammenhängende Sonderfall der Division durch eine natürliche Zahl an, bevor abschließend die beiden übrigen Multiplikationsfälle meist parallel behandelt werden.

6.1 Natürliche Zahl mal Bruchzahl

Die Einführung mittels *wiederholter Addition* – entsprechend den vertrauten Verhältnissen bei den natürlichen Zahlen – ist naheliegend. Sie entspricht auch der Vorgehensweise, wie man generell Vielfache von Größen erklärt (vgl. IV.1).

Für beliebige natürliche Zahlen $n > 1$ und Bruchzahlen $\frac{p}{q}$ erhalten wir so:

$$n \cdot \frac{p}{q} = \underbrace{\frac{p}{q} + \frac{p}{q} + \ldots + \frac{p}{q}}_{\text{n Summanden}} = \frac{\overbrace{p + p + \ldots + p}^{\text{n Summanden}}}{q} = \frac{n \cdot p}{q}.$$

also $n \cdot \frac{p}{q} = \frac{n \cdot p}{q}$.

Wie in $\mathbb{N}$ definieren wir auch hier die Multiplikation mit 0 und 1 durch $1 \cdot \frac{p}{q} = \frac{p}{q}$ und $0 \cdot \frac{p}{q} = 0$ und erhalten so:

■ Für alle $n \in \mathbb{N}_0$ und Bruchzahlen $\frac{p}{q}$ gilt: $n \cdot \frac{p}{q} = \frac{n \cdot p}{q}$.

Neben dem Hinweis auf die Analogie zu $\mathbb{N}$ kann man auch durch Rückgriff auf *kleinere Maßeinheiten* belegen, daß die Definition sinnvoll ist (Beispiel: $3 \cdot \frac{1}{4}kg = 3 \cdot 250g = 750g = \frac{3}{4}kg$). Ergänzend ist die Betonung des *quasikardinalen Aspekts* hilfreich, um so weit verbreiteten Schülerfehlern bei diesem Multiplikationsfall (vgl. 6.5) entgegenzuwirken. Beispiele wie $3 \cdot 2$ Siebtel = 6 Siebtel machen unmittelbar klar, daß *nur* die Zähler multipliziert, die Nenner jedoch beibehalten werden.

6.2 Bruchzahl mal natürliche Zahl

Dieser Aufgabentyp ist *nicht* über die wiederholte Addition einführbar, da wir z.B. zur Erklärung von $\frac{4}{7} \cdot 3$ die Zahl 3 offenkundig nicht $\frac{4}{7}$-mal addieren können. Fordert man aus *Permanenzgründen*, daß auch bei den Bruchzahlen – wie schon bei den natürlichen Zahlen – das *Kommutativgesetz* gilt, so erhalten wir für alle natürlichen Zahlen n und Bruchzahlen $\frac{p}{q}$:

$$\frac{p}{q} \cdot n = n \cdot \frac{p}{q} = \frac{n \cdot p}{q} = \frac{p \cdot n}{q}.$$

Also gilt:

■ Für alle $n \in \mathbb{N}_0$ und Bruchzahlen $\frac{p}{q}$ gilt $\frac{p}{q} \cdot n = \frac{p \cdot n}{q}$.

Eine *Schwäche* dieses Ansatzes ist allerdings die Tatsache, daß viele Schüler dieser Klassenstufe naiv die Gültigkeit des Kommutativgesetzes als gegeben annehmen. Diese verbreitete Einstellung wird durch diesen Ansatz gefördert.

Daher ist die Einführung im Sinne des *von–Ansatzes* – wir definieren $\frac{2}{3}$ mal 9 durch $\frac{2}{3}$ von 9, allgemein $\frac{p}{q}$ mal n durch $\frac{p}{q}$ von n – vorzuziehen (vgl. auch 6.3.1). Die Aufgaben $\frac{p}{q}$ von n lassen sich in *Sonderfällen* – wie bei $\frac{2}{3}$ von 6 – im Bereich der natürlichen Zahlen lösen. Sie lassen sich *generell* anschaulich–zeichnerisch mit Hilfe von Streifen lösen, wie das Beispiel $\frac{3}{4}$ von 5 verdeutlicht:

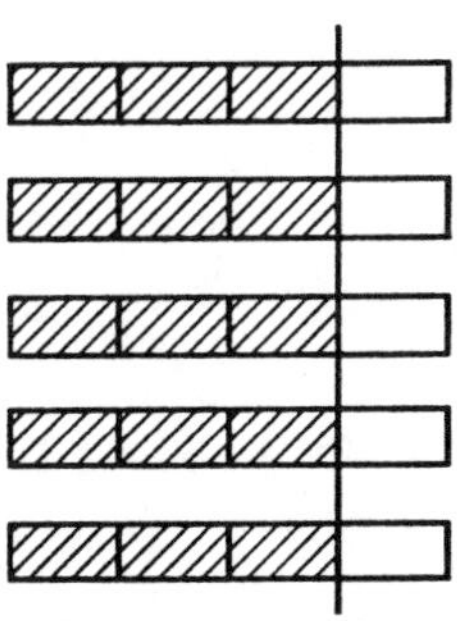

$\frac{3}{4}$ von 5 = $\frac{15}{4}$

Anhand geeignet ausgewählter Beispiele gewinnt man so die entsprechende Multiplikationsregel (vgl 6.5.4, 6.5.8). Bei diesem Ansatz sollte man allerdings *anschließend* begründen, daß die obige Festsetzung *hier* im Sinne des Permanenzprinzips *sinnvoll* ist; denn offenkundig kann man *nicht* generell „mal" und „von" gleichsetzen, wie schon folgendes Beispiel belegt: 2 *von* 10 Äpfeln sind 2 Äpfel, dagegen sind 2 *mal* 10 Äpfel 20 Äpfel. Zur Begründung kann man Gleichungsketten (vgl. 6.3.2), Scheinbrüche oder Sachaufgaben heranziehen. So führt bei *Scheinbrüchen* die so definierte Multiplikation zum selben Ergebnis wie die übliche Multiplikation in $\mathbb{N}$.

Beispiel:

$\frac{9}{3} \cdot 6 = \frac{9}{3}$ von $6 = 18$

$3 \cdot 6 = 18$

Aber auch *Sachaufgaben* legen diese Festsetzung nahe, wie folgendes Beispiel zeigt.

Beispiel:

1 kg einer Ware kostet 8 DM.

Den Preis von 2 kg, 5 kg, allgemein n kg ($n \in \mathbb{N}$) gewinnt man durch Multiplikation. Den Preis von $\frac{1}{2}$ kg oder $\frac{3}{4}$ kg gewinnt man, indem man $\frac{1}{2}$ von 8 DM oder $\frac{3}{4}$ von 8 DM bestimmt.

Da zur Bestimmung des n–fachen *von* 8 DM ($n \in \mathbb{N}$) *multipliziert* wird, liegt es nahe, auch für $\frac{2}{3}$ *von* 8 DM oder $\frac{3}{4}$ *von* 8 DM – man kann anfangs auch schreiben: für das $\frac{2}{3}$*–fache von 8 DM* – das Multiplikationszeichen zu benutzen.

Es ist aber auch möglich, auf eine *gesonderte* Behandlung *dieses* Aufgabentyps ganz zu verzichten und ihn nur im Zusammenhang mit dem allgemeinen Fall – nämlich auf der Grundlage $\frac{a}{b} \cdot n = \frac{a}{b} \cdot \frac{n}{1}$ – zu behandeln (vgl. auch 6.5!)

6.3 Bruchzahl mal Bruchzahl

Wir stellen in diesem Abschnitt vier verschiedene *Wege* zur Einführung der Multiplikation von Bruchzahlen genauer vor und skizzieren anschließend in 6.3.5 eine *Bewertung* dieser Wege im Sinne des dort vorgestellten Rasters.

6.3.1 Von–Ansatz

Entsprechend der Vorgehensweise in 6.2 läßt sich die Produktregel auch an dieser Stelle durch die Festsetzung „$\frac{m}{n}$ *mal* $\frac{p}{q}$ bedeutet dasselbe wie $\frac{m}{n}$ *von* $\frac{p}{q}$" gewinnen. Dieser Weg läßt eine gute methodische *Stufung* zu. Nach der vorhergehenden Behandlung des Vervielfachens von Bruchzahlen (in 6.1) und des *Teilens* durch natürliche Zahlen (vgl. 7.1) gewinnt man durch die *Kombination* dieser beiden Fälle leicht die Regel für die Multiplikation von Bruchzahlen. Zentrales Problem bei diesem Weg ist allerdings die *Motivation*, warum wir hier *mal* mittels *von* einführen (dürfen). Wir gehen hierauf noch am Ende dieses Abschnittes ein.
Die Einführung läßt sich auf der *rechnerischen* wie auf der *zeichnerischen* (vgl. auch Karaschewski (1970)) Ebene durchführen:

1. *Rechnerische Ebene*

   Man betrachtet zunächst Produkte $\frac{m}{n} \cdot \frac{p}{q}$, bei denen n die Zahl p ohne Rest *teilt*, bei denen also gilt:$n \mid p$, und erst anschließend den *allgemeinen* Fall:

   $\frac{1}{3} \cdot \frac{6}{7} = \frac{1}{3}$ von $\frac{6}{7} = \frac{2}{7}$ (hier ist speziell der 1. Bruch ein Stammbruch, und es gilt $3 \mid 6$)

   $\frac{2}{3} \cdot \frac{6}{7} = \frac{2}{3}$ von $\frac{6}{7} = 2 \cdot \frac{2}{7} = \frac{4}{7}$ (hier gilt speziell $3 \mid 6$)

   $\frac{2}{3} \cdot \frac{4}{7} = \frac{2}{3}$ von $\frac{4}{7} = \frac{2}{3}$ von $\frac{3 \cdot 4}{3 \cdot 7} = 2 \cdot \frac{4}{21} = \frac{8}{21}$ (allgemeiner Fall).

   Da in diesem dritten Beispiel der Nenner des 1.Bruches (3) den Zähler des 2. Bruches (4) *nicht* teilt, erweitern wir $\frac{4}{7}$ mit 3, so daß danach auch hier der Nenner des 1. Bruches den Zähler des 2. Bruches teilt ($3 \mid 12$). Der restliche Weg verläuft nun auch hier wie im Sonderfall ($n \mid p$).

   Allgemein gilt:

   $\frac{m}{n} \cdot \frac{p}{q} = \frac{m}{n}$ von $\frac{p}{q} = \frac{m}{n}$ von $\frac{n \cdot p}{n \cdot q} = m \cdot \frac{p}{n \cdot q} = \frac{m \cdot p}{n \cdot q}$

   Wir haben also gezeigt:

   ■ Für alle Bruchzahlen $\frac{m}{n}$, $\frac{p}{q}$ gilt: $\frac{m}{n} \cdot \frac{p}{q} = \frac{m \cdot p}{n \cdot q}$.

2. *Zeichnerische Ebene*
Beispiel: $\frac{2}{3} \cdot \frac{4}{5} = \frac{2}{3}$ von $\frac{4}{5}$

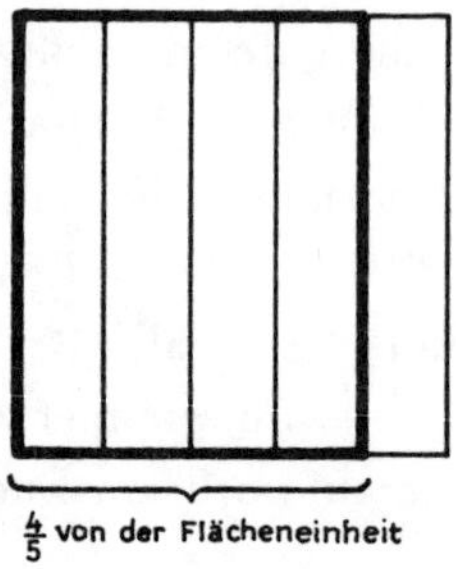

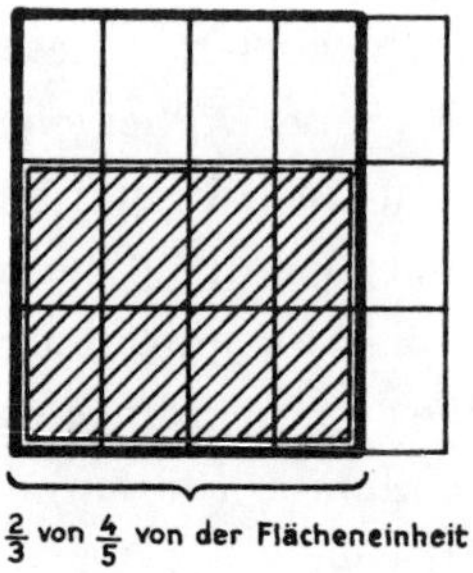

Wir entnehmen der Zeichnung: $\frac{2}{3}$ von $\frac{4}{5}$ von der Flächeneinheit ist gerade gleich $\frac{8}{15}$ von der Flächeneinheit, also: $\frac{2}{3} \cdot \frac{4}{5} = \frac{8}{15}$.

Statt zeichnerisch kann man geeignete Aufgaben auch gut durch entsprechendes Falten von Papierrechtecken *enaktiv* lösen (vgl. Post 1982).

Beim *Von–Ansatz* gehen wir insgesamt also folgendermaßen vor: Wir zeigen an konkreten Beispielen mittels einer verallgemeinerungsfähigen Strategie, daß für beliebige Größeneinheiten e (eines divisiblen Größenbereichs) stets gilt:
$\frac{m}{n}$ von ($\frac{p}{q}$ von e) = $\frac{m \cdot p}{n \cdot q}$ von e
Setzen wir also fest: $\frac{m}{n} \cdot \frac{p}{q} = \frac{m}{n}$ von $\frac{p}{q}$, so erhalten wir auch hier:

$$\frac{m}{n} \cdot \frac{p}{q} = \frac{m \cdot p}{n \cdot q}$$

Bei der rechnerischen wie zeichnerischen Ebene bleibt das zentrale Problem die Gleichsetzung von „mal“ und „von“. Daß diese Gleichsetzung zu sinnvollen Ergebnissen im Sinne des Permanenzprinzips führt, kann man im nachhinein belegen mit Hilfe von

- Gleichungsketten (vgl. 6.3.2)
- Flächeninhaltsberechnungen (vgl. 6.3.3)
- Sachaufgaben (etwa über den Zusammenhang von Menge und Preis oder Zeit und Weg; vgl. auch 6.2 und 6.3.4).

6.3.2 Gleichungsketten

Bei diesem Weg betrachten wir etwa die folgende Gleichungskette:

$$\begin{array}{cccc} \frac{3}{7} & \cdot\ 50 & = & \frac{150}{7} \\ \frac{3}{7} & \cdot\ 10 & = & \frac{30}{7} \\ \frac{3}{7} & \cdot\ 2 & = & \frac{6}{7} \\ \hline \frac{3}{7} & \cdot\ \frac{2}{5} & = & ? \end{array}$$

Bei den ersten drei Gleichungen erkennen wir folgende *Gesetzmäßigkeit:* Der 1. Faktor bleibt jeweils unverändert, der 2. Faktor wird jeweils gefünftelt, das Ergebnis wird dann ebenfalls gefünftelt.
Soll diese Gesetzmäßigkeit – die für natürliche Zahlen und offenkundig ebenfalls für den Fall Bruchzahl mal natürliche Zahl gilt – auch für den Fall Bruchzahl mal Bruchzahl gelten, so *müssen* wir in der vierten Gleichung festsetzen:

$$\frac{3}{7} \cdot \frac{2}{5} = \frac{6}{7} : 5 = \frac{6}{7 \cdot 5} = \frac{3 \cdot 2}{7 \cdot 5}.$$

Die hierbei erforderliche Kenntnis von Aufgaben des Typs „Bruchzahl durch natürliche Zahl" wird im Unterricht – wie schon erwähnt – zuvor vermittelt. Nach der Behandlung *weiterer* Gleichungsketten gewinnt man leicht die übliche Multiplikationsregel. Entscheidend ist an dieser Stelle allerdings, daß die Regel *nicht* rein mechanisch oder formal aus der vierten Gleichung gewonnen wird, sondern daß die Schüler erkennen, daß dort aufgrund des postulierten Permanenzprinzips *zwangsläufig* bei dem Ergebnis das Produkt der Zähler und das Produkt der Nenner gebildet werden muß. So ist aufgrund der *dritten* Gleichung unmittelbar einleuchtend, daß im Ergebnis der vierten Gleichung das Produkt der Zähler gebildet werden muß ($\frac{3}{7} \cdot 2 = \frac{3 \cdot 2}{7} = \frac{6}{7}$). Bei vorhergehender Kenntnis von $2 : 5 = \frac{2}{5}$ und $\frac{6}{7} : 5 = \frac{6}{7 \cdot 5}$ ist ebenfalls unmittelbar einsichtig, daß der Nenner des Ergebnisses als Produkt der Nenner gewonnen werden muß.

Folgender *weiterer* Ableitungsweg der Multiplikationsregel für Bruchzahlen weist Zusammenhänge zur Begründung mittels Gleichungsketten auf:

In $\mathbb{N}$ gilt bekanntlich: Ver–n–fachen wir in einem Produkt *einen* Faktor, so wird auch das Ergebnis ver–n–facht, dividieren wir dort – sofern möglich – *einen* Faktor durch n, so muß auch das Ergebnis durch n geteilt werden. Führen wir beides *nacheinander* durch, so bleibt also das Produkt *unverändert.* Soll diese wichtige Eigenschaft der Multiplikation in $\mathbb{N}$ auch für die *Bruchzahlen* Gültigkeit behalten (Permanenzprinzip), so ergibt sich dort zwangsläufig:

$$\frac{a}{b} \cdot \frac{c}{d} = ?$$

$$\frac{a}{b} \cdot \frac{c}{d} = \frac{a \cdot c}{b} : d = \frac{a \cdot c}{b \cdot d}$$

$$\downarrow \cdot d \uparrow : d$$

$$\frac{a}{b} \cdot c = \frac{a \cdot c}{b}$$

Wir erhalten also: $\frac{a}{b} \cdot \frac{c}{d} = \frac{a \cdot c}{b \cdot d}$

6.3.3 Flächeninhalt

Für den Flächeninhalt eines Rechtecks mit den Seitenlängen a m und b $m (a, b \in \mathbb{N})$ gilt bekanntlich: $F = (a \cdot b) m^2$. Soll diese Flächeninhaltsformel auch für Rechtecke mit *Bruchzahlen* als Maßzahlen Gültigkeit behalten, so hat dies Konsequenzen für die Produktdefinition bei Bruchzahlen, wie wir am Beispiel $\frac{2}{3} \cdot \frac{4}{5}$ aufzeigen:

- Bei der Bestimmung des Flächeninhaltes aufgrund der Zeichnung ergibt sich:

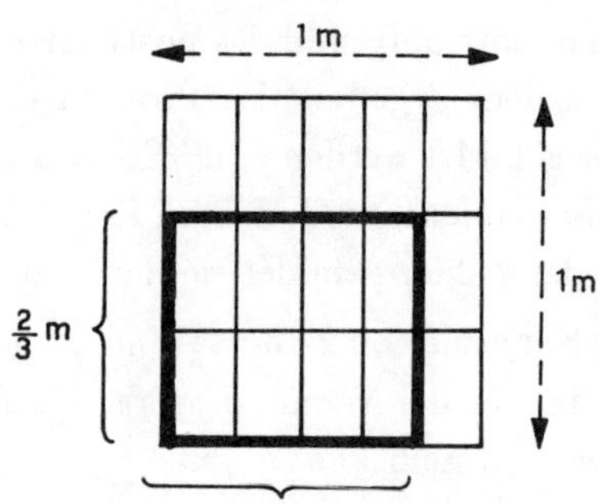

Wir haben das Einheitsquadrat in $3 \cdot 5 = 15$ flächeninhaltsgleiche Rechtecke unterteilt (dies entspricht dem Produkt der Nenner), also hat jedes Teilrechteck den Flächeninhalt $\frac{1}{15}m^2$. Hiervon haben wir $2 \cdot 4 = 8$ Rechtecke ausgesucht (dies entspricht dem Produkt der Zähler), also gilt:

$$F = \frac{8}{15}m^2 = \frac{2 \cdot 4}{3 \cdot 5}m^2.$$

- Verlangen wir im Sinne des Permanenzprinzips die Gültigkeit der vertrauten Flächeninhaltsformel auch für Rechtecke mit *Bruchzahlen* als Maßzahlen, so bedeutet dies für den Flächeninhalt F:

$$F = (\frac{2}{3} \cdot \frac{4}{5})m^2$$

- Insgesamt muß also zwangsläufig gelten: $\frac{2}{3} \cdot \frac{4}{5} = \frac{2 \cdot 4}{3 \cdot 5}$. Diesem Beispiel – und ggf. noch weiteren ähnlichen Beispielen – können wir gut entnehmen, daß wir unter den gegebenen Voraussetzungen das Produkt zweier Bruchzahlen *zwangsläufig* im gewohnten Sinne definieren müssen (man vgl. auch Breidenbach (1963) oder NCTM (1972)).

Bei geeigneten Maßzahlen läßt sich *zusätzlich* durch Übergang zu *kleineren Maßeinheiten* zeigen, daß die gewählte Definition sinnvoll ist:

Beispiel:

$\frac{1}{4} \cdot \frac{3}{5} = \frac{3}{20}$ (nach obiger Definition)

$\frac{1}{4}m = 25cm$, $\frac{3}{5}m = 60cm$

$F = (25 \cdot 60)cm^2 = 1500cm^2 = \frac{1500}{10000}m^2 = \frac{3}{20}m^2$, also

$F = (\frac{1}{4} \cdot \frac{3}{5})m^2 = \frac{3}{20}m^2$.

6.3.4 Isomorphie

Einen anspruchsvollen Weg zur Einführung des Produktes von Bruchzahlen mit Hilfe der *Isomorphie* zwischen den natürlichen Zahlen und den speziellen Bruchzahlen $\frac{n}{1}$ (mit $n \in \mathbb{N}$) bezüglich der Multiplikation beschreibt Pietzsch (1973). Ausgehend von der Berechnung von zurückgelegten Wegen bei vorgegebener Wanderzeit und (Durchschnitts–)Geschwindigkeit motiviert er zunächst die Notwendigkeit für die Bildung eines Produktes von Bruchzahlen. Gleichzeitig ermöglicht der vertraute Sachverhalt eine *Abschätzung* des Produktes nach oben und unten.

Beispiel:

Wanderzeit	Geschwindigkeit	zurückgelegter Weg
3 Stunden	4 km/h	12 km $(3 \cdot 4)$
4 Stunden	5 km/h	20 km $(4 \cdot 5)$
$3\,\frac{3}{4}$ Stunden	$4\,\frac{1}{2}$ km/h	?

Es ist bei diesem Ansatz naheliegend zu schreiben $3\frac{3}{4} \cdot 4\frac{1}{2}$ bzw. $\frac{15}{4} \cdot \frac{9}{2}$. Für das Ergebnis muß offenkundig gelten $12 < 3\frac{3}{4} \cdot 4\frac{1}{2} < 20$.

Bei der Addition, Subtraktion und beim Größenvergleich entsprechen die Bruchzahlen $\frac{n}{1}$ voll den natürlichen Zahlen n (präziser: Sie sind zueinander isomorph).

Beispiel

$$\begin{array}{ccccc} \frac{5}{1} & + & \frac{7}{1} & = & \frac{12}{1} \\ \updownarrow & & \updownarrow & & \updownarrow \\ 5 & + & 7 & = & 12 \end{array}$$

Soll diese Entsprechung (präziser: diese Isomorphie) auch für die Multiplikation Gültigkeit behalten, so muß gelten:

$$\frac{n}{1} \cdot \frac{m}{1} = \frac{n \cdot m}{1}$$

Für eine *allgemeine* Produktdefinition sind folgende zwei Definitionsversuche naheliegend:

Ansatz 1: $\frac{a}{b} \cdot \frac{c}{b} = \frac{a \cdot c}{b}$.

Dieser Ansatz führt jedoch wegen *fehlender* Repräsentantenunabhängigkeit rasch zu *Widersprüchen.*

Beispiel: $\frac{2}{1} \cdot \frac{3}{1} = \frac{6}{1}$

$\frac{2}{1} = \frac{4}{2}, \frac{3}{1} = \frac{6}{2}$ $\qquad \frac{4}{2} \cdot \frac{6}{2} = \frac{4 \cdot 6}{2} = \frac{12}{1} \neq \frac{6}{1}$.

Ansatz 2: $\frac{a}{b} \cdot \frac{c}{d} = \frac{a \cdot c}{b \cdot d}$

Dieser Ansatz genügt der im Einstiegsbeispiel geforderten unteren und oberen Produktabschätzung. Ferner erhalten wir bei diesem Ansatz bei dem Produkt zweier Bruchzahlen unabhängig von den speziell ausgewählten Brüchen stets dieselbe Bruchzahl als Ergebnis; denn es gilt beispielsweise für *beliebige Scheinbrüche*

$$a = \frac{a}{1} = \frac{n \cdot a}{n}, b = \frac{b}{1} = \frac{m \cdot b}{m} (m, n \in \mathbb{N})$$

$$\frac{n \cdot a}{n} \cdot \frac{m \cdot b}{m} = \frac{n \cdot a \cdot m \cdot b}{n \cdot m} = a \cdot b.$$

Analog läßt sich die Repräsentantenunabhängigkeit der Definition für *beliebige* Brüche durch Rückgriff auf die zugehörigen Kernbrüche nachweisen. Daher definiert man die Multiplikation von Bruchzahlen im Sinne von *Ansatz 2.*

6.3.5 Bewertung

Für eine vergleichende Bewertung von verschiedenen Ableitungswegen ist die Beantwortung folgender Fragen hilfreich:

- Liegt der Ableitung ein Beweis bzw. eine *Beweisstrategie* zugrunde? Ist die Ableitung logisch klar aufgebaut oder gibt es hier Problembereiche?
- Besteht ein enger Zusammenhang zwischen dem Ableitungsweg und *wichtigen Verwendungssituationen* der Multiplikation (z.B. bei Sachaufgaben)?
- Wird der Ableitungsweg durch *praktische Anwendungen* oder durch *innermathematische* Fragestellungen motiviert?
- Können Schüler bei dem Ableitungsweg *anschauliche Vorstellungen* entwickeln oder ist die Ableitung ausschließlich oder weithin formal? Wie sieht es mit den Einsatzmöglichkeiten von Bildern oder Diagrammen aus?
- Besteht die Möglichkeit einer *weitgehend selbständigen Entdeckung* des Ableitungsweges durch die Schüler oder kann der Weg nur vom Lehrer vorgeführt und von den Schülern nachvollzogen werden?

- Ist der Ableitungsweg in *allen Fällen* brauchbar (Bruchzahl mal Bruchzahl, natürliche Zahl mal Bruchzahl, Bruchzahl mal natürliche Zahl, Faktoren kleiner als 1, Faktoren größer als 1) oder funktioniert der Weg nur in einigen Fällen und ggf. sogar nur bei speziellen Zahlen?
- Wie steht es mit der *Prägnanz* des Ableitungsweges? Liegt dem Ableitungsweg eine gut rückerinnerbare, im Mathematikunterricht häufig benutzte zentrale Leitidee – ein advance organizer im Sinne von Ausubel (1968) – zugrunde?
- Wie groß ist der Umfang der erforderlichen *Vorkenntnisse* bei dem Ableitungsweg (die vorweg ggf. wiederholt oder neu eingeführt werden müssen)?
- Liefert der Ableitungsweg eine *Begründung* dafür, daß es sich bei der betreffenden Rechenoperation um eine *Multiplikation* handelt?
- Wird die *Repräsentantenunabhängigkeit* der Multiplikation thematisiert?
- Läßt der Ableitungsweg ggf. *typische Schülerfehler* erwarten? Gibt es *empirische Befunde* hierzu?

Wir gehen im folgenden auf *einige* Punkte des Bewertungsrasters exemplarisch genauer ein und beenden den Abschnitt mit einer zusammenfassenden Wertung der vorgestellten Ableitungswege.

Bei allen Ableitungswegen mit Ausnahme des Isomorphie–Weges ist die zugrundeliegende *Beweisstrategie* auch für Schüler gut zu erkennen und zu verstehen. Beim *letzteren* Weg ist der hier zentrale Gesichtspunkt der Repräsentantenunabhängigkeit jedoch recht anspruchsvoll. Sein Nachweis dürfte daher vielen Schülern große Schwierigkeiten bereiten.

Ein enger Zusammenhang zwischen dem *Ableitungsweg* und wichtigen *Verwendungssituationen* der Multiplikation im Alltag ist nur beim Von–Ansatz und beim Flächeninhalts–Weg zu erkennen. Hierbei wird durch den *letzteren* Weg nur der – unproblematischere – Bezug zum Flächeninhalt, jedoch *kein* Bezug zu den wichtigeren Von–Situationen hergestellt.

Der Gleichungsketten–Weg ist *rein innermathematisch* motiviert, ebenso wie der Isomorphie–Weg, bei dem allerdings der *Einstieg* durch praktische Fragestellungen motiviert wird. Beim Flächeninhalts–Weg stehen zwar auch innermathematische Fragestellungen – jedoch mit einer Komponente praktischer Anwendungen – im Vordergrund, dagegen kann der Von–Ansatz stark von *praktischen Anwendungen* her motiviert werden.

Während der Isomorphie–Weg im Kernbereich *sehr formal* und auch der Gleichungskettenweg noch recht formal ist, können die Schüler beim Flächeninhaltsweg brauchbare, können die Schüler beim Von–Ansatz gute *inhaltliche Vorstellungen* im Zusammenhang mit dem Ableitungsweg entwickeln. Auch der Einsatz von *Bildern oder Diagrammen* ist nur beim Flächeninhalts–Weg und beim Von–Ansatz naheliegend.

Dagegen ist der Ableitungsweg beim Gleichungsketten– und Isomorphie–Weg sowie beim Von–Ansatz in *allen Fällen* gangbar, während der Flächeninhaltsweg optimal *nur im Fall* Bruchzahl mal Bruchzahl – sofern zusätzlich noch beide Faktoren *kleiner* als 1 sind – eingesetzt werden kann, während in allen übrigen Fällen leicht Probleme mit der Bezugsbasis auftreten können.

Beim Gleichungsketten–, Flächeninhalts– und Isomorphie–Weg ergibt sich aus dem Ansatz *zwangsläufig*, daß es sich bei der betreffenden Rechenoperation um die *Multiplikation* handelt, dagegen ist dies beim Von–Ansatz nicht so *unmittelbar* einsichtig (vgl. 6.2 und 6.3.1).

Verwertbare *empirische Befunde* über Fehlerhäufigkeit und typische Fehler in Abhängigkeit von den benutzten Einführungswegen liegen bislang nur in geringer Zahl vor. Bei *unseren* Untersuchungen ergeben sich zwischen dem Gleichungsketten–Weg und den von uns untersuchten Operator–Wegen (vgl. 7.5.7) bei der *Multiplikation keine* Unterschiede in der Fehlerhäufigkeit. Dies könnte mit der mnemotechnisch extrem leichten Multiplikationsregel zusammenhängen.

Analysiert man die vorgestellten Wege auch noch nach den *übrigen* Gesichtspunkten des vorgestellten Rasters, so läßt sich *zusammenfassend* festhalten:

Der *Von-Ansatz* weist die meisten Vorteile auf, ein großer Pluspunkt ist insbesondere die – zwangsläufige – Berücksichtigung des Anwendungsgesichtspunktes der Multiplikation (vgl. auch 6.5.7).

Der *Gleichungsketten-Weg* und der *Flächeninhaltsweg* weisen ebenfalls eine Reihe von Vorteilen auf. Der *Gleichungsketten-Weg* wird nach unseren Befunden von vielen Lehrern erfolgreich beschritten. Nachteilhaft ist insbesondere der fehlende Bezug zu den Anwendungen der Multiplikation und der Mangel an anschaulichen Vorstellungen und Veranschaulichungsmöglichkeiten. Der *Flächeninhalts-Weg* erfordert nur sehr wenige Vorkenntnisse im Unterschied zu den anderen ausgeführten Ableitungswegen. Allerdings fehlt auch hier der Bezug zu vielen wichtigen Anwendungen der Multiplikation. Ein starkes Manko ist, daß dieser Ableitungsweg nur in Spezialfällen völlig problemlos beschritten werden kann.

Der *Isomorphie-Weg* besitzt im Sinne des Rasters die meisten Nachteile und Schwächen.

6.4 Ergänzende Bemerkungen

Gemischte Zahlen wandelt man zweckmäßigerweise vor der Multiplikation in *Brüche* um, da den Schülern andernfalls leicht typische Fehler unterlaufen (vgl. 6.5.5). Generell sollte man bei Produkten von Bruchzahlen *vor* dem Ausmultiplizieren *kürzen*, da die Zahlen bei umgekehrter Reihenfolge unnütz groß werden und so leicht Rechenfehler auftreten.

Zum Abschluß der Behandlung der Multiplikation wird man in leistungsstärkeren Klassen – also etwa weithin bei Realschul- und Gymnasialklassen – auch auf einige *strukturelle Eigenschaften* der Bruchzahlen bezüglich der Multiplikation eingehen (vgl. auch Winter (1976)). So gelten bei den Bruchzahlen bezüglich dieser Rechenoperation das *Kommutativ-*, das *Assoziativ-*, das *Distributiv-* sowie auch das *Monotoniegesetz.* Ebenso wie bei den natürlichen Zahlen reduziert man auch hier die Anzahl der *Klammern* durch die Vereinbarung: Punktrechnung (Multiplikation, Division) geht vor Strichrechnung (Addition, Subtraktion).

In diesem Zusammenhang sollte man auch auf eine Besonderheit der Multiplikation von *Bruchzahlen* eingehen, die im *Kontrast* zu den vertrauten Verhältnissen bei den *natürlichen* Zahlen steht. Während dort Multiplizieren ein Vervielfachen und damit – sofern die Faktoren von 0 und 1 verschieden sind – ein *Vergrößern* bedeutet, trifft dies für Bruchzahlen in dieser Form *nicht* mehr zu. So kann bei Bruchzahlen das Ergebnis kleiner sein als jeder der Faktoren wie etwa das Beispiel $\frac{1}{3} \cdot \frac{3}{4} = \frac{1}{4}$ zeigt. Dies führt auch zu Schwierigkeiten bei *Anwendungen* etwa in Form von Sachaufgaben (vgl. Lörcher (1982)).

6.5 Typische Schülerfehler

6.5.1 Abfolge im Schwierigkeitsgrad

Unterscheidet man – wie es sich aufgrund unserer Voruntersuchungen als sinnvoll erweist – vier Aufgabentypen, so sind deutlich drei Stufen im Schwierigkeitsgrad zu erkennen (wegen Hinweisen auf die Basis der in diesem Abschnitt verwendeten Daten vgl. 4.4.1):

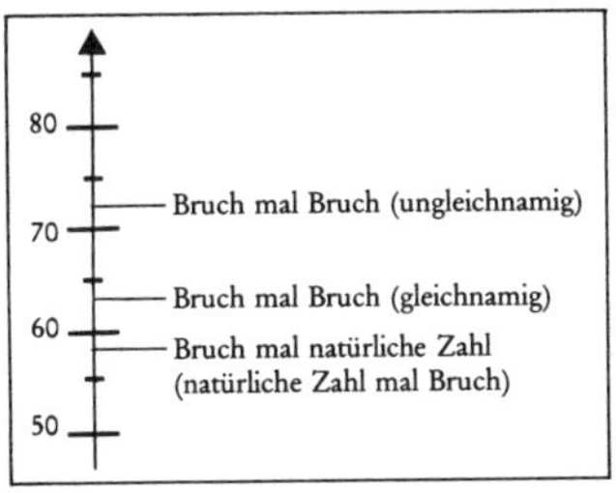

Prozentsatz richtig gelöster Aufgaben je Typ

Hierbei ist auf den ersten Blick die Unterteilung nach gleichnamigen und ungleichnamigen Brüchen bei der *Multiplikation* ungewohnt und überraschend. Abweichend von den Verhältnissen bei der Addition, Subtraktion und z.T. auch der Division ist nämlich der Sonderfall der Multiplikation gleichnamiger Brüche *keineswegs* vorstellungsmäßig leichter, daher sind hier bei oberflächlicher Betrachtungsweise auch keine anderen Richtigkeitsquoten als im allgemeinen Fall zu erwarten. Der *deutliche Abfall* ergibt sich jedoch durch zwei charakteristische Fehlerstrategien, die speziell bei gleichnamigen Brüchen besonders naheliegen und daher dort gehäuft auftreten (vgl. 6.5.2). Die

Kombination von Bruch und natürlicher Zahl bereitet auch hier – wie schon bei der Additon und Subtraktion – den Schülern die meisten Schwierigkeiten, und dies – überraschenderweise! – unabhängig von der Reihenfolge.

6.5.2 Multiplikation gleichnamiger Brüche

Bei der Multiplikation *gleichnamiger* Brüche ist *ein* Hauptfehlertyp klar zu identifizieren, der praktisch in allen untersuchten Klassen gehäuft auftritt und auf den sich *über die Hälfte* aller Schülerfehler massiert. Viele Schüler übertragen den von der Addition und Subtraktion gleichnamiger Brüche her vertrauten Rahmen oder „frame" fälschlich auf die Multiplikation gleichnamiger Brüche und rechnen beispielsweise fehlerhaft $\frac{5}{7} \cdot \frac{3}{7} = \frac{5 \cdot 3}{7} = \frac{15}{7}$ bzw. allgemein $\frac{a}{b} \cdot \frac{c}{b} = \frac{a \cdot c}{b}$ (M 1). Dieser Fehler unterläuft 17 % der Schüler, also jedem 6. Schüler, mindestens einmal. Meist handelt es sich hierbei um einen *Flüchtigkeitsfehler*, der dann besonders gehäuft auftritt, wenn vorher Additions– und Subtraktionsaufgaben zu lösen sind, und wenn die betreffende Aufgabe ziemlich am Ende des Tests steht und daher die Aufmerksamkeit schon etwas reduziert ist. Nur *wenige* Schüler machen diesen Fehler *systematisch.* Eine theoretisch denkbare, stärkere Häufung dieses Fehlers bei *den* Schülern, die die Bruchrechnung mit der *Addition* begonnen und daher diesen Additionsrahmen besonders gut verinnerlicht haben, wird durch unsere Untersuchung *nicht* bestätigt.

Einen *weiteren* Fehlertyp, der bei der Multiplikation *gleichnamiger* Brüche häufiger auftritt, illustriert die folgende Rechnung: $\frac{5}{7} \cdot \frac{3}{7} = \frac{15}{14}$, also $\frac{a}{b} \cdot \frac{c}{b} = \frac{a \cdot c}{b+b}$ (M 2). Die Tatsache, daß der entsprechende Fehler auch im Sonderfall gleicher *Zähler* auftritt (vgl. 6.5.3) belegt, daß hier vermutlich eine Verwechslung von b^2 und $2b$ die Ursache ist. Diese Schüler rechnen also statt $b \cdot b = b^2$ fälschlich $b \cdot b = 2b$. Eigenartigerweise tritt dieser Fehler bei $7 \cdot 7$ (Primzahl) deutlich *häufiger* auf als bei $8 \cdot 8$ (zusammengesetzte Zahl). 8 % der Schüler begehen diesen Fehler mindestens einmal, allerdings fast immer nur aus Gedankenlosigkeit und fast nie systematisch.

Diese beiden fehlerhaften Schülerstrategien, die bei der Multiplikation *gleichnamiger* Brüche besonders naheliegen und daher sehr viel häufiger benutzt werden als im allgemeinen Fall (vgl. 6.5.3), bewirken hier die *höhere* Fehlerquote.

Daneben *dividieren* einige wenige Schüler statt zu multiplizieren. Dies geschieht nur selten aus Flüchtigkeit, sondern in diesen wenigen Fällen fast immer systematisch.

6.5.3 Multiplikation ungleichnamiger Brüche

Die Multiplikation *ungleichnamiger* Brüche bereitet den Schülern von allen Aufgabentypen der Multiplikation am *wenigsten* Schwierigkeiten, sie fällt ihnen *leichter* als die entsprechenden Additions-, Subtraktions- und Divisionsaufgaben. Dies beruht *nicht* auf einem besonders gründlichen *inhaltlichen Verständnis* der Multiplikation (vgl. 6.5.6 und 6.5.7!), sondern darauf, daß die Multiplikationsregel mnemotechnisch besonders einfach und einprägsam ist und die Multiplikation deshalb sehr leicht *rein mechanisch* ohne jegliches Verständnis kalkülmäßig richtig durchgeführt werden kann. Das „Zuschlagen" der N-Verführer (vgl. Streefland (1986)) ist hier äußerlich *nicht* erkennbar, da es in diesem Fall zu rechnerisch *richtigen* Ergebnissen führt. Eine frühzeitige Gewöhnung an diese N-Falle bzw. an diesen Multiplikationsrahmen durch einen Beginn der Bruchrechnung mit der *Multiplikation* – und damit verbunden mangelnde Resistenz hiergegen – erhöht, wie der Abschnitt 4.4 belegt, stark die Fehlerquoten im Bereich der *Addition und Subtraktion.*

Der Hauptfehlertyp M 1 bei der Multiplikation *gleichnamiger* Brüche spielt hier – wegen des höheren Schwierigkeitsgrades durch das erforderliche Erweitern auf einen Hauptnenner *nicht* überraschend – eine deutlich *geringere* Rolle. Die (wenigen) Schüler, denen er unterläuft, machen ihn meist *systematisch.* Bei „günstigen" Nennern (Beispiel: $\frac{3}{5} \cdot \frac{3}{10}$) erhöht sich allerdings die Fehlerquote spürbar. 4 % der Schüler – und damit mehr als im Sonderfall gleichnamiger Brüche – *dividieren* systematisch statt zu multiplizieren, ein Fehler, der auch schon bei der umfangreichen amerikanischen Untersuchung von Brueckner vor fast 60 Jahren der wichtigste Verständnisfehler bei der Multiplikation von Brüchen war und der auch nach den Untersuchungen von Flade (1976) für die DDR und von Lörcher (1982) eine wichtige Rolle spielt. Der in diesen Untersuchungen ebenfalls genannte Fehler der Invertierung des Multiplikators mit anschließender Multiplikation (also: $\frac{a}{b} \cdot \frac{c}{d} = \frac{b \cdot c}{a \cdot d}$) spielt bei unseren Untersuchungen *keine* Rolle.

Vergleichbar häufig wie im Fall gleichnamiger Brüche tritt auch hier speziell bei den Aufgaben mit gleichen *Zählern* ($\frac{1}{2} \cdot \frac{1}{4}; \frac{3}{5} \cdot \frac{3}{10}$) der zu M 2 analoge Fehler auf, der vermutlich auf einer nur ungenügenden Unterscheidung (Diskrimination) von a^2 und $2a$ beruht.

6.5.4 Natürliche Zahl mal Bruchzahl / Bruchzahl mal natürliche Zahl

Die Schülerleistungen sind in diesem Sonderfall die *schwächsten* von allen untersuchten Multiplikationsfällen. Dies steht zumindest beim Aufgabentyp *natürliche Zahl mal Bruch* im eklatanten Widerspruch zu dem vom begrifflichen Aufwand her *wesentlich geringeren* Schwierigkeitsgrad dieses Aufgabentyps verglichen mit dem allgemeinen Fall (Bruch mal Bruch); denn hier wird bei der Multiplikation nur die schon für den Bruchzahlbegriff grundlegende Vorstellung des Vervielfachens von Bruchteilen benötigt. Unsere Untersuchung belegt jedoch, daß dieser Sonderfall (Kombination von natürlicher Zahl und Bruch) generell bei *allen vier* Rechenoperationen *fehlerträchtiger* ist als der Standardfall (Bruch kombiniert mit Bruch).

Ursache hierfür ist generell eine gewisse Unsicherheit und Hilflosigkeit der Schüler in diesen Fällen, kombiniert mit typischen Ausweichreaktionen. Dies ist am deutlichsten und häufigsten im Bereich der Multiplikation zu beobachten, wo rund 2 Drittel aller Schülerfehler auf *ein dominantes Fehlermuster* entfallen, und dies durchgängig in praktisch allen Klassen. So begeht *jeder vierte*(!) Schüler *systematisch* den Fehler: $n \cdot \frac{a}{b} = \frac{n \cdot a}{n \cdot b}$ bzw. $\frac{a}{b} \cdot n = \frac{a \cdot n}{b \cdot n}$ (M 3), erweitert also formal statt zu multiplizieren. Hierbei besteht zwischen den beiden – von den zugrundeliegenden inhaltlichen Vorstellungen her *äußerst verschiedenen* – Fällen (Bruch mal natürliche Zahl bzw. natürliche Zahl mal Bruch) *kein* Unterschied in den Richtigkeitsquoten. Dies ist auf den *ersten* Blick überraschend und bedeutet, daß die Schüler in diesem Stadium weithin *rein formal* durch Rückgriff auf die Regeln – und nicht durch Rückgriff auf anschauliche Grundvorstellungen – diese Aufgaben lösen.

Ein besonders deutliches Indiz hierfür ist die Tatsache, daß die unter semantischen Gesichtspunkten extrem leichte Aufgabe $4 \cdot \frac{1}{7}$ nicht häufiger richtig gelöst wird als die Aufgabe $\frac{2}{11} \cdot 5$! Dies ist *nicht* durch „Einstelleffekte" im Sinne Luchins (vgl. Weis (1970)) zu erklären; denn die Aufgabe $4 \cdot \frac{1}{7}$ steht *ganz zu Beginn* eines entsprechenden Aufgabenblocks (nach einer Aufgabe vom Typ Bruch mal Bruch). Diese Beobachtung belegt, daß für die richtige Lösung dieses Aufgabentyps *nicht* die semantische Ebene, sondern rein die syntaktische Ebene – auf der offensichtlich *kein* Unterschied zwischen beiden Aufgabentypen besteht – entscheidend ist. *Zur Ursachenerklärung* für das dominante Fehlermuster M 3 bietet sich folgendes Bündel von sich überlagernden und gegenseitig verstärkenden Faktoren an: Schwierigkeiten der Schüler mit der Einbettung der natürlichen Zahlen in den Bereich der Bruchzahlen (häufiger Fehler: $n = \frac{n}{n}$), mangelnde Diskrimination der Regel des Erweiterns und des Multiplizierens sowie eine Übergeneralisierung der vertrauten Multiplikationsregel „Zähler mal Zähler durch Nenner mal Nenner" auch auf diesen Sonderfall: „Notgedrungen" – da nichts anderes zur Verfügung steht – multipliziert man in möglichst starker Anlehnung an diese Regel den Zähler und den Nenner mit der gegebenen natürlichen Zahl. Schüler, die die Bruchrechnung mit der *Addition* beginnen, begehen den Fehler M 3 *etwas häufiger.* Die stärkere Einprägung des Erweiterns bei diesen Schülern wegen ihrer häufigen Benutzung zu Beginn kann hierfür ebenso die Ursache sein wie insbesondere eine stärkere Betonung dieser Aufgabe als *Grundaufgabe* bei *den* Schülern, die mit der Multiplikation beginnen und die diesen Teil der Bruchrechnung – dies trifft für den größten Teil zu – dann mit Operatoren kennenlernen.

Neben dem extrem stark vorherrschenden Fehlermuster M 3 spielt nur noch *ein weiterer Fehler* eine Rolle, nämlich die Invertierung *eines* der beiden Faktoren (meist wird unabhängig von ihrer Position die natürliche Zahl genommen) mit anschließender Multiplikation, also im Sonderfall der Invertierung des 2. Faktors die Division. Etwa 4 % der Schüler begehen diesen Fehler systematisch.

6.5.5 Multiplikation gemischter Zahlen

Wandeln Schüler gemischte Zahlen vor der Multiplikation *nicht* in Brüche um, so unterlaufen ihnen häufig Fehler (vgl. Hart (1983)). Nach Lankford (1972) und Gerster (1983) benutzen sie gehäuft insbesondere folgende fehlerhaften Strategien:

(1) Gemischte Zahl mal Bruch
Beispiel: $5\frac{1}{2} \cdot \frac{3}{4} = 5\frac{3}{8}$
Die natürliche Zahl wird beibehalten, nur die Brüche werden multipliziert.

(2) Gemischte Zahl mal natürliche Zahl
Beispiel: $2\frac{1}{2} \cdot 6 = 12\frac{1}{2}$
Die natürlichen Zahlen werden multipliziert, der Bruch wird beibehalten.

(3) Gemischte Zahl mal gemischte Zahl
Beispiel: $2\frac{1}{2} \cdot 4\frac{1}{2} = 8\frac{1}{4}$
Die natürlichen Zahlen werden getrennt multipliziert, ebenso die Brüche.

Bei den drei Aufgabentypen ist hierbei *ein einheitliches* – psychologisch sehr naheliegendes – Konzept zu erkennen: Verknüpfe Gleichartiges!

6.5.6 Regelformulierung und Begründung

Die sehr leicht zu merkende Multiplikationsregel für den allgemeinen Fall wird von allen vier Rechenregeln mit deutlichem Abstand am *häufigsten richtig* formuliert, und zwar von gut der Hälfte der Schüler. Zwei Beobachtungen sind in diesem Zusammenhang allerdings bemerkenswert: 1. Wesentlich mehr Schüler wenden die Regel effektiv richtig an als sie hier explizit formulieren können oder wollen. 2. Die beiden wichtigsten Fehlerstrategien, nämlich M 1 und die irrtümliche Division, werden häufiger auch explizit als Regel ausformuliert, ein weiteres Beleg dafür, wie stark diese Schüler die entsprechenden fehlerhaften Strategien schon verinnerlicht haben.

In den von uns untersuchten Klassen legen die betreffenden Lehrer zurecht großen Wert auf eine sorgfältige *Ableitung der Multiplikationsregel. Dennoch* schafft – rund ein halbes Jahr nach der Behandlung –

kein einziger Schüler zum Testzeitpunkt eine konkrete, beispielgebundene *Begründung* der Multiplikationsregel (für Details vgl. Padberg (1986))! Obwohl uns der Schwierigkeitsgrad dieser Aufgabe bewußt ist, überrascht uns dennoch dieses derartig eindeutige Ergebnis.

6.5.7 Über Probleme bei der rechnerischen Umsetzung von „von"–Situationen

Bei anwendungsbezogenen Fragestellungen, bei denen wir die Multiplikation von Bruchzahlen zur Lösung benötigen, spielen *„von"*–Situationen die *entscheidende* Rolle. Bei der Umsetzung konkreter „von"–Situationen in die entsprechenden *Multiplikationsaufgaben* haben Schüler allerdings *große* Schwierigkeiten (vgl. auch Payne (1984)). So geben nur 1 %(!) der untersuchten Schüler die *richtige Multiplikationsaufgabe* bei der folgenden Testaufgabe an: „Schraffiere *zunächst die Hälfte* des [konkret mit Karokästchen vorgegebenen] Rechtecks. Färbe anschließend *ein Viertel des schraffierten Teils* schwarz. Welchen *Bruchteil* des *ganzen* Rechtecks hast du schwarz gefärbt? ... Löse die Aufgabe auch *rein rechnerisch* (ohne Zeichnung)! Welche *Rechenoperation* mußt du benutzen? [...]. Wie lautet die Rechenaufgabe?" (für weitere Details vgl. Padberg (1986)).

Wir können also *nicht* erwarten, daß Schüler *ohne* Vorarbeiten spontan „von"–Situationen durch eine Multiplikation lösen, zumal hier deutliche *Unterschiede* zwischen den vertrauten natürlichen Zahlen und den Bruchzahlen zu beobachten sind (2 von 3; $\frac{2}{3}$ von 12). Entsprechende Vorarbeiten sind also unbedingt erforderlich. Ein wichtiger Gesichtspunkt ist in diesem Zusammenhang der benutzte Weg zur Ableitung der Multiplikationsregel. Hierbei fällt uns bei unserer Untersuchung auf, daß in *keiner* der untersuchten Klassen die Multiplikation *explizit* über einen entsprechenden *„von"–Ansatz* eingeführt wurde. Bei den benutzten Ableitungswegen über Gleichungsketten und Flächeninhalt ist eine direkte Verbindung zum „von"–Ansatz offenkundig *nicht* vorhanden, aber auch bei den Operatorableitungswegen kommt die von–Auffassung der Multiplikation infolge der vielfach rigiden Formalisierungen – entgegen den ursprünglichen Intentionen! – *nicht* mehr zum Tragen. Daher ist eine stärkere Betonung der „von"–Auffassung bei der Behandlung der Multiplikation erforderlich, und zwar in umgangssprachlicher Formulierung und nicht in der formalisierten Operatorsymbolik. Dagegen ist der andere Einsatzbereich der Multiplikation von Bruchzahlen, nämlich die Berechnung von *Flächeninhalten, nicht* mit entsprechenden Problemen befrachtet, da hier ein Transfer vom Bereich der natürlichen Zahlen her möglich und sinnvoll ist.

6.5.8 Hinweise zu Gegenmaßnahmen

Eine *gezielte* Bekämpfung der Schülerfehler bei der Multiplikation ist wegen ihrer starken *Massierung* auf nur *wenige* Typen sicher erfolgversprechend. Insbesondere empfehlen sich folgende konkreten Maßnahmen (vgl. auch 6.5.7):

- Ein bewußtes *Kontrastieren* von Aufgaben zur Addition und Multiplikation *gleichnamiger* Brüche, um so den falschen Transfer M 1 zu verhindern bzw. wieder abzubauen.
- Ein gezieltes *Gegenüberstellen* von Multiplikations- und Divisionsaufgaben, da hier von beiden Seiten her systematisch Regelverwechslungen erfolgen.
- Eine Betonung des *quasikardinalen Aspekts* im Fall „natürliche Zahl mal Bruch“ und damit ein Rückgriff auf die vertrauten – und hier hilfreichen! – Analogien zum Bereich der natürlichen Zahlen, um so den Fehler M 3 zu reduzieren, ebenso wie durch ein bewußtes *Gegenüberstellen* von Aufgaben zum Erweitern und Multiplizieren.
- Eine gründliche und anschauliche Einübung der *Einbettung* der natürlichen Zahlen in die Bruchzahlen; bei der Multiplikation von Bruchzahlen sollte *abschließend* nur *eine* Regel formuliert werden mit expliziter Erwähnung der Einbettung $n = \frac{n}{1}$.
- Eine Betonung der *„von“-Auffassung* der Multiplikation in umgangssprachlicher – und nicht in formalisierter – Fassung.

7. DIVISION

Ähnlich wie bei der Multiplikation beginnen wir auch hier die Darstellung mit einem einfachen Sonderfall, nämlich der Division einer Bruchzahl durch eine natürliche Zahl. Dieser einfache Fall wird im Unterricht i.a. in engem Zusammenhang mit dem Vervielfachen von Bruchzahlen behandelt.

7.1 Bruchzahl durch natürliche Zahl

Besonders leicht läßt sich die Division durchführen, wenn der Divisor den Zähler des Bruches teilt (Beispiel: $\frac{4}{9} : 2 = \frac{2}{9}$.) Man dividiert dann den Zähler durch den Divisor und behält den Nenner bei. Dieser Fall läßt sich sehr anschaulich mit Hilfe von Rechtecken oder Strekken einführen. Die schon behandelte Multiplikation kann zusätzlich zur Überprüfung – aber auch Begründung! – des Divisionsergebnisses herangezogen werden. Auch der quasikardinale Aspekt ist an dieser Stelle hilfreich.

Teilt dagegen der Divisor *nicht* den Zähler des Bruches – Beispiel: $\frac{5}{9} : 2$ –, so erweitert man den Bruch mit dem Divisor und gelangt so wiederum zu dem leichten Ausgangsfall, wie das folgende Beispiel zeigt:

$$\frac{5}{9} : 2 = \frac{5 \cdot 2}{9 \cdot 2} : 2 = \frac{(5 \cdot 2) : 2}{9 \cdot 2} = \frac{5}{18}.$$

Auch dieser Fall läßt sich mit Hilfe von Rechtecken oder Strecken gut veranschaulichen. Dem Erweitern entspricht hierbei der Übergang zu einer feineren Unterteilung des Repräsentanten. Der quasikardinale Aspekt kann auch hier zur Ergebnisgewinnung benutzt werden.

Da bei der Division die Multiplikation des Zählers mit dem Divisor gerade wieder rückgängig gemacht wird, erhalten wir: Man dividiert eine Bruchzahl durch eine natürliche Zahl, indem man den Nenner mit der natürlichen Zahl multipliziert (und den Zähler beibehält).

Offensichtlich kann auch der Sonderfall, daß der Divisor den Zähler des Bruches teilt, auf diese Art gelöst werden. Ferner ist der Zusammenhang zur allgemeinen Divisionsregel für Bruchzahlen (vgl. 7.2) direkt mittels Einbettung der natürlichen Zahlen in die Menge der Bruchzahlen herstellbar. Daher ist eine gesonderte *Regelformulierung* an dieser

Stelle *nicht* notwendig. Vielmehr sollten die Aufgaben dieses Typs durch Rückgriff auf anschauliche Bruchvorstellungen und nicht durch Rückgriff auf Regeln gelöst werden (vgl. 7.5.8).

7.2 Bruchzahl durch Bruchzahl / Natürliche Zahl durch Bruchzahl

Die Ableitung der Divisionsregel im allgemeinen Fall gilt seit langem als eines der *schwierigsten* Gebiete dieser Klassenstufe. Allein schon die Regelformulierung: „Man *dividiert* durch einen Bruch, indem man mit dem zugehörigen Kehrbruch *multipliziert*" bereitet Schwierigkeiten. Eine *sorgfältige* Regelableitung ist daher an dieser Stelle besonders wichtig. Wir stellen im folgenden vier Ableitungswege vor (für weitere Ableitungswege vgl. Padberg (1978)) und bewerten anschließend diese Wege.

In den folgenden Abschnitten setzen wir voraus, daß Dividend und Divisor *von Null verschieden* sind. Im Abschnitt 7.4 gehen wir dann systematisch auf diese Fälle ein.

7.2.1 Messen

Bei diesem Weg wird die Division von Bruchzahlen *eigenständig* über die Idee des *Messens* eingeführt, entsprechend wie dies den Schülern schon aus dem Bereich der *natürlichen* Zahlen vertraut ist. So gilt für natürliche Zahlen bekanntlich:

$6 : 2 = (6 \cdot 2) : (2 \cdot 2) = (6 \cdot 3) : (2 \cdot 3) = (6n) : (2n)$ (für alle $n \in \mathbb{N}$) bzw. allgemein (sofern $a : b$ in $\mathbb{N}$ definiert ist):

$$a : b = (a \cdot n) : (b \cdot n).$$

Bei einer Deutung der Division als Messen gilt nämlich offenkundig: Verdoppeln – allgemein ver–n–fachen – wir die Länge der Gesamtstrecke und die Länge der Meßstrecke, so bleibt die Anzahl der abzutragenden Meßstrecken unverändert. Auch *Mengenbilder* können gut zur Begründung obiger Aussage in $\mathbb{N}$ herangezogen werden.

An *geeigneten* Beispielen läßt sich aufzeigen, daß diese Eigenschaft des Messens bzw. der Division natürlicher Zahlen auch zumindest für *spezielle Brüche* gilt.

Beispiel: $\frac{1}{2} : \frac{1}{4} = (\frac{1}{2} \cdot 2) : (\frac{1}{4} \cdot 2) = (\frac{1}{2} \cdot n) : (\frac{1}{4} \cdot n) (n \in \mathbb{N})$.

Die *Begründung* kann auch hier anschaulich mit Hilfe von Strecken erfolgen. Im Sinne des Permanenzprinzips verlangt man nun, daß diese Eigenschaft der Division *in* $\mathbb{N}$, nämlich $a : b = (a \cdot n) : (b \cdot n) (a, b, n \in \mathbb{N}, a : b$ definiert), auch für *beliebige Brüche* und natürliche Zahlen n erhalten bleibt.

Auf der Grundlage dieser Eigenschaft des Messens bzw. der Division läßt sich die Divisionsregel für *beliebige* Brüche leicht ableiten:

- $\frac{2}{5} : \frac{1}{4} = (\frac{2}{5} \cdot 4) : (\frac{1}{4} \cdot 4) = \frac{2 \cdot 4}{5} : 1 = \frac{2 \cdot 4}{5 \cdot 1} = \frac{2}{5} \cdot \frac{4}{1}$.
  (Der Divisor ist speziell ein Stammbruch)
- $\frac{2}{5} : \frac{3}{4} = (\frac{2}{5} \cdot 4) : (\frac{3}{4} \cdot 4) = \frac{2 \cdot 4}{5} : 3 = \frac{2 \cdot 4}{5 \cdot 3} = \frac{2}{5} \cdot \frac{4}{3}$.
  (Der Divisor ist beliebig)
- $\frac{a}{b} : \frac{c}{d} = (\frac{a}{b} \cdot d) : (\frac{c}{d} \cdot d) = \frac{a \cdot d}{b} : c = \frac{a \cdot d}{b \cdot c} = \frac{a}{b} \cdot \frac{d}{c}$.
  (Allgemein mit Variablen)

  Wir haben hiermit gezeigt:

■ Für beliebige Brüche $\frac{a}{b}, \frac{c}{d} (\neq 0)$ gilt: $\frac{a}{b} : \frac{c}{d} = \frac{a}{b} \cdot \frac{d}{c}$.

7.2.2 Gleichungsketten

Wie schon die Multiplikationsregel so läßt sich auch die Divisionsregel mit Hilfe von Gleichungsketten ableiten.
Bei Kenntnis der Divison von Brüchen durch natürliche Zahlen können die Schüler nämlich schon die ersten vier Aufgaben der folgenden Gleichungskette lösen.

$$
\begin{array}{cccc}
\frac{3}{2} & : & 500 & = & \frac{3}{1000} \\
\frac{3}{2} & : & 100 & = & \frac{3}{200} \\
\frac{3}{2} & : & 20 & = & \frac{3}{40} \\
\frac{3}{2} & : & 4 & = & \frac{3}{8} \\
\hline
\frac{3}{2} & : & \frac{4}{5} & = & ?
\end{array}
$$

Folgende *Gesetzmäßigkeiten* lassen sich beobachten: Der Dividend bleibt in allen vier Aufgaben unverändert, der Divisor wird jeweils gefünftelt, das Ergebnis wird hierdurch jeweils verfünffacht. Soll diese Gesetzmäßigkeit – die für natürliche Zahlen und offenkundig auch für den Fall „Bruch durch natürliche Zahl“ gilt – im Sinne des Permanenzprinzips auch für den Fall „Bruch durch Bruch“ gelten, so *müssen* wir in der fünften Gleichung *festsetzen*:

$$\frac{3}{2} : \frac{4}{5} = \frac{3}{8} \cdot 5.$$

Es gilt daher: $\frac{3}{2} : \frac{4}{5} = \frac{3}{8} \cdot 5 = \frac{3}{2 \cdot 4} \cdot 5 = \frac{3 \cdot 5}{2 \cdot 4} = \frac{3}{2} \cdot \frac{5}{4}$.

Nach der Behandlung *weiterer* Gleichungsketten gewinnt man so leicht die übliche Divisionsregel. Entscheidend ist aber auch hier – wie schon bei der Multiplikation –, daß die Schüler erkennen, daß sich so *zwangsläufig* die übliche Divisionsregel ergibt.

Der Übergang von der vorletzten zur letzten Gleichung der Gleichungskette verdeutlicht gut diese *Zwangsläufigkeit*:

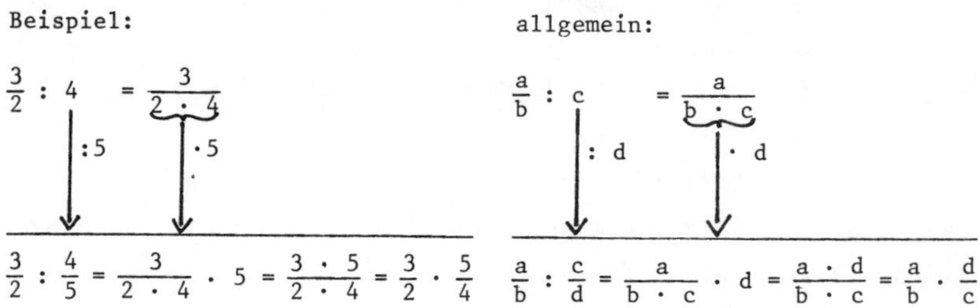

Soll also obige Gesetzmäßigkeit auch für die Division durch Brüche gelten, so *müssen* wir festsetzen:

$$\frac{a}{b} : \frac{c}{d} = \frac{a}{b} \cdot \frac{d}{c}.$$

7.2.3 Umkehroperation

Bei diesem Weg wird die Division durch Rückgriff auf die Multiplikation eingeführt, wird also der von $\mathbb{N}$ vertraute Zusammenhang zwischen Multiplikation und Division als *Umkehroperation* ausgenutzt. *Einen* möglichen Weg beschrieben wir im folgenden am Beispiel der Aufgabe $\frac{3}{4} : \frac{2}{5}$. (Wegen weiterer Ableitungswege vgl. man Padberg (1978) und Padberg (1982)).

$$\frac{3}{4} : \frac{2}{5} = x$$

Gesucht wird die Zahl, die mit $\frac{2}{5}$ multipliziert, $\frac{3}{4}$ ergibt:

$$x \cdot \frac{2}{5} = \frac{3}{4}$$

Multiplikation beider Seiten mit $\frac{5}{2}$ ergibt:

$$(x \cdot \frac{2}{5}) \cdot \frac{5}{2} = \frac{3}{4} \cdot \frac{5}{2}$$

also:

$$x = \frac{3}{4} \cdot \frac{5}{2}$$

Es gilt:

$$\frac{3}{4} : \frac{2}{5} = \frac{3}{4} \cdot \frac{5}{2}$$

Generell können wir so zeigen:

$$\frac{a}{b} : \frac{c}{d} = x$$

$$x \cdot \frac{c}{d} = \frac{a}{b}$$

$$(x \cdot \frac{c}{d}) \cdot \frac{d}{c} = \frac{a}{b} \cdot \frac{d}{c}$$

$$x = \frac{a}{b} \cdot \frac{d}{c}$$

also:

$$\frac{a}{b} : \frac{c}{d} = \frac{a}{b} \cdot \frac{d}{c}$$

7.2.4 Doppelbrüche

Die folgende Methode, die mit Doppelbrüchen (vgl. 7.4) arbeitet, wird an *amerikanischen* Schulen häufig zur Begründung der Divisionsregel eingesetzt.

Das folgende *Beispiel* verdeutlicht diesen Ableitungsweg:

$$\frac{2}{3}:\frac{5}{4}=\frac{\frac{2}{3}}{\frac{5}{4}}=\frac{\frac{2}{3}\cdot\frac{4}{5}}{\frac{5}{4}\cdot\frac{4}{5}}=\frac{\frac{2}{3}\cdot\frac{4}{5}}{1}=\frac{2}{3}\cdot\frac{4}{5}$$

Kernpunkte dieses Weges sind also die folgenden beiden Ideen:

1. Man schreibt die gegebene Divisionsaufgabe als Doppelbruch.
2. Man „erweitert“ diesen Doppelbruch mit dem Kehrwert seines „Nenners“, so daß der „Nenner“ 1 wird.

Statt mit dem Kehrwert können wir beide Brüche auch mit dem Produkt der Nenner – also statt mit einer Bruchzahl mit einer natürlichen Zahl – „erweitern“. Auch bei dieser *Variante* gewinnt man leicht die übliche Divisionsregel, wie das folgende *Beispiel* zeigt:

$$\frac{2}{3}:\frac{5}{4}=\frac{\frac{2}{3}}{\frac{5}{4}}=\frac{\frac{2}{3}\cdot 3\cdot 4}{\frac{5}{4}\cdot 3\cdot 4}=\frac{2\cdot 4}{3\cdot 5}=\frac{2}{3}\cdot\frac{4}{5}.$$

Auf *Vor- und Nachteile* dieses Weges sowie der vorher besprochenen Wege gehen wir systematisch im folgenden Abschnitt 7.2.5 ein.

7.2.5 Bewertung

Wir können auch hier – mit entsprechenden, minimalen Modifikationen – das bei der Multiplikation in 6.3.5 vorgestellte Bewertungsraster zugrundelegen. Exemplarisch gehen wir im folgenden auf *einige* Punkte dieses Rasters genauer ein und beenden diesen Abschnitt mit einer *zusammenfassenden Bewertung* der vorgestellten Ableitungswege.

Bei allen Ableitungswegen mit Ausnahme des Weges über Doppelbrüche ist die zugrundeliegende *Beweisstrategie* auch für Schüler gut zu erkennen und zu verstehen. Bei der Ableitung mit Hilfe von Doppelbrüchen stört das – an dieser Stelle ad hoc erfundene – „Erweitern“ (!) von Doppelbrüchen. Ferner fehlt hier völlig eine *inhaltliche* – nichtformale – Erläuterung, was $\frac{a}{b}:\frac{c}{d}$ bedeuten soll.

Die Division durch Bruchzahlen benötigen wir im wesentlichen bei *zwei Verwendungssituationen*, nämlich beim *Messen* und in *multiplikativ* beschriebenen Situationen, bei denen *einer* der Faktoren unbekannt ist. Entsprechend besteht nur beim Weg über das Messen und beim Weg über die Umkehroperation ein Zusammenhang zu jeweils *einer* Klasse von Verwendungssituationen der Division im Alltag.

Drei der vorgestellten Ableitungswege sind *rein innermathematisch* motiviert. Nur der Weg über das Messen kann – bei entsprechender Darstellung – stark von praktischen Anwendungen her motiviert werden.

Während der Ableitungsweg mit Doppelbrüchen *extrem formal* ist, sind auch die Wege über Gleichungsketten und die Umkehroperation recht formal. Der Einsatz von Bildern oder Diagrammen liegt bei diesen drei Wegen *nicht* nahe, im Unterschied zum Weg über das Messen. Bei geeignet gewählten Beispielen können die Schüler hier gut inhaltliche Vorstellungen erwerben.

Alle vier vorgestellten Wege sind bei der Division durch Bruchzahlen *generell* – und nicht nur in Spezialfällen – brauchbar.

Bei drei der vier Wege liegt dem Ableitungsweg eine *zentrale Leitidee* zugrunde. So wird der Ableitungsweg über Gleichungsketten und über das Messen strukturiert durch die Forderung, daß jeweils eine wichtige Eigenschaft der Division aus $\mathbb{N}$ unverändert bei den Bruchzahlen gültig bleiben soll. Beim Weg über die Umkehroperation wird die wichtige Beziehung zwischen Multiplikation und Division als Umkehroperationen von $\mathbb{N}$ auf die Bruchzahlen übertragen. Dagegen spielen die Ideen des Doppelbruchs bzw. des Erweiterns von Doppelbrüchen im sonstigen Mathematikunterricht kaum eine bzw. keine Rolle.

Bezüglich des Umfangs der erforderlichen *Vorkenntnisse* gibt es zwischen den vier vorgestellten Wegen keine wesentlichen Abweichungen.

Verwertbare *empirische Befunde* über Fehlerhäufigkeit und typische Fehler in Abhängigkeit von den benutzten Einführungswegen liegen bislang nur in *geringer* Anzahl vor. Bei unseren Untersuchungen ergeben der Vergleich des Gegenoperator–Weges (vgl. II.4) und des Weges über Gleichungsketten massive Vorteile zugunsten des Gleichungsketten–Weges (vgl. 7.5.7). So ist bei unserer Untersuchung *durchgängig* ein *großer* Vorsprung zugunsten dieses Weges feststellbar. Vergleichende Untersuchungen zwischen dem Gleichungsketten–Weg und den weiteren *hier vorgestellten* Wegen sind allerdings zur Abrundung und Ergänzung des Bildes noch unbedingt erforderlich.

Eine Analyse der vorgestellten Wege auch noch nach den *übrigen* Gesichtspunkten führt insgesamt zu folgender Einschätzung:

Der Weg über *Gleichungsketten* weist *viele Vorteile* auf. Der große Unterrichtserfolg vieler Lehrer mit diesem Weg spricht für seine *Praktikabilität* im normalen Unterricht. *Problematisch* ist der fehlende direkte Bezug zum Messen und zur Idee der Division als Umkehroperation. Dies könnte bei Sachaufgaben zur Division zu Problemen führen.

Der Weg über das *Messen* weist ebenfalls *viele Vorteile* auf. Positiv ist der – zwangsläufig – enge Bezug zum Messen, der Bezug zur Multiplikation fehlt auch hier. Wünschenswert wäre eine *vergleichende* Untersuchung dieser beiden ersten Einführungswege hinsichtlich der Erfolge bei reinen Rechen– *wie auch* bei Anwendungsaufgaben zur Division von Bruchzahlen.

Der *Umkehroperations–Weg* benutzt den bekannten Zusammenhang zwischen Multiplikation und Division als zentrale Leitidee. Diese starke Betonung der *Multiplikation* kann allerdings dazu führen, daß Schüler bei der Division häufiger als sonst fehlerhaft einfach nur multiplizieren. Ferner ist den Schülern dieser Klassenstufe die *systematische* Gleichungslehre noch unbekannt; Gleichungen werden nur probierend gelöst. Daher ist das in 7.2.3 beschriebene Lösungsverfahren für Schüler dieser Klassenstufe *nicht* besonders naheliegend. *Probleme* ergeben sich auch bezüglich der Deutung von x in der Gleichung im Hinblick auf die später zu behandelnde systematische Gleichungslehre. Allerdings schneidet der Umkehroperations–Weg in einer empirischen Untersuchung von Bidwell (Bidwell(1968), vgl. Padberg (1982)) im Vergleich zum Doppelbruch–Weg und einem – unseres Erachtens nicht besonders geschickt dargestellten – Weg über das Messen am besten ab.

Der *Doppelbruch–Weg* weist die mit Abstand *meisten* Probleme auf.

7.3 Natürliche Zahl durch natürliche Zahl

In der Menge $\mathbb{N}$ der *natürlichen Zahlen* ist die Division nur in *Sonderfällen* durchführbar, nämlich falls der Dividend ein *Vielfaches* des

Divisors ist. Dagegen ist die Division in der Menge der *Bruchzahlen stets* durchführbar, sofern der Divisor ungleich Null ist. Infolge der *Einbettung* der natürlichen Zahlen in die Menge der Bruchzahlen läßt sich daher jetzt auch hier die Division *natürlicher* Zahlen *uneingeschränkt* durchführen. Wegen der Identifizierung von n und $\frac{n}{1}$ gilt nämlich:

$$m : n = \frac{m}{1} : \frac{n}{1} = \frac{m}{1} \cdot \frac{1}{n} = \frac{m}{n}.$$

Wir haben also abgeleitet:

■ Für alle $m, n \in \mathbb{N}$ gilt: $m : n = \frac{m}{n}$

Diese Überlegungen müssen im Unterricht *sorgfältig* an konkreten Beispielen durchgeführt werden. Sonst gewinnen die Schüler leicht den *falschen* Eindruck, daß die im Unterricht jahrelang nicht ausführbare Division etwa der natürlichen Zahlen 2 und 3 plötzlich in der Menge der *natürlichen Zahlen* durchführbar ist. Hieraus resultiert dann eine große *Unsicherheit* gegenüber diesem Aufgabentyp (vgl. 7.5.4).

Die gerade abgeleitete Aussage $m : n = \frac{m}{n}$ (für alle $m, n \in \mathbb{N}$) muß jedoch *nicht* erst *nach* der Division von Bruchzahlen behandelt werden. Durch Rückgriff auf die *zweite* Grundvorstellung für Bruchzahlen – nämlich als Teil *mehrerer* Ganzer (vgl. 1.1) – läßt sie sich schon konkret–anschaulich zu diesem Zeitpunkt gewinnen. Aber auch durch Rückgriff auf den *quasikardinalen* Aspekt der Bruchzahlen läßt sich diese Beziehung schon zu *Beginn* des Bruchrechenlehrgangs behandeln, wie die folgenden Beispiele zeigen (vgl. Griesel (1981)):

$3 : 2 = 6$ Halbe $: 2 = 3$ Halbe $= \frac{3}{2}$

$3 : 4 = 12$ Viertel $: 4 = 3$ Viertel $= \frac{3}{4}$

Griesel weist an dieser Stelle zu Recht daraufhin, daß bei diesem Weg die inhaltliche Vorstellung des *Verteilens*, die die Schüler schon von der Grundschule her mit der Division verbinden, voll *erhalten* bleibt. Die Umwandlung von 3 in 6 Halbe bzw. von 3 in 12 Viertel entspricht dem *Entbündeln* bei der schriftlichen Division.

7.4 Ergänzende Bemerkungen

Wir haben bislang noch die Fälle ausgeklammert, daß in einer Divisionsaufgabe der *Dividend* oder *Divisor Null* ist. Durch Rückgriff auf den Zusammenhang zwischen Multiplikation und Division lassen sich diese Fälle wie folgt leicht erklären:

Fall 1:

Null nur als *Dividend.*

Beispiel: $0 : \frac{1}{2}$. Die zugehörige multiplikative Gleichung $x \cdot \frac{1}{2} = 0$ hat – wenn wir $\mathbb{B}_0$, also die Menge aller Bruchzahlen einschließlich Null, als Grundmenge nehmen – die Lösungsmenge $L = \{0\}$. Die Divisionsaufgabe ist also eindeutig lösbar,daher gilt: $0 : \frac{1}{2} = 0$

Fall 2:

Null nur als *Divisor.*

Beispiel: $\frac{1}{2} : 0$. Die zugehörige multiplikative Gleichung $x \cdot 0 = \frac{1}{2}$ ist *unlösbar.* Wir können also in diesem Fall eine Division durch Null *nicht* sinnvoll erklären.

Fall 3:

Null als *Dividend und Divisor*

Die zu $0 : 0$ gehörige multiplikative Gleichung ist $x \cdot 0 = 0$. Sie ist *allgemeingültig.* Wir können $0 : 0$ daher wegen fehlender Eindeutigkeit *nicht* sinnvoll erklären.

Ist der *Divisor ungleich* 0, so können wir die Division in der Menge der Bruchzahlen *stets* durchführen; denn es gilt: $\frac{a}{b} : \frac{c}{d} = \frac{a}{b} \cdot \frac{d}{c}$. (Dies bleibt offenkundig auch richtig, wenn der *Dividend* 0 ist.) In dieser Hinsicht *unterscheiden* sich die *Bruchzahlen* grundsätzlich von den *natürlichen Zahlen*; denn dort ist die Division bekanntlich *nur in Sonderfällen* durchführbar. Aber auch in einer *anderen* Hinsicht unterscheiden sich natürliche Zahlen und Bruchzahlen deutlich bezüglich der Division. Während die Division in $\mathbb{N}$ – sofern der Divisor ungleich 1 ist – *stets* stark *verkleinert*, trifft dies für die Division im Bereich der Bruchzahlen *nicht* mehr zu. Das Beispiel $12 : \frac{1}{5} = 60$ zeigt, daß hier die Division sogar stark *vergrößern* kann. Genauer gilt: Ist der Divisor ein *echter* Bruch, so ist das Ergebnis *größer* als die Ausgangszahl. Ist dagegen der Divisor ein *unechter* Bruch größer als 1, so ist das Ergebnis *kleiner* als die Ausgangszahl. Diese *Zerstörung* der bisherigen Grundvorstellung der Division in $\mathbb{N}$ hat Auswirkungen bei Sachaufgaben (vgl. Lörcher (1982)) und ist auch für Schülerfehler verantwortlich.

Wir haben in Abschnitt 7.3 gezeigt, daß für alle $m, n \in \mathbb{N}$ gilt: $m : n = \frac{m}{n}$. Bei *natürlichen Zahlen* m, n sind also der Doppelpunkt (als Divisionszeichen) und der Bruchstrich wechselweise austauschbar. Übertragen wir dies auch auf *Bruchzahlen*, so können wir folgendermaßen *„Doppelbrüche"* einführen:

$$\frac{\frac{m}{n}}{\frac{p}{q}} \underset{Df}{=} \frac{m}{n} : \frac{p}{q}.$$

Wir lassen auch zu, daß im „Zähler" oder "Nenner" eines Doppelbruches Summen, Differenzen, Produkte oder Quotienten von Bruchzahlen stehen. Das Beispiel $\frac{\frac{2}{3}+\frac{4}{5}}{\frac{6}{7}\cdot\frac{8}{9}}$ zeigt, wie Doppelbrüche komplizierter aufgebaute Ausdrücke vereinfachen bzw. übersichtlicher strukturieren.

Das Stoffgebiet „Doppelbrüche" eignet sich gut für *Differenzierungsmaßnahmen*; denn eine Behandlung komplizierterer Doppelbrüche etwa wie

$$\frac{\frac{2}{3} - \frac{1}{4}}{\frac{4}{5} : \frac{6}{7}}$$

ist als Vorbereitung für entsprechende Termumformungen in der *Algebra* sinnvoll, ist jedoch unter dem Gesichtspunkt *praktischer Anwendungen* der Bruchrechnung überflüssig.

7.5 Typische Schülerfehler

7.5.1 Abfolge im Schwierigkeitsgrad

Bei der Division unterscheiden wir in unserer Untersuchung fünf Aufgabentypen Wir erhalten folgende Abfolge im Schwierigkeitsgrad:

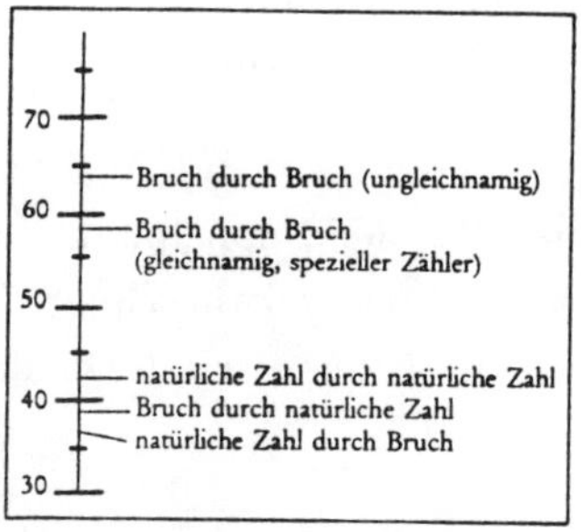

Prozentsatz richtig gelöster Aufgaben je Typ

Zwei Schwierigkeitsstufen sind deutlich erkennbar: Einmal der Fall Bruch durch Bruch, sodann auf *deutlich niedrigerem* Niveau – und zwar krasser als bei der Multiplikation! – der Fall, bei dem Brüche und natürliche Zahlen kombiniert bzw. natürliche Zahlen allein vorkommen. (Wegen Details bei der Auswahl und Bewertung der Aufgaben vgl. man Padberg (1986)).

7.5.2 Bruchzahl durch Bruchzahl

Bei der Division *gleichnamiger* Brüche benutzen die Schüler *sehr häufig* den schon bei den entsprechenden Multiplikationsaufgaben beobachteten Additions–/Subtraktionsrahmen und rechnen z.B. fehlerhaft $\frac{9}{10} : \frac{3}{10} = \frac{9:3}{10} = \frac{3}{10}$ (D 1) (vgl. auch Lankford (1972)).

Im Unterschied zur Multiplikation kann dieser Fehler hier jedoch nur in *Sonderfällen* auftreten, falls nämlich speziell der zweite Zähler ein Teiler des ersten Zählers ist. In diesem Fall unterläuft fast *jedem 5. Schüler* quer durch beinahe alle Klassen dieser Fehler *mindestens einmal*, jedoch passiert dies nur 4 % der Schüler *systematisch* bei den *beiden* entsprechenden Testaufgaben.

Die *ursprüngliche* Erwartung, daß die Schüler die – unter dem Gesichtspunkt des Messens extrem leichten – Aufgaben wie $\frac{4}{5} : \frac{2}{5}$ durch Rückgriff auf diese anschauliche Grundvorstellung rein intuitiv – *ohne* formale Rechnung – hochprozentig richtig lösen, hat sich *nicht* erfüllt. Ein theoretisch denkbarer, *verstärkter* fehlerhafter Transfer in Richtung D1 bei Beginn der Bruchrechnung mit der *Addition* ist auch hier – wie schon bei der Multiplikation – *nicht* festzustellen. Der Abstand der Richtigkeitsquote zwischen diesem Sonderfall und dem *allgemeinen Divisionsfall* ist nur relativ *gering*, da die hohe Fehlerquote bezüglich D 1 im Sonderfall *gleichnamiger* Nenner weitgehend wieder wettgemacht wird durch die *besonders einfache* Rechnung in diesem Fall.

Mit Ausnahme des Fehlers D 1, der im *allgemeinen Fall* nicht zu erwarten ist, gibt es *keinen* Unterschied im Fehlerprofil und in der Fehlerhäufigkeit zwischen dem allgemeinen Fall und dem Spezialfall gleichnamiger Nenner. So spielt in beiden Fällen von den drei naheliegenden fehlerhaften Varianten der Divisionsregel (Multiplikation, Kehrwert des 1. Bruches, Kehrwert beider Brüche und Multiplikation) *nur* die Multiplikation eine etwas größere – mit der irrtümlichen Division bei der Multiplikation vergleichbare – Rolle (vgl. auch Brueckner (1928)).

7.5.3 Bruchzahl durch natürliche Zahl / Natürliche Zahl durch Bruchzahl

Auch bei der Division ist der kombinierte Fall (Bruch und natürliche Zahl) – in Übereinstimmung mit theoretischen Analysen und praktischen Befunden von Klauer (1984) – für die Schüler deutlich *fehlerträchtiger* und – wie die gehäuften Auslassungen erkennen lassen – *schwerer* als der Fall „Bruch durch Bruch". Trotz *deutlicher* Unterschiede unter *inhaltlichen* Gesichtspunkten liegt die Fehlerquote in den *beiden* Fällen „Bruch durch natürliche Zahl" und „Natürliche Zahl durch Bruch" faktisch *gleich hoch*. Entscheidend ist auch hier wiederum die *syntaktische* Ebene; denn hier sind die beiden Fälle *gleich* schwer. Während sich nämlich im Fall „Bruch durch natürliche Zahl" an die schwierige Inversenbildung der natürlichen Zahl nur noch die Anwendung der leichten Multiplikationsregel anschließt, muß im Fall „Natürliche Zahl durch Bruch" nach der leichteren – da viel öfter geübten! – Inversenbildung des Bruches anschließend die deutlich schwierigere Aufgabe der Multiplikation eines Bruchs mit einer natürlichen Zahl gelöst werden (vgl. 6.5.4).

Zwei charakteristische *Hauptfehlerstrategien* sind im Fall *„Bruch durch* *natürliche Zahl"* zu beobachten: So *multiplizieren* 10 % aller Schüler quer durch praktisch alle Klassen bei diesem Aufgabentyp *systematisch* statt zu dividieren (vgl. auch Gerster (1983)), vermutlich durch Probleme bei der Kehrwertbildung natürlicher Zahlen („geht nicht") bedingt, während zusätzlich 6 % *systematisch* rechnen $\frac{a}{b} : n = \frac{a \cdot n}{b \cdot n}$ („erweitern"), vermutlich – wie auch in 6.5.4 – als Folge von Schwierigkeiten mit der Einbettung der natürlichen Zahlen in die Menge der Bruchzahlen ($n = \frac{n}{n}$!). Daneben ist die Bildung des Kehrwertes des 1. Bruches mit anschließender Multiplikation als Fehler nur von untergeordneter Bedeutung.

Bei *speziellen Zahlen* kann man auch häufiger „Folgeschäden" der *gesonderten* Regelformulierung für den Aufgabentyp „Bruch durch natürliche Zahl" beobachten, wie es die beiden Fehlerbeispiele $\frac{3}{5} : 9 = \frac{9:3}{5} = \frac{3}{5}$ sowie $\frac{3}{10} : 2 = \frac{3}{10:2} = \frac{3}{5}$ deutlich belegen.

Im Fall *„Natürliche Zahl durch Bruch"* sind folgende charakteristische *Fehlerstrategien* (nach der Häufigkeit angeordnet) zu beobachten:

- Ein fehlerhafter Transfer von der Multiplikation (Beispiel: $2 : \frac{2}{3} = \frac{2:2}{3} = \frac{1}{3}$) bzw. die implizite Benutzung einer Art Kommutativgesetz
- Einbettungsprobleme ($n = \frac{n}{n}$) mit entsprechenden Fehlerstrategien („Erweitern")
- Multiplikation (ohne Kehrwertbildung)
- Kehrwertfehler

Die erstmals größere Anzahl *verschiedener*, häufiger vorkommender Fehlertypen bei diesem Fall fällt auf. Eine *Verbreiterung* der Untersuchungsbasis ist bei diesem Aufgabentyp allerdings wünschenswert, da wir hierzu nur zwei besonders einfache Aufgaben, nämlich $2 : \frac{2}{3}$ und $1 : \frac{1}{5}$, bei unserer Untersuchung zugrundelegen konnten. Obwohl beide Aufgaben sehr einfach ohne formale Rechnung im Sinne des *Messens* lösbar sind, wird dieser Weg von den Schülern nur selten beschritten (vgl. auch 7.5.6).

7.5.4 Natürliche Zahl durch natürliche Zahl

Die hier untersuchten Aufgaben wie z.B. 4 : 5 sind lösbar u.a. durch

Rückgriff auf eine der beiden *Grundvorstellungen* von Brüchen, nämlich auf die Vorstellung von Brüchen als Teil *mehrerer* Ganzer (vgl.1.1). Die Ergebnisse offenbaren starke *Defizite* der Schüler hinsichtlich dieser Grundvorstellung. Trotz der Wahl des Nenners 5 in den Aufgaben – und der damit verbundenen leichten Ausweichmöglichkeit auf *Dezimalbrüche* – lösen im Durchschnitt nur 41 % der Schüler die entsprechenden Aufgaben richtig (und zwar 25 % mit Bruch- und 16 % mit Dezimalbruchnotation). An der sehr hohen Quote von *Auslassungen* – der höchsten überhaupt bei allen Rechenoperationen – wird die *große Unsicherheit* der Schüler bezüglich dieser Aufgaben sichtbar. Die (schwachen) Befunde decken sich im übrigen mit Ergebnissen einer breiten empirischen Untersuchung von Hart (1978) in England, wo in der vergleichbaren Altersgruppe nur 30 – 35 % der Schüler die Aufgabe $3 : 5$ richtig lösen konnten.

Einige Schüler weichen in unserer Untersuchung von einer für sie unlösbaren Aufgabe wie z.B. $4 : 5$ systematisch auf die – für sie lösbare – *„umgekehrte"* Aufgabe $5 : 4$ aus. Andere straucheln bei der Einbettung der natürlichen Zahlen in die Bruchzahlen und rechnen systematisch z.B. $2 : 5 = \frac{2}{2} : \frac{5}{5} = \frac{2 \cdot 5}{2 \cdot 5} (n = \frac{n}{n}!)$.

Die Hinzufügung einer *Größeneinheit* bei der ersten Zahl, also z.B. der Übergang von $2 : 5$ zu $2m : 5$, reduziert deutlich die Zahl der Auslassungen und erhöht die Richtigkeitsquote im Durchschnitt um gut 10 %, vor allem bedingt durch den *zusätzlichen*, leichteren Rechenweg im Bereich der natürlichen Zahlen durch Übergang zu kleineren Maßeinheiten (Beispiel: $2m : 5 = 200cm : 5 = 40cm$).

7.5.5 Regelformulierung und Begründung

Die Beobachtungen decken sich weitgehend mit den Ausführungen zur Multiplikation. Die Regel wird wegen ihres *größeren* Schwierigkeitsgrades allerdings *seltener* richtig formuliert, eine (auch nur annähernd richtige) beispielgebundene Begründung der Divisionsregel schafft auch hier *kein* Schüler.

7.5.6 Division von Brüchen und praktische Anwendungen

Die Division von Brüchen bzw. die Division durch Brüche spielt bei praktischen Anwendungen in zwei Ausprägungen eine Rolle, nämlich in Form des *Messens* bzw. des *Teilens* (vgl. Padberg (1986 a)).

Während in einer gegebenen Sachsituation die rechnerische Realisation des *Teilens* durch eine Divisionsaufgabe naheliegt, trifft dies für das *Messen nicht* in demselben Umfang zu. Der Zusammenhang zwischen Messen und Dividieren ist jedoch wesentlich *mehr* Schülern bekannt als der vergleichbare Zusammenhang zwischen „von“-Situationen und Multiplikation. So ordnen bei unserer Untersuchung knapp die Hälfte der Schüler einer konkret gegebenen Meßsituation (vgl. Padberg (1986)) richtig die zugehörige Divisionsaufgabe zu, ein Prozentsatz, der durch das bewußte Ansprechen des Messens im Zusammenhang mit der Division – dies erfolgt nur in wenigen der untersuchten Klassen! – sicher noch gesteigert werden könnte. Hilfreich ist hierbei die völlige *Analogie* des Messens im Bereich der natürlichen Zahlen und der Bruchzahlen.

Bei der Lösung einer *Sachaufgabe* zur Division kann es passieren, daß die Schüler *höhere*, aber auch *niedrigere* Richtigkeitsquoten erzielen als bei der zugehörigen *reinen Rechenaufgabe*. Die Schüler erzielen bei einer gegebenen Sachaufgabe insbesondere dann *höhere* Richtigkeitsquoten, wenn die Sachsituation oder dort benutzte Veranschaulichungshilfen *zusätzliche*, sehr einfache Rechenstrategien wie z.B. Abzählen oder wiederholte Addition bzw. Subtraktion nahelegen, die bei der reinen Rechenaufgabe von den Schülern *nicht* gesehen bzw. angewandt werden (für Beispiele vgl. Padberg (1986)). *Fehlen* dagegen diese Hilfen, so liegt im Regelfall die Richtigkeitsquote bei Sachaufgaben *niedriger*, einfach deswegen, weil die jetzt erforderliche *Übersetzung* des Aufgabentextes in die zugehörige Rechenaufgabe den Schülern *zusätzliche* Schwierigkeiten und Fehlermöglichkeiten beschert.

Im Zusammenhang mit praktischen Anwendungen der Division sollte man daher bei der Auswahl von Textaufgaben bewußt darauf achten, daß die ausgewählten Aufgaben zusätzliche (anschauliche) Lösungsstrategien nahelegen, um so die Schüler *flexibler* in ihrem oft sehr rigiden Lösungsverhalten zu machen.

7.5.7 Unterrichtserfolg und benutzte Methode

Während bei der *Multiplikation* von Brüchen die drei in der Schulrealität der untersuchten Klassen häufiger benutzten Methoden – Verkettung von Operatoren (vgl. II.4); Anwendung eines Operators auf eine Größe (vgl. II.4); Weg über Gleichungsketten – trotz des deutlich höheren Zeitaufwandes insbesondere beim Weg über die Verkettung von Operatoren zu *keinen* signifikanten Unterschieden in den Schülerleistungen führen, sind die Unterschiede bei der *Division* in Abhängigkeit von den benutzten Einführungswegen *sehr erheblich.* Aus dem breiten Spektrum möglicher Ableitungswege der Divisionsregel (die entsprechenden Schulbücher bieten jeweils mindestens 3 Wege an) sind in der Schulwirklichkeit der von uns untersuchten Klassen nur *zwei* Methoden von Bedeutung, und zwar der Weg über Gleichungsketten (GL) sowie der Weg über den Gegenoperator (GOP; vgl. II.4). Die folgenden drei Vergleichsdaten belegen eindeutig die *starken Unterschiede* in der Effizienz dieser beiden Methoden, verdeutlicht am zentralen Bereich der Division von Brüchen, nämlich am Fall *„Bruch durch Bruch“:*

1. Vergleich: Spitzengruppe gegen Schlußlicht

Zur „Spitzengruppe“ fassen wir die 6 besten, zum „Schlußlicht“ die 6 schlechtesten Klassen (bezüglich des Rechenfalls „Bruch durch Bruch“) zusammen.

Wir erhalten folgendes Ergebnis:

	GL	GOP	andere Methoden
Spitzengruppe	4	1	1
Schlußlicht	1	3	2

Verteilung der Klassen auf die verschiedenen Methoden.

2. Vergleich: Erfolgsquote, Auslassungen und typische Fehler

	GL	GOP
richtig (%)	67	48
Auslassungen (%)	19	31

Erfolgsquote und Auslassungen in Abhängigkeit von den benutzten Methoden

Während wir bei der GL–Methode nur *minimal* typische Fehler vorfinden, macht bei der GOP–Methode bei jeder Aufgabe im Durchschnitt jeder 10. Schüler einen typischen Fehler (Multiplikation, Kehrwert vom 1. Bruch oder zweimalige Kehrwertbildung), und zwar besonders häufig die fälschliche Multiplikation. Diese Probleme mit den verschiedenen Komponenten der Divisionsregel (Multiplikation, Kehrwertbildung) bei der GOP–Methode basieren *nicht* auf Unterschieden in der Regelformulierung.

3. Vergleich: Erfolgsquoten der einzelnen Klassen und benutzte Methode.

Für diesen Vergleich betrachten wir exemplarisch die Aufgabe $\frac{2}{3} : \frac{5}{7}$.

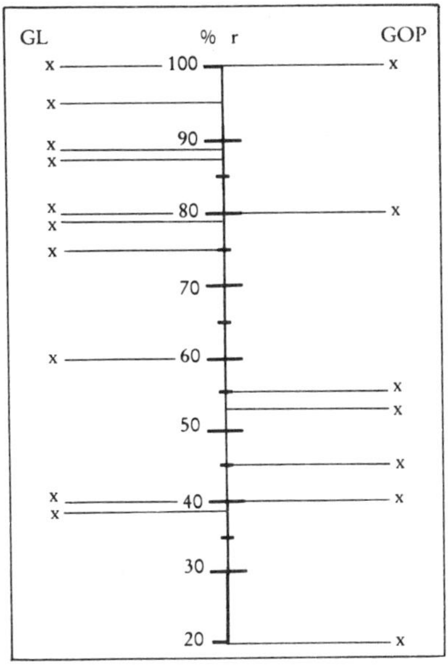

Erfolgsquoten der einzelnen Klassen und benutzte Methode

Die Daten belegen eindeutig einen großen *Vorsprung* der GL–Methode (wesentlich mehr richtige Lösungen, wesentlich seltener Auslassungen). Hierbei deckt die Untersuchung der einzelnen Klassen klar auf, daß der deutliche Vorsprung von GL nicht auf einzelnen „Ausreißern" beruht, sondern auf ***durchgängig besseren*** Ergebnissen der GL–Klassen. Die große Schwankungsbreite innerhalb der einzelnen Methoden weist auf die zusätzliche, große Bedeutung der Lehrerpersönlichkeit (und auch der spezifischen Situation der einzelnen Klassen) hin.

Mit der Gleichungskettenmethode haben also *wesentlich mehr Lehrer wesentlich größere Erfolge* bei den Schülern als mit der Gegenoperatormethode. Die Befunde belegen *nicht*, daß die Gegenoperatormethode schlecht ist, sie belegen *nur*, daß die Lehrer in der Schulrealität mit der Gleichungskettenmethode wesentlich besser zurechtkommen. (Bei der standardisierten Befragung fiel uns bei der Gegenoperatormethode die wesentlich größere Unsicherheit der *Lehrer* auf, ein Punkt, der für den Unterrichtserfolg möglicherweise von großer Bedeutung ist; man vgl. in diesem Zusammenhang auch die interessanten Ausführungen von Lester (1984).) *Weitere* vergleichende Untersuchungen zwischen GL und anderen Methoden sind zur Ergänzung und Abrundung des Bildes sehr wünschenswert.

Wegen *weiterer* – insbesondere amerikanischer – Vergleichsuntersuchungen bezüglich verschiedener Ableitungswege für die Divisionsregel, die allerdings aus verschiedenen Gründen heraus (benutzte Methoden, Art der Präsentation, Umfang der Stichprobe u.a.) für uns nur *wenig* an verwertbaren Hinweisen liefern, sei an dieser Stelle verwiesen auf Padberg (1978) und Grossnickle/Perry (1985).

7.5.8 Hinweise zu Gegenmaßnahmen

Wie schon bei den übrigen Rechenoperationen ist auch bei der Division eine starke *Häufung* der Schülerfehler bei jeweils nur einigen *wenigen* Fehlertypen feststellbar. Daher ist eine gezielte Bekämpfung bzw. Vorbeugung erfolgversprechend. Folgende konkrete Maßnahmen empfehlen sich (wegen allgemeiner Hinweise vgl. 8):

- Eine stärkere Betonung der *anschaulichen Grundvorstellungen* (Messen, Teilen) der Division sowie ein stärkerer Rückgriff hierauf bei der Lösung von einfachen Aufgaben wie $\frac{4}{5} : 2, 1 : \frac{1}{5}$ oder $\frac{4}{5} : \frac{2}{5}$, besonders ausgiebig *vor* der Regelformulierung, aber bewußt auch noch später, um die Schüler flexibler zu machen und ein stures, rein schematisches Aufgabenlösen (etwas) zu verhindern.
- Eine breitere, anschauliche Einübung und Behandlung der Vorstellung eines Bruches als Teil *mehrerer* Ganzer.
- Ein gezieltes *Kontrastieren* von Aufgaben zur Addition und Division (spezieller) gleichnamiger Brüche, um so bei den Schülern mehr Widerstand gegen den naheliegenden – meist nur auf Flüchtigkeit beruhenden – fehlerhaften Transfer zu D 1 aufzubauen.
- Ein bewußtes *Gegenüberstellen* von Multiplikations- und Divisionsaufgaben im allgemeinen Fall, wie schon in 6.5.8 ausgeführt, aber insbesondere auch im Fall „Bruch durch natürliche Zahl".
- Eine sorgfältige Behandlung des fehlerträchtigen Falles *„Bruch durch natürliche Zahl":* Neben anschaulichen Lösungen mit Hilfe

des quasikardinalen Aspekts auf der Grundlage des Teilens (*ohne* Regelformulierung) sollte in diesem Fall wiederum die Einbettung der natürlichen Zahlen in die Bruchzahlen bewußt angesprochen werden.

- Ausformulierung nur *einer* Regel zur Division (vgl. auch Klauer (1984)), um fehlerhafte Überlagerungen und Verwechslungen mit den Regeln im Fall „Bruch durch natürliche Zahl" zu vermeiden; ausdrückliche Erwähnung der Einbettung $n = \frac{n}{1}$ sowie Benutzung einer präzisen – jedoch noch griffigen – Regelformulierung, die durch entsprechende klare Angaben Kehrwertfehler (kein Kehrwert, Kehrwert vorne, zweimal Kehrwert) bei der Division möglichst verhindert.

8. TYPISCHE SCHÜLERFEHLER – ZUSAMMENFASSUNG UND SCHLUSSFOLGERUNGEN

8.1 Mängel bei den anschaulichen Bruchvorstellungen

Beim Lösen von Aufgaben der Bruchrechnung gehen viele Schüler *sehr mechanisch und formal* vor, wie unsere Fehleranalysen belegen. Ihr Lösungsweg ist oft sehr starr und nur wenig flexibel. Krasse Beispiele hierfür sind die sehr häufig extrem formalen und deshalb oft fehlerträchtigen Rechnungen bei Aufgaben wie $3 + \frac{1}{5}, 5 - \frac{1}{3}, 4 \cdot \frac{1}{7}$ oder $1 : \frac{1}{5}$ anstelle einer Lösung durch unmittelbaren Rückgriff auf *anschauliche* Bruchvorstellungen. Ein Beleg hierfür ist aber auch, daß unter semantischen Gesichtspunkten deutlich unterschiedlich schwere Aufgaben wie z.B. $4 \cdot \frac{1}{7}$ und $\frac{2}{11} \cdot 5$ praktisch gleich häufig richtig bzw. falsch gelöst werden, daß also vielfach für die Lösungshäufigkeit nur rein die *syntaktische Ebene* – auf der *kein* Unterschied zwischen den beiden vorstehenden Aufgaben besteht – entscheidend ist. Deutliche *Defizite* bei den Bruchvorstellungen offenbaren aber auch die sehr schwachen Ergebnisse bei Aufgaben wie 3 : 5. Daher ist es äußerst wichtig, daß bei den Schülern *vor* dem Rechnen anhand von Regeln *zunächst* sorgfältig *anschauliche Bruchvorstellungen* aufgebaut werden und diese auch bewußt beim *Lösen* von Aufgaben – besonders zu Beginn, aber auch immer wieder mal später nach der Regelformulierung! – eingesetzt werden. Wichtig ist aber auch, daß die Schüler dazu angehalten werden zu prüfen, ob ein gefundenes Ergebnis von der *Größenordnung* her überhaupt stimmen kann. Dieses *Abschätzen* muß ganz bewußt eingeübt werden, da die Schüler hiermit sonst große Schwierigkeiten haben, wie die von Post (1981) geschilderten Ergebnisse einer amerikanischen Repräsentativerhebung eindrucksvoll belegen.

8.2 Wichtige Fehlerrahmen

Die von uns im Bereich der Bruchrechnung analysierten Schülerfehler sind nur selten zufällig und regellos, sondern weisen sehr häufig eine bestimmte Regelstruktur auf und werden oft sogar *systematisch* gemacht. Die – hierbei beobachtete – starke Konzentration der Fehler auf nur *einige wenige* dominante Fehlertypen erleichtert gezielte Maßnahmen.

Zwei äußerst fehlerträchtige Fehlerrahmen oder –frames sind deutlich zu erkennen, und zwar einmal der *Multiplikationsrahmen* $\frac{a}{b} \circ \frac{c}{d} = \frac{a \circ c}{b \circ d}$ bzw. $n \circ \frac{a}{b} = \frac{n \circ a}{b}$, der bei der Addition und Subtraktion von Brüchen bzw. von natürlichen Zahlen und Brüchen für einen Großteil der Fehler verantwortlich ist (A 1, A 2, S 1, S 2), sowie der *Additionsrahmen* $\frac{a}{b} \circ \frac{c}{b} = \frac{a \circ c}{b}$, der bei der Multiplikation und in Sonderfällen auch bei der Division *gleichnamiger* Brüche eine sehr große Rolle spielt (M 1, D 1), während er bei der Multiplikation *ungleichnamiger* Brüche (natürlich) in seiner Bedeutung als Fehlerquelle deutlich zurücktritt. Die Betonung des *quasikardinalen* Aspekts der Bruchzahlen (bei den entsprechenden Additions- und Subtraktionsaufgaben) sowie ein bewußtes *Kontrastieren* der Additions- /Subtraktionsaufgaben mit den entsprechenden Multiplikationsaufgaben kann – neben den in 8.1 genannten Maßnahmen – helfen, die Schüler gegen die fälschliche Anwendung des Additions- und des Multiplikationsrahmens resistenter zu machen.

8.3 Problembereich: „Gemischte" Fälle

Bei allen vier Rechenoperationen bereiten die *„gemischten Fälle"* (Bruch und natürliche Zahl kombiniert) wesentlich *mehr* Schwierigkeiten als die Standardfälle (beide Zahlen Brüche). Neben deutlichen Defiziten in den anschaulichen Grundlagen und einer Unterschätzung und entsprechend einer Vernachlässigung dieser Fälle speziell bei der Additon und z.T. auch bei der Subtraktion durch die Lehrer sind hierfür vor allem Schwierigkeiten der Schüler mit der *Einbettung der natürlichen Zahlen in die Bruchzahlen* verantwortlich. Daher ist eine gründliche und anschauliche Behandlung dieser Einbettung unter gleichzeitiger Beachtung der *fehlerhaften Standardstrategien* $n = \frac{n}{n}$ bzw. $n = \frac{n}{m}$ (wobei m der nächste „greifbare" Nenner in der Aufgabe ist) äußerst wichtig.

8.4 Zur Bedeutung sorgfältiger Regelableitungen

Zur Vermeidung von rein formalen Regelanwendungen ist eine sorgfältige und nicht zu frühzeitige *Regelableitung* unbedingt erforderlich. Dieses Vorgehen ermöglicht ein besseres Verständnis, eine bessere langfristige Rückerinnerung und eine bessere Rekonstruktion der Regel im

Falle des Vergessens. Wichtig ist aber auch, daß die Rechenregeln und die inhaltlichen Bruchvorstellungen zueinander in Beziehung gesetzt werden, und nicht im Kopf der Schüler – wie häufiger zu beobachten – isoliert und unabhängig voneinander existieren. Im Verlauf des Bruchrechenlehrgangs sollten nur möglichst wenige, einprägsame Rechenregeln formuliert werden (vgl. auch 6.5.8, 7.5.3, 7.5.8).

8.5 Additions– oder Multiplikationsbeginn in der Bruchrechnung?

Unsere Befunde sprechen massiv *für* einen *Beginn* der Bruchrechnung *mit der Addition* und *gegen* einen Beginn mit der Multiplikation. Während im Bereich der Multiplikation *keine* signifikanten Unterschiede zwischen den Lösungsquoten bestehen, finden wir bei der Addition, Subtraktion und auch bei der Division (dort bedingt durch unterschiedliche Methoden) *krasse Unterschiede* zugunsten eines Beginns mit der Addition (vgl. 4.4.2.1, 7.5.7). Eine wichtige *Ursache* hierfür ist die *häufigere* Übertragung des Multiplikationsrahmens auf die Addition und Subtraktion durch *die* Schüler, die mit der *Multiplikation* beginnen, wogegen der Additionsrahmen schon wegen seines hohen Komplexitätsgrades bei beiden Gruppen *vergleichbar häufig* bei der Multiplikation und Division fehlerhaft verwandt wird. Neben diesen empirischen Befunden sprechen aber auch eine Reihe *anderer* Argumente für den *Additionsbeginn:* So erfolgt z.B. dann die Abfolge der Rechenoperationen entsprechend dem „gesunden Menschenverstand“ (Kirsch (1975)), brauchen die einfachen und alltäglichen Sachaufgaben mit Additions– oder Subtraktionsstruktur nicht gekünstelt bis fast an das Ende des Lehrgangs geschoben zu werden, stehen die zur Vereinfachung einer Reihe von Aufgaben und für Größenvorstellungen notwendigen gemischten Zahlen frühzeitig zur Verfügung oder kann man so gut gestuft schrittweise die Multiplikation einführen.

8.6 Bemerkungen zum Operatorkonzept

Nach unseren Befunden bringt der *Einsatz von Operatoren* in der Bruchrechnung – in der bei uns üblichen *formalisierten* Form – in der Schulrealität *massive Nachteile* und kaum Vorteile mit sich. So können wir trotz des erhöhten Stoff- und Zeitumfangs bei den drei Gebieten, wo ggf. Operatoren eingesetzt werden, nämlich beim Kürzen, Multiplizieren und Dividieren, *keine* Vorteile des Opertoreinsatzes insgesamt erkennen. Genauer gilt: Während beim Kürzen und Multiplizieren keine signifikanten Vorteile erkennbar sind, beobachten wir im Fall der Division in der Schulrealität für viele Lehrer massive Nachteile (vgl. 7.5.7). Der mit dem Operatoreinsatz stark verknüpfte Beginn des Bruchrechenlehrgangs mit der *Multiplikation* bringt – wie im vorigen Absatz belegt – massive Nachteile bei der Addition und Subtraktion mit sich, ebenso wie die Zerlegung der Bruchzahlen bei Operatorkonzepten in zwei recht selbständige Teilkomponenten nach unserer Einschätzung die Benutzung des Multiplikationsrahmens bei der Addition und Subtraktion begünstigt. Auch zahlt sich das formale Arbeiten mit Operatoren offenbar unter Anwendungsgesichtspunkten *nicht* aus (vgl. 6.5.7). Wegen *weiterer* Probleme im Zusammenhang mit dem Einsatz von Operatoren sei an dieser Stelle auf eine entsprechende Arbeit von Schwartze (1978) verwiesen.

8.7 Schlußbemerkung

Bei unserer Untersuchung konnten wir häufiger das Phänomen beobachten, daß einige Fehler in manchen Klassen *gehäuft* auftreten, während sie wiederum in anderen Klassen nur eine *sehr geringe* oder keine Rolle spielen, und dies trotz einer – nach den erhobenen Daten zu urteilen – *praktisch gleichen* Vorgehensweise dieser Lehrer. Hierfür könnte nach unserer Einschätzung von entscheidender Bedeutung sein, ob und wieweit die betreffenden Lehrer typische Schwierigkeiten und Fehlerstrategien der Schüler in der Bruchrechnung kennen und hieraus bewußt Konsequenzen für die Gestaltung ihres Unterrichts ziehen. Entsprechende Hilfen und Anregungen hierzu will dieser Band liefern.

IV. MATHEMATISCHE FUNDIERUNG DER BRUCHRECHNUNG

In diesem Abschnitt zeigen wir auf, wie im vorigen Kapitel *stärker anschaulich* begründete Aussagen über Bruchzahlen auf der Basis einer axiomatischen Charakterisierung von sogenannten *Größenbereichen exakt abgeleitet* werden können. Entsprechend dieser Zielsetzung sind die folgenden Definitionen sowie Sätze nebst Beweisen ausschließlich als *Hintergrundwissen* für den Lehrer gedacht und keineswegs für eine Umsetzung im Unterricht der 6. Klasse bestimmt. Wir haben die Aussagen im Kapitel III. bewußt stark anschaulich und an der Unterrichtspraxis orientiert begründet und gehen erst hier – gewissermaßen in Form eines Spiralcurriculums für den Leser – knapp auf eine stärker *formal orientierte Fundierung* dieser Aussagen ein. Abweichend vom sonstigen Aufbau dieses Bandes numerieren wir in diesem Abschnitt die Definitionen und Sätze durch, um so bequemer auf sie zurückverweisen zu können.

1. DIVISIBLE GRÖSSENBEREICHE

Wir haben bislang schon an vielen Stellen anschaulich mit *Größen* gearbeitet. So bilden Längen, Flächeninhalte, Volumina, Zeitspannen, Gewichte oder Geldwerte wichtige Beispiele hierfür. Wir wollen jetzt Größen *axiomatisch* charakterisieren. Untersucht man dazu die genannten Größen auf *strukturelle Gemeinsamkeiten*, so wird man etwa zu folgender Definition geführt:

Definition 1 (Größenbereich):

Eine Menge G mit einer Verknüpfung + und einer Relation $<$ nennen wir genau dann einen *Größenbereich*, falls für $a, b, c \in G$ stets gilt:

(1) $a + b = b + a$ (Kommutativgesetz)

(2) $(a + b) + c = a + (b + c)$ (Assoziativgesetz)

(3) Entweder gilt $a < b$ oder $b < a$ oder $a = b$ (Trichotomiegesetz)

(4) Die Gleichung $a + x = b$ ist in G lösbar genau dann, wenn $a < b$.

Die Elemente eines Größenbereichs bezeichnen wir als *Größen*.

Die genannten Beispiele weisen *weitere strukturelle Gemeinsamkeiten* auf, die jedoch aus den in der Definition genannten Eigenschaften *abgeleitet* werden können. Aus „Minimalitätsgründen" beschränken wir uns daher in der Definition auf die vier genannten Eigenschaften.

Daß Größen wie Längen, Flächeninhalte, Volumina, Zeitspannen, Gewichte oder Geldwerte diesen Gesetzen gehorchen und damit – bei axiomatischer Betrachtungsweise – *Modelle* von Größenbereichen sind, klären wir im folgenden am Beispiel der – für die Bruchrechnung besonders wichtigen – *Längen* ab. Dazu präzisieren wir zunächst den Zusammenhang zwischen *Repräsentanten* und *Größen*.

Betrachten wir eine Menge von Strecken, so ist dort die Relation „... ist deckungsgleich (kongruent) zu ..." eine *Äquivalenzrelation*, da sie offensichtlich reflexiv, symmetrisch und transitiv ist. Daher bewirkt diese Relation eine *Klasseneinteilung* dieser Menge, d.h. eine restlose Zerlegung in nichtleere, paarweise disjunkte Teilmengen.

Beispiel:

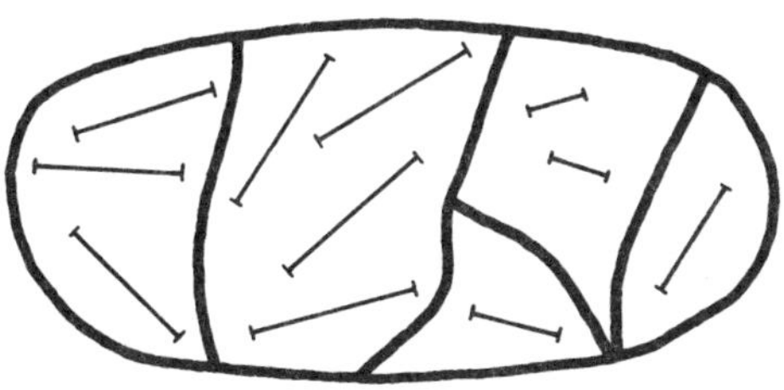

In diesem Beispiel wird die gegebene Menge in 5 Klassen zerlegt. Die gemeinsame Eigenschaft aller (kongruenten) Strecken einer Klasse nennen wir ihre *Länge*. Jede *Strecke* einer Klasse wird ein *Repräsentant* dieser Länge genannt. In Anlehnung an Kirsch (1970) kann man den Zusammenhang zwischen Längen und Strecken, also den Zusammenhang zwischen *Größen* und *Repräsentanten*, folgendermaßen einprägsam darstellen: (Vgl. die folgende Seite oben.)

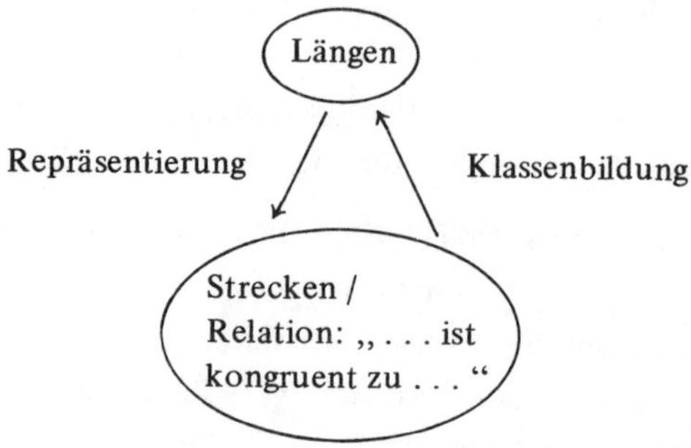

Eine *„Addition“* von Längen erklären wir durch Rückgriff auf Strecken bzw. Stäbe als zugehörige Repräsentanten: Man addiert zwei Längen l_1 und l_2, indem man Strecken (Stäbe) dieser Längen in einer Richtung nacheinander abträgt (aneinandersetzt). Die Länge der hierdurch erhaltenen Gesamtstrecke (des hierdurch erhaltenen Gesamtstabes) bezeichnen wir als Summe $l_1 + l_2$ der Längen l_1 und l_2.

Beispiel:

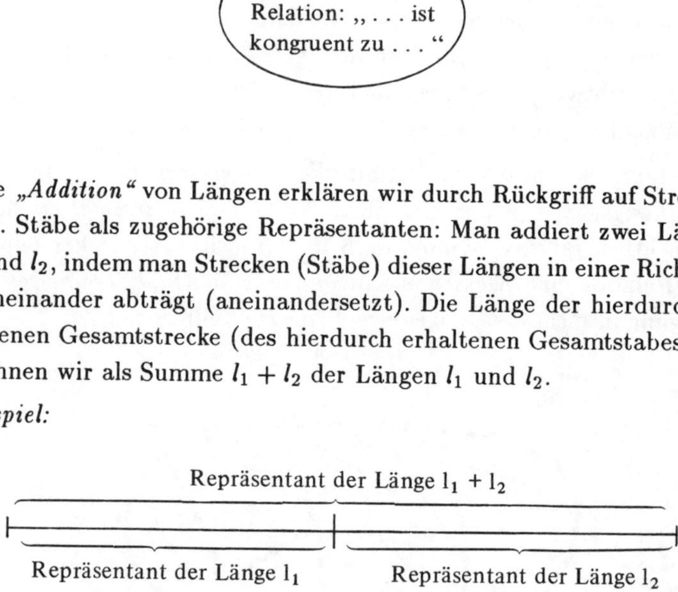

Damit die vorstehende Definition sinnvoll ist, muß gewährleistet sein, daß die Summe $l_1 + l_2$ unabhängig von der speziellen Auswahl der Repräsentanten der Längen l_1 und l_2 *stets gleich* ist *(Repräsentantenunabhängigkeit)*. Dies ist anschaulich unmittelbar klar. Exakt läßt sich dies hier – wie auch bei den folgenden Aussagen – durch Rückgriff auf Gesetze der Geometrie begründen. Die vorstehend eingeführte Addition von Längen ist kommutativ und assoziativ; denn für die Länge der Gesamtstrecke (des Gesamtstabes) spielt die Reihenfolge des Abtragens (des Aneinandersetzens) keine Rolle (Kommutativität), ebenso kommt es hierfür auf die Art der Zusammenfassung der Teilstrecken (der Teilstäbe) zur Gesamtstrecke (zum Gesamtstab) nicht an (Assoziativität).

Auch die *Kleinerrelation* bei Längen erklärt man durch Rückgriff auf die Repräsentantenebene. So stellt man bei 2 Strecken etwa durch Abtragen mit einem Zirkel oder bei 2 Stäben durch Nebeneinanderlegen fest, ob eine Strecke (ein Stab) *kürzer* ist als die zweite Strecke (der zweite Stab) und definiert: Für zwei Längen l_1 und l_2 gilt $l_1 < l_2$ genau dann, wenn ein Repräsentant von l_1 *kürzer* ist als ein Repräsentant von l_2.

Da für zwei Strecken bzw. Stäbe s_1 und s_2 stets genau einer der folgenden drei Fälle gilt: s_1 ist kürzer als s_2, s_2 ist kürzer als s_1 oder s_1 ist genau so lang wie s_2, erhalten wir bei Übergang zu den zugehörigen Längen das sogenannte *Trichotomiegesetz:* Für zwei Längen l_1 und l_2 gilt stets entweder $l_1 < l_2$ oder $l_2 < l_1$ oder $l_1 = l_2$.

Auch die Forderung (4) der Größendefinition ist für Längen erfüllt, wie man sich durch Rückgriff auf die Repräsentantenebene unmittelbar anschaulich klarmachen kann.
Gilt $l_1 < l_2$, so gilt für Repräsentanten s_1 und s_2, daß s_1 kürzer ist als s_2.

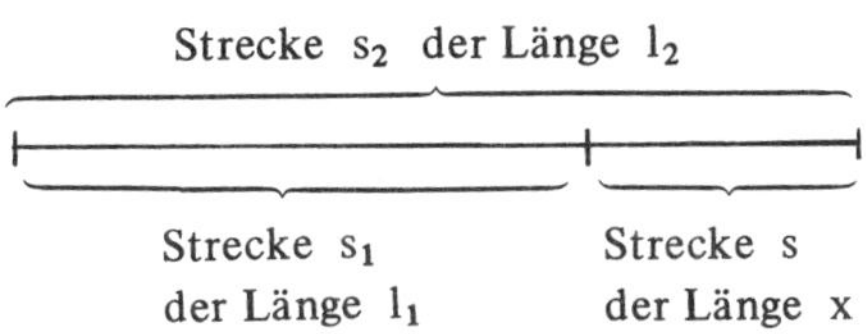

Dann gibt es aber auch eine Strecke s der Länge x, so daß für die zugehörigen Längen gilt: $l_1 + x = l_2$.
Gilt umgekehrt für die Längen, daß $l_1 + x = l_2$ lösbar ist, so gibt es auch eine Strecke s der Länge x, also ist die Strecke s_1 kürzer als die Strecke s_2, also gilt: $l_1 < l_2$.

Über die in Definition 1 festgehaltenen Eigenschaften von Größenbereichen hinaus können wir bei Längen aber auch noch im Fall $l_2 < l_1$

eine *Subtraktion* $l_1 - l_2$ mit Hilfe von *Repräsentanten folgendermaßen einführen:* Von einer Strecke der Länge l_1 trennen wir auf einer Seite eine Strecke der Länge l_2 ab.

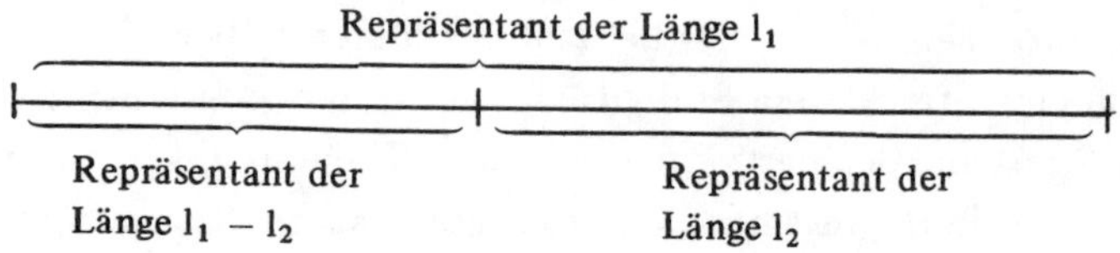

Die so erhaltene Reststrecke ist ein Repräsentant der Länge $l_1 - l_2$. Diese Subtraktion können wir jedoch nicht nur im Größenbereich der Längen, sondern sogar in ***beliebigen*** Größenbereichen einführen. Man kann nämlich leicht nachweisen, daß die als Punkt (4) in Definition 1 genannte Gleichung $a + x = b$ im Falle $a < b$ *genau eine* Lösung hat. Für diese Lösung schreibt man wie etwa auch in $\mathbb{N}$ üblich $b - a$ und führt so die Subtraktion für beliebige Größenbereiche ein (vgl. Kirsch (1970)).

Wir können für Längen aber auch noch eine *Multiplikation oder auch Vervielfachung mit natürlichen Zahlen* durch Rückgriff auf die Addition einführen, analog wie man auch in $\mathbb{N}$ die Multiplikation als „verkürzte“ Addition einführen kann. Wir führen dies sofort für beliebige Größenbereiche ein:

Definition 2:

Für natürliche Zahlen n und Größen a eines Größenbereichs definieren wir $a \cdot n$ durch:

$$a \cdot n = \underbrace{a + a + \ldots + a}_{\text{n Summanden}}$$

Wir erhalten also beispielsweise einen Repräsentanten der Länge $l \cdot n$, indem wir n Repräsentanten der Länge l aneinandersetzen.

Die Schreibweise

$$\underbrace{a + a + \ldots + a}_{\text{n Summanden}}$$

ist etwas vage. Präziser können wir das Produkt mittels einer sogenannten „rekursiven Definition“ einführen (vgl. Kirsch (1970)).

Definition 2 a:

Für natürliche Zahlen n und Größen a eines Größenbereichs setzen wir:

$$a \cdot 1 = a$$

und

$$a \cdot (n+1) = a \cdot n + a$$

Hierdurch ist der Ausdruck $a \cdot n$ für alle $n \in \mathbb{N}$ definiert; denn wir erhalten so:

$$a \cdot 2 = a \cdot (1+1) = a \cdot 1 + a = a + a$$

$$a \cdot 3 = a \cdot (2+1) = a \cdot 2 + a = (a+a) + a = a + a + a$$

usw.

Neben den bisher behandelten Operationen können wir im Größenbereich der Längen auch eine *Division durch natürliche Zahlen* einführen. Hierzu teilen wir einen Repräsentanten der Länge l in n *gleichlange* Teilstrecken. Jede so erhaltene Teilstrecke ist ein Repräsentant der Länge $l : n$. Das in der folgenden Figur skizzierte geometrische Verfahren, das auf den Strahlensätzen basiert, gestattet es, von jeder gegebenen Strecke den n–ten Teil zu bestimmen. Wir veranschaulichen es für den Fall $n = 3$ (vgl. III.1.1): (Vgl. die folgende Seite oben.)

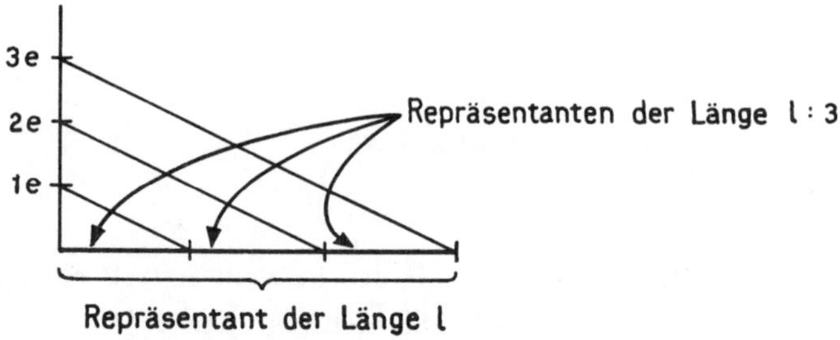

Im Größenbereich der Längen ist also für $n \in \mathbb{N}$ und Längen l die Gleichung $x \cdot n = l$ *stets* lösbar.

Im Gegensatz zu den bisher behandelten Operationen können wir die Division durch natürliche Zahlen *nicht* generell in *beliebigen* Größenbereichen einführen. Betrachten wir nämlich Münzen und Geldscheine als Repräsentanten für Geldwerte, so können wir diese Division im *Größenbereich der Geldwerte* nicht generell einführen; denn es gibt beispielsweise *keinen* Repräsentanten für 1 DM : 3. Denkt man bei Geldwerten jedoch statt an Geldscheine oder Münzen an Buchungsvorgänge als Repräsentanten, so können wir auch in diesem Fall faktisch jeden Geldwert durch jede natürliche Zahl dividieren. Die obige Division können wir jedoch sicher *nicht* stets im *Größenbereich der natürlichen Zahlen* durchführen. Die natürlichen Zahlen erfüllen nämlich unter der Addition und Kleinerrelation offensichtlich die Größenbereichsaxiome, sie bilden also einen Größenbereich. Wir wissen jedoch, daß in $\mathbb{N}$ keineswegs stets durch natürliche Zahlen dividiert werden kann, so ist etwa $5 : 2$ oder $7 : 3$ in $\mathbb{N}$ unlösbar.

Größenbereiche G, in denen wir speziell *jede* Größe a durch *jede* natürliche Zahl n dividieren können, in denen also *jede* Gleichung $x \cdot n = a$ mit $n \in \mathbb{N}$ und $a \in G$ in G *eindeutig lösbar* ist, bezeichnen wir speziell als *divisible Größenbereiche* oder auch als *Größenbereiche* mit *Teilbarkeitseigenschaft.* Da wir jedoch im folgenden (im Satz 2) zeigen können, daß in beliebigen Größenbereichen G die Gleichung $x \cdot n = a$ mit $n \in \mathbb{N}$ und $a \in G$ *höchstens eine* Lösung in G besitzt, können wir die Zusatzforderung schwächer formulieren:

Definition 3 (Divisibler Größenbereich):

Wir nennen einen Größenbereich G genau dann einen ***divisiblen Größenbereich*** oder einen *Größenbereich* mit *Teilbarkeitseigenschaft*, wenn für $a \in G$ und $n \in \mathbb{N}$ die Gleichung $x \cdot n = a$ in G ***stets lösbar*** ist.

Alle bisher genannten Größenbereiche mit Ausnahme des Größenbereichs der natürlichen Zahlen und eventuell des Größenbereichs der Geldwerte sind divisible Größenbereiche.

2. EINFACHE FOLGERUNGEN

Im folgenden leiten wir zunächst einige einfache Aussagen über divisible Größenbereiche ab (Sätze 1 bis 4), die wir für die anschließende exakte Begründung von Aussagen über Bruchzahlen benötigen.

Satz 1: Für Größen a, b eines Größenbereichs G und natürliche Zahlen m, n gilt stets:

(1) $(a + b) \cdot n = a \cdot n + b \cdot n$

(2) $a \cdot (m + n) = a \cdot m + a \cdot n$

(3) $a \cdot (m \cdot n) = (a \cdot m) \cdot n$

Wir beweisen an dieser Stelle exemplarisch nur die Aussage (1), und zwar einmal durch Rückgriff auf die *mehr anschauliche* Definition 2 sowie anschließend durch Rückgriff auf die *rekursive* Definition dieses Produktes (Def. 2 a).

a) $$(a + b) \cdot n = \underbrace{(a + b) + (a + b) + \ldots + (a + b)}_{\text{n Summanden}}$$

$$= \underbrace{(a + a + \ldots + a)}_{\text{n Summanden}} + \underbrace{(b + b + \ldots + b)}_{\text{n Summanden}}$$

$$= a \cdot n \quad + \quad b \cdot n$$

Hierbei wenden wir im Beweisgang neben der Produktdefinition nur noch das Assoziativ- und Kommutativgesetz für Größen bezüglich der Verknüpfung $+$ an.

b) Bei Benutzung der *rekursiven* Definition müssen wir den Beweis mittels *vollständiger Induktion* führen.

Die Gleichung $(a+b) \cdot n = a \cdot n + b \cdot n$ ist für $n = 1$ richtig; denn nach Definition gilt:

$$(a+b) \cdot 1 = a + b = a \cdot 1 + b \cdot 1$$

(Induktionsanfang)

Die Gleichung sei richtig für $n = k$. Es sei also:

$$(a+b) \cdot k = a \cdot k + b \cdot k$$

(Induktionsannahme)

Dann folgt für $n = k + 1$

$(a+b) \cdot (k+1) = (a+b) \cdot k + (a+b)$ nach Definition

$= (a \cdot k + b \cdot k) + (a+b)$ nach Induktionsannahme

$= (a \cdot k + a) + (b \cdot k + b)$ Assoziativ- und Kommutativgesetz für Größen

$= a \cdot (k+1) + b \cdot (k+1)$ nach Definition

Also gilt für alle $n \in \mathbb{N}$:

$$(a+b) \cdot n = a \cdot n + b \cdot n$$

In Definition 3 fordern wir, daß in *divisiblen* Größenbereichen die Gleichung $x \cdot n = a$ für $a \in G$ und $n \in \mathbb{N}$ in G *stets* lösbar ist. Im folgenden Satz weisen wir nach, daß in beliebigen Größenbereichen jede Gleichung $x \cdot n = a$ mit $a \in G$ *höchstens eine* Lösung in G besitzt.

Satz 2:

In einem Größenbereich G hat jede Gleichung $x \cdot n = a$ mit $n \in \mathbb{N}$ und $a \in G$ *höchstens eine* Lösung in G.

Beweis:

Wir nehmen an, die obige Gleichung besäße zwei verschiedene Lösungen b und c mit $b, c \in G$. Dann gilt $b \cdot n = a$ und $c \cdot n = a$. Ohne Beschränkung der Allgemeinheit nehmen wir an, daß gilt:

$$b < c.$$

Dann gibt es nach Definition 1 eine Größe x mit $b + x = c$, also gilt:

$$a = c \cdot n = (b + x) \cdot n \underset{(*)}{=} b \cdot n + x \cdot n = a + x \cdot n,$$

also: $a = a + x \cdot n$,
also nach Definition 1: $a < a$.

Dies ist ein Widerspruch, also war unsere Annahme falsch, also besitzt $x \cdot n = a$ höchstens eine Lösung. Hierbei benutzen wir an der Stelle $(\star)$ Satz 1.

Satz 2 garantiert uns, daß in *divisiblen* Größenbereichen jede Gleichung $x \cdot n = a$ mit $a \in G$ und $n \in \mathbb{N}$ *genau eine* Lösung in G hat, d.h. daß wir in divisiblen Größenbereichen *jede* Größe a durch *jede* natürliche Zahl n dividieren können. Für diese Lösung führen wir folgende Schreibweise ein:

Definition 4:

G sei ein divisibler Größenbereich, $a \in G, n \in \mathbb{N}$. Für die eindeutig bestimmte Lösung der Gleichung $x \cdot n = a$ schreiben wir $a : n$.

Dem folgenden Satz entnehmen wir, daß das Multiplizieren einer Größe a eines divisiblen Größenbereichs mit n und das anschließende Dividieren durch n in dieser oder umgekehrter Reihenfolge sich gegenseitig „aufheben“:

Satz 3:

In einem divisiblen Größenbereich G gilt für $a \in G$ und $n \in \mathbb{N}$ stets

$$(a : n) \cdot n = (a \cdot n) : n = a$$

Beweis:

(1) $a : n$ ist die in einem divisiblen Größenbereich eindeutig bestimmte Lösung der Gleichung $x \cdot n = a$, also gilt stets: $(a : n) \cdot n = a$.

(2) $(a \cdot n) : n$ ist die in einem divisiblen Größenbereich eindeutig bestimmte Lösung von $x \cdot n = a \cdot n$. Da a offensichtlich auch eine Lösung dieser Gleichung ist, gilt wegen der Eindeutigkeit:

$$(a \cdot n) : n = a$$

Aus (1) und (2) folgt: $(a : n) \cdot n = (a \cdot n) : n = a$.

Bezüglich des Teilens von Größen benötigen wir für das Folgende nachstehende Aussage:

Satz 4:

Für Größen a eines divisiblen Größenbereichs G und natürliche Zahlen m, n gilt stets:

$$(a : m) : n = a : (m \cdot n)$$

Beweis:

Kürzen wir für den Beweis die Größe $(a : m) : n$ durch b ab, also

$$b \underset{Df.}{=} (a : m) : n,$$

so gilt:

$a : m = b \cdot n$ nach Satz 3 bzw. Def. 4
$a = (b \cdot n) \cdot m$ nach Satz 3 bzw. Def. 4
$a = b \cdot (n \cdot m)$ nach Satz 1
$a = b \cdot (m \cdot n)$ wegen des Kommutativgesetzes in $\mathbf{N}$

Hieraus folgt:

$$a : (m \cdot n) = b$$

Insgesamt folgt:

$$(a : m) : n = a : (m \cdot n)$$

3. ZUR MATHEMATISCHEN FUNDIERUNG VON AUSSAGEN ÜBER BRUCHZAHLEN

Auf der Grundlage der vorstehenden Sätze und der axiomatischen Charakterisierung von Größenbereichen können wir jetzt die angekündigte mathematische Fundierung von Aussagen über Bruchzahlen durchführen. Wir beginnen mit dem Nachweis, daß wir bei der Vertauschung der Reihenfolge des Multiplizierens und Dividierens bei beliebigen Größen[1]

[1] Entsprechend der Schreibweise bei der Behandlung der beiden Grundvorstellungen in III.1.1 schreiben wir hier für beliebige Größen e (statt des bislang benutzten a). Wir benutzten dort die Bezeichnung e für Größen, um zu betonen, daß wir Größen*einheiten* betrachten.

eines divisiblen Größenbereichs, also sowohl durch $(e : n) \cdot m$ wie auch durch $(e \cdot m) : n$, stets dieselbe Größe erhalten und daß daher bei der Einführung der Bruchzahlen nach dem Größenkonzept ***beide Grundvorstellungen*** gleichwertig sind (man vgl. III.1.1).

Satz 5:

In einem divisiblen Größenbereich G gilt für $e \in G$ und $m, n \in \mathbb{N}$ stets:

$$(e : n) \cdot m = (e \cdot m) : n$$

Beweis:

$$e \cdot m \underset{(*)}{=} [(e : n) \cdot n] \cdot m \underset{(**)}{=} (e : n) \cdot (n \cdot m) \underset{(***)}{=} (e : n) \cdot (m \cdot n) \underset{(**)}{=} [(e : n) \cdot m] \cdot n$$

Wir haben also gezeigt:

$$e \cdot m = [(e : n) \cdot m] \cdot n$$

Dann gilt auch:

$$(e \cdot m) : n = (e : n) \cdot m$$

Hierbei greifen wir bei (*) auf Satz 3, bei (**) auf Satz 1 und bei (***) auf das Kommutativgesetz in $\mathbb{N}$ zurück.

Wegen Satz 5 ist es sinnvoll, folgende Abkürzung einzuführen:

Definition 5:

G sei ein divisibler Größenbereich, $m, n \in \mathbb{N}$, $e \in G$. Für $(e : n) \cdot m$ führen wir folgende Schreibweise ein:

$$\frac{m}{n} e = (e : n) \cdot m$$

Bemerkung:

Wegen Satz 5 gilt offenbar auch $\frac{m}{n} e = (e \cdot m) : n$.

Auch das *Erweitern und Kürzen* läßt sich jetzt exakt begründen.

Satz 6:

In einem divisiblen Größenbereich G gilt für $e \in G$ und $m, n, k \in \mathbb{N}$ stets:

$$\frac{m}{n} e = \frac{mk}{nk} e$$

Beweis:

$\frac{m}{n}e = (e : n) \cdot m \underset{(*)}{=} \{[(e : n) \cdot m] : k\} \cdot k \underset{(**)}{=} \{[(e : n) : k] \cdot m\} \cdot k$
$\underset{(***)}{=} [(e : n) : k] \cdot (m \cdot k) \underset{(****)}{=} [e : (n \cdot k)] \cdot (m \cdot k) = \frac{mk}{nk}e$

Hierbei greifen wir neben der Definition von $\frac{m}{n}e$ an der Stelle (*) auf Satz 3, an der Stelle (**) auf Satz 5, an der Stelle (***) auf Satz 1 und an der Stelle (****) auf Satz 4 zurück.

Ebenso können wir jetzt auch die Einführung der *Addition* von Bruchzahlen nach dem Größenkonzept fundieren:

Satz 7:

Für Größen e eines divisiblen Größenbereichs und $m, n, p \in \mathbb{N}$ gilt stets:

$$\frac{m}{n}e + \frac{p}{n}e = \frac{m+p}{n}e$$

Beweis:

$\frac{m}{n}e + \frac{p}{n}e = (e : n) \cdot m + (e : n) \cdot p$
$\underset{(*)}{=} (e : n) \cdot (m + p) = \frac{m+p}{n}e.$

An der Stelle (*) benutzen wir den Satz 1.

Auch die Sätze über die *Division einer Bruchzahl durch eine natürliche Zahl* bzw. über die *Multiplikation mit einer natürlichen Zahl* lassen sich jetzt leicht exakt begründen, wie wir dem folgenden Satz entnehmen können:

Satz 8:

Für Größen e eines divisiblen Größenbereichs G und $n, p, q \in \mathbb{N}$ gilt stets:[1]

(a) $n \cdot \frac{p}{q}e = \frac{n \cdot p}{q}e$

(b) $\frac{p}{q}e : n = \frac{p}{q \cdot n}e$

Beweis:

[1] Hierbei definieren wir: $n \cdot \frac{p}{q}e \underset{Df}{=} \frac{p}{q}e \cdot n$. Wir schreiben das Produkt in diesem Satz in dieser Reihenfolge, damit dieser Satz im äußeren Aufbau mit dem entsprechenden Satz im Abschnitt III.6 über die Multiplikation von Bruchzahlen mit natürlichen Zahlen übereinstimmt.

(a) $n \cdot \frac{p}{q}e = [(e:q) \cdot p] \cdot n \underset{(x)}{=} (e:q) \cdot (p \cdot n) \underset{(xx)}{=} (e:q)(n \cdot p) = \frac{n \cdot p}{q}e$

An der Stelle (x) benutzen wir Satz 1, an der Stelle (xx) das Kommutativgesetz in $\mathbb{N}$.

(b) $\frac{p}{q}e : n = [(e:q) \cdot p] : n \underset{(x)}{=} [(e:q):n] \cdot p \underset{(xx)}{=} [e:(q \cdot n)] \cdot p = \frac{p}{qn}e.$

Wir greifen hierbei bei (x) auf den Satz 5, bei (xx) auf den Satz 4 zurück.

Grundlage für die Definition des *Produktes* von zwei Bruchzahlen im Sinne des von–Ansatzes (vgl. III. 6.3.1) ist der folgende Satz:

Satz 9:

Für Größen e eines divisiblen Größenbereichs G und $m, n, p, q \in \mathbb{N}$ gilt stets:

$$\frac{m}{n}(\frac{p}{q}e) = \frac{m \cdot p}{n \cdot q}e$$

Beweis:

$\frac{m}{n}(\frac{p}{q}e) = [(\frac{p}{q}e):n] \cdot m \underset{(x)}{=} \frac{p}{q \cdot n}e \cdot m \underset{(x)}{=} \frac{p \cdot m}{q \cdot n}e \underset{(xx)}{=} \frac{m \cdot p}{n \cdot q}e$

Hierbei verwenden wir an den Stellen (x) den Satz 8, an der Stelle (xx) das Kommutativgesetz in $\mathbb{N}$.

Bemerkung:

$\frac{m}{n}(\frac{p}{q}e)$ können wir auch lesen als $\frac{m}{n}$ von $\frac{p}{q}e$.

Zum Abschluß dieses Abschnittes zeigen wir noch auf, wie wir auf der Grundlage der axiomatischen Charakterisierung von Größenbereichen neben den bisher behandelten Rechenoperationen auch Aussagen über die *Kleinerbeziehung bei Bruchzahlen* ableiten können:

Satz 10:

Für Größen e eines divisiblen Größenbereichs G und $m, n, p \in \mathbb{N}$ gilt stets:

$\frac{m}{n}e < \frac{p}{n}e$ genau dann, wenn $m < p$.

Der *Beweis* besteht aus zwei *Teilschritten*:

1. Wenn $m < p$, dann gilt $\frac{m}{n}e < \frac{p}{n}e$.

Sei also $m < p$, dann gibt es eine natürliche Zahl q mit $m + q = p$. Also gilt:

$$\frac{p}{n}e = (e : n) \cdot p = (e : n) \cdot (m + q)$$

$$\underset{(*)}{=} (e : n) \cdot m + (e : n) \cdot q$$

und daher nach Definition 1:

$$(e : n) \cdot m < (e : n) \cdot p,$$

also

$$\frac{m}{n}e < \frac{p}{n}e.$$

Hierbei benutzten wir an der Stelle (*) Satz 1.

2. Wenn $\frac{m}{n}e < \frac{p}{n}e$, dann gilt $m < p$.

   Statt dieser Aussage beweisen wir die hierzu gleichwertige *Kontraposition:* Wenn $m \geqslant p$, dann gilt $\frac{m}{n}e \geqslant \frac{p}{n}e$.
   Sei also $m \geqslant p$, d.h. $m = p$ oder $m > p$.
   Gilt $m = p$, so ist trivialerweise $\frac{m}{n}e = \frac{p}{n}e$.
   Gilt $m > p$, also $p < m$, so gilt nach 1:
   $\frac{p}{n}e < \frac{m}{n}e$, d.h. $\frac{m}{n}e > \frac{p}{n}e$, es gilt also in diesem Fall insgesamt: $\frac{m}{n}e \geqslant \frac{p}{n}e$.

V. DEZIMALBRUCHRECHNUNG

Bei der *Behandlung der Bruchzahlen* bietet ein *Beginn mit gemeinen Brüchen* u.a. wegen der besseren Veranschaulichungsmöglichkeiten (kleine Nenner!) und der besseren Möglichkeiten zum handelnden Erarbeiten überzeugende *Vorteile* (vgl. auch I.4 und I.6). Wir greifen daher zur *Einführung der (endlichen) Dezimalbrüche* im folgenden zurück auf Kenntnisse über – die zuvor behandelten – *gemeinen Brüche* wie auch über das *dezimale Stellenwertsystem*, das von den natürlichen Zahlen her gut vertraut ist.

Ein wichtiges Ziel der Einführung ist es, deutlich zu machen, daß die Dezimalbrüche nur eine *andere* – in vielen Situationen *praktischere* – *Schreibweise* für Bruchzahlen sind und daß es sich keineswegs um *neue Zahlen* handelt. Daher betonen wir den *Zusammenhang* zwischen beiden Schreibweisen *nicht nur* in der Einführungsphase, *sondern auch* im späteren Verlauf, etwa bei der Behandlung der Rechenoperationen. Hinweise auf *typische Schülerfehler und Problembereiche* nehmen auch in diesem Kapitel V. – wie schon im Kapitel III. – einen wichtigen Raum ein. Grundlage hierfür bildet – neben einer genauen Kenntnis einschlägiger deutscher und ausländischer empirischer Arbeiten – eine von uns gerade abgeschlossene empirische Untersuchung über Dezimalbrüche an knapp 900 Gymnasiasten aus 34 Klassen (7. Schuljahr) von 11 Gymnasien in Westfalen (Padberg (1989)).

1. EINFÜHRUNG ENDLICHER DEZIMALBRÜCHE

1.1 Einführung

Naheliegender Ausgangspunkt für eine Einführung endlicher Dezimalbrüche sind die *Vorkenntnisse* der Schüler. So begegnen ihnen die Dezimalbrüche im täglichen Leben vielfach als *Maßzahlen von Größen*, und zwar mit 1, 2 oder 3 Stellen (*Dezimalen*) nach dem Komma, je nach benutztem Größenbereich. Das folgende *Schulbuchbeispiel* (Mathematik heute, 6. Schuljahr) verdeutlicht diesen Einführungsweg:

Aufgabe

In der Leichtathletik werden auch Wettbewerbe im Kugelstoßen durchgeführt.
Was bedeuten die folgenden Größenangaben? Gib dazu die Größen auch mit einem Bruch in gemischter Schreibweise an.

a) Eine Kugel für Männer hat den Durchmesser 11,5 cm.

b) Im Jahre 1983 betrug der Weltrekord für Männer 22,22 m.

c) Das Gewicht einer Kugel für Männer beträgt 7,257 kg.

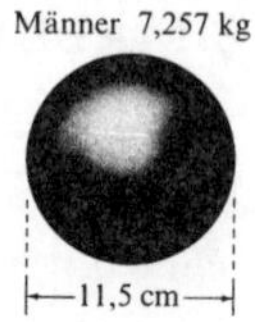

Lösung

Bei den Größenangaben kommt ein Komma vor. Es gilt:

a) 11,5 cm = 11 cm 5 mm = $11\frac{5}{10}$ cm

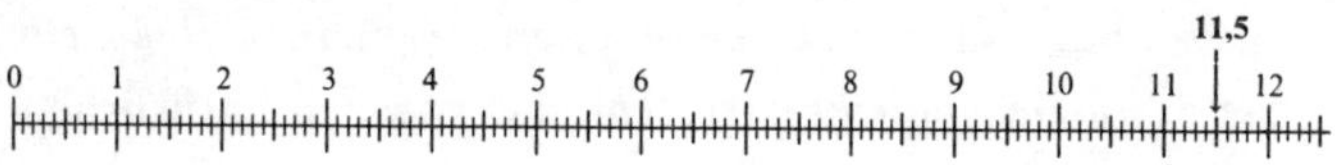

b) 22,22 m = 22 m 22 cm = $22\frac{22}{100}$ m

c) 7,257 kg = 7 kg 257 g = $7\frac{257}{1000}$ kg

Es schließt sich eine ***beispielgebundene Definition*** von Dezimalbrüchen an:

11,5; 22,22 und 7,257 sind ***Dezimalbrüche***, sie haben ein Komma. 22,22 wird gelesen: 22 Komma zwei zwei.

Es gilt: $11,5 = 11\frac{5}{10}$; $22,22 = 22\frac{22}{100}$; $7,257 = 7\frac{257}{1000}$.

Bei diesem Weg wird also die schon von der Grundschule – und aus dem täglichen Leben – her vertraute dezimale Schreibweise für Größen benutzt und jetzt ein *Zusammenhang zur Bruchrechnung* hergestellt. So gilt beispielsweise:

$0,22m = 0m22cm$ (Vorkenntnisse / Grundschule)

$22cm = \frac{22}{100}m$ (Bruchrechnung)

also:

$0,22m = \frac{22}{100}m.$

Eine Variation der Größeneinheiten – dies wird im obigen Beispiel *nicht* durchgeführt – führt zu der Erkenntnis, daß $0,22$ und $\frac{22}{100}$ verschiedene Schreibweisen für dieselbe Bruchzahl sind, daß also gilt $0,22 = \frac{22}{100}$.

Die Benutzung von *Längen*einheiten bietet den Vorteil, daß so sehr leicht an die Darstellung von Dezimalbrüchen auf dem *Zahlenstrahl* herangeführt werden kann.

Der vorgestellte Einführungsweg führt zu einer *globalen* Sichtweise der Dezimalbrüche als Brüche mit *einer* Zehnerpotenz als Nenner, also z.B. zur Sichtweise von $0,2$ als $\frac{2}{10}$ bzw. 2 Zehntel, von $0,23$ als $\frac{23}{100}$ bzw. 23 Hundertstel oder von $0,234$ als $\frac{234}{1000}$ bzw. 234 Tausendstel. Für die Einordnung der Dezimalbrüche in das *dezimale Stellenwertsystem* wie auch für die Ableitung der *Rechenoperationen* ist daneben jedoch auch eine Sichtweise der Dezimalbrüche als *Summe aus Zehnteln, Hundertsteln, Tausendsteln* ... notwendig, nämlich die Sichtweise von $0,2$ als $\frac{2}{10}$ bzw. 2 Zehntel,von $0,23$ als $\frac{2}{10}+\frac{3}{100}$ bzw. als 2 Zehntel plus 3 Hundertstel oder von $0,234$ also $\frac{2}{10}+\frac{3}{100}+\frac{4}{1000}$ bzw. also 2 Zehntel plus 3 Hundertstel plus 4 Tausendstel.

Der Übergang von der ersten zur zweiten Sichtweise bzw. die *Gleichwertigkeit beider Sichtweisen* kann begründet werden durch:

- Rückgriff auf die *gemeinen Brüche*
  Beispiel:
  $0,234 = \frac{234}{1000} = \frac{200}{1000} + \frac{30}{1000} + \frac{4}{1000} = \frac{2}{10} + \frac{3}{100} + \frac{4}{1000}.$
  Wegen des stets analog durchzuführenden *Kürzens* gilt also *zwangsläufig*: Die erste Ziffer nach dem Komma gibt die Zehntel, die zweite Ziffer die Hundertstel und die dritte Ziffer die Tausendstel an.
- Rückgriff auf die gemeinen Brüche unter Betonung des *quasikardinalen Aspekts.*
  Beispiel:
  0,234 = 234 Tausendstel = 200 Tausendstel + 30 Tausendstel + 4 Tausendstel = 2 Zehntel + 3 Hundertstel + 4 Tausendstel.

Jede Ziffer eines Dezimalbruchs besitzt also – genau wie auch jede Ziffer einer natürlichen Zahl – je nach ihrer Stellung innerhalb des Dezimalbruchs einen bestimmten *Stellenwert.* Wir können daher auch Dezimalbrüche in *Stellenwerttafeln* notieren, wenn wir diese zuvor um Zehntel (z), Hundertstel (h), Tausendstel (t), ... erweitern.

Beispiel: 2135,478

T	*H*	*Z*	*E*	*z*	*h*	*t*
2	1	3	5	4	7	8

Wie schon bei der Stellenwerttafel für natürliche Zahlen entspricht auch in der erweiterten Tafel der Verschiebung einer Ziffer in die *links*benachbarte Spalte eine *Multiplikation* mit 10, der Verschiebung in die *rechts*benachbarte Spalte eine *Division* durch 10. Eine Beschränkung auf drei Stellen nach dem Komma – wie sie die Einstiegsbeispiele zunächst nahelegen – ist nicht mehr notwendig. Es können Dezimalbrüche mit beliebig vielen Dezimalen gebildet werden. Bei der Ausfüllung der Spalten der Stellenwerttafel muß man beachten, daß nichtbesetzte Dezimalstellen sowie ggf. die Einerstellen mit *Nullen* aufgefüllt werden. Der Einsatz von *Stellenwerttafeln* bei der Einführung ist äußerst wichtig, da er *viele Vorteile* bietet (vgl. auch Günther (1987)):

- Die Dezimalbruchschreibweise wird so gut als eine naheliegende *Erweiterung* der dezimalen Stellenwertschreibweise für natürliche Zahlen erkannt.
- Dezimalbrüche werden eher als *eine* Zahl gesehen und nicht – wie sonst häufiger – als *zwei* getrennte Zahlen (vgl. 1.2).
- Der *Zusammenhang* zwischen gemeinen Brüchen und Dezimalbrüchen wird betont.
- Die wichtige Funktion von *Nullen* bei Dezimalbrüchen wird offenkundig.
- Es werden gute Grundlagen für den *Größenvergleich* wie für die *Rechenoperationen* – besonders auch für die Addition und Subtraktion – gelegt.

1.2 Typische Schülerfehler

Im täglichen Leben wird 3,45 oft auch als *drei Komma fünfundvierzig* gelesen. Diese Sprechweise muß im *Mathematikunterricht* unbedingt *vermieden* werden, da sie eine Fülle typischer *Fehler* bzw. *Schwierigkeiten* verursacht, und zwar:

- Beim Größenvergleich: $0,5 < 0,13$, da $5 < 13$
- Beim Erweitern: $0,10 \neq 0,100$, da $10 \neq 100$
- Bei der Addition: $0,63 + 0,4 = 0,67$, da $63 + 4 = 67$
- Bei der Subtraktion: $0,63 - 0,4 = 0,59$, da $63 - 4 = 59$

- Den Stellen rechts vom Komma wird bei dieser Sprechweise sogar je nach Anzahl der Dezimalen jeweils ein anderer *„Scheinstellenwert“* gegeben. So liest man die Ziffer 5 in 0,5 Null Komma *Fünf*, in 0,51 Null Komma Einund*fünfzig* und in 0,521 Null Komma *Fünfhundert*einundzwanzig, obwohl die Ziffer 5 immer an erster Stelle nach dem Komma steht und immer den Wert *fünf Zehntel* hat (vgl. Breidenbach (1963)).

Daher verwendet man im Unterricht die *ziffernweise* Sprechweise, liest also 0,345 Null Komma Drei Vier Fünf. Die *andere* mögliche Sprechweise – nämlich Null Komma Dreihundertfünfundvierzig Tausendstel – ist zu umständlich und schwerfällig und wird daher *nicht* benutzt.

Die in der Grundschule verwandte Deutung von z.B. 12,45 m als 12 m und 45 cm – also die Deutung, daß das Komma *zwei verschiedene Größeneinheiten* trennt, nämlich hier m und cm – kann typische *Schülerfehler* verursachen. Verfestigt sich nämlich diese Deutung zu einer „Komma–trennt“–Vorstellung (vgl. Günther (1987) und 2.2.2), also zur Vorstellung, daß das Komma den Dezimalbruch in zwei (natürliche) Zahlen aufteilt, so werden bei den Rechenoperationen die Zahlen vor und nach dem Komma jeweils getrennt verarbeitet (Beispiele: $2,3 \cdot 4,5 = 8,15$; $2,7 + 3,14 = 5,21$), und es resultieren hieraus viele typische Fehler.

Bei der Übertragung der dezimalen Stellenwertschreibweise von den natürlichen Zahlen auf die Dezimalbrüche unterlaufen selbst Gymnasiasten häufiger zwei *fehlerhafte Transfers*, wie unsere Untersuchung über Dezimalbrüche belegt (Padberg (1989)):

- In $\mathbb{N}$ stehen die *Zehner* an *zweiter*, die *Hunderter* an *dritter*, die *Tausender* an *vierter* Stelle vor dem Komma, dagegen stehen bei Dezimalbrüchen die *Zehntel* an *erster*, die *Hundertstel* an *zweiter* und die *Tausendstel* an *dritter* Stelle nach dem Komma. In analoger Übertragung der Verhältnisse von $\mathbb{N}$ schreiben rund 5 % der in die Untersuchung einbezogenen Gymnasiasten z.B. für $\frac{2}{10}$ fehlerhaft $0,02$ oder für 5 h 0,005. Sogar noch deutlich mehr Schüler kreuzen in 7,654 die Ziffer 5 als Zehntel an. Einige Schüler bezeichnen sogar explizit die erste Stelle nach dem Komma als *Eintel*.

- In $\mathbb{N}$ orientiert sich der Stellenwert der einzelnen Ziffer an der *letzten* Stelle, und man zählt die Ziffern von *rechts nach links* ab. Dagegen orientiert sich bei Dezimalbrüchen der Stellenwert der Dezimalen am Komma. Man zählt die Ziffern vom Komma aus – also von links nach rechts – ab. Die Sichtweise von $\mathbb{N}$ behalten Schüler häufiger auch bei Dezimalbrüchen fehlerhaft bei. Dies wird sichtbar, wenn sie z.B. bei entsprechenden Aufgaben die drittletzte Stelle dieser gegebenen Zahl als Hundertstel ankreuzen.

Es ist daher im Unterricht wichtig, *nicht nur* die *Gemeinsamkeiten* zwischen natürlichen Zahlen und Dezimalbrüchen zu betonen, sondern gerade auch die *Unterschiede* deutlich herauszustellen, um so fehlerhafte Übergeneralisierungen zu vermeiden.

Besonders fehlerträchtig ist auch das *Umbündeln*, insbesondere wenn hierbei das Komma überschritten werden muß. So schreiben 25 % (!) der von uns getesteten Schüler für 28 Zehntel fehlerhaft 0,28. Aber auch für 97 Tausendstel bzw. 345 Tausendstel notieren sie entsprechend – wenn auch seltener – 0,0097 bzw. 0,00345.

Während die *Veranschaulichung* von Dezimalbrüchen am *Zahlenstrahl* problemlos klappt und nur in Sonderfällen – wie etwa bei *nicht*dezimaler Unterteilung – Probleme auftreten, bereitet die Veranschaulichung an flächenhaften Formen, z.B. an *Quadraten*, wesentlich mehr Schwierigkeiten (vgl. auch Günther (1987)). Dies hängt sicher auch mit der selteneren Benutzung dieser Veranschaulichungsformen im Unterricht zusammen.

2. VERGLEICHEN ENDLICHER DEZIMALBRÜCHE

2.1 Erweitern / Kürzen

Als *Einstieg* kann die Frage dienen (vgl. Kahle/Lörcher, Mathematik 6): Was ist mehr: $1,6m$ oder $1,60m$? Bernd sagt: „Natürlich ist $1,60m$ mehr als $1,6m$; 60 ist mehr als 6!" Dagegen behauptet Anja: „$1,60m$ und $1,6m$ ist gleich viel!" Wer hat Recht?

Die Frage läßt sich leicht durch Rückgriff auf eine *Stellenwerttafel* beantworten:

E	z	h
1	6	
1	6	0

Durch das Hinzufügen von 0 Hundertsteln ändert sich der Wert des gegebenen Dezimalbruchs nicht. Umgekehrt gilt auch: Durch das Wegnehmen von 0 Hundertsteln bleibt der Wert eines gegebenen Dezimalbruchs ebenfalls unverändert. Analog können wir mit Hilfe von Stellenwerttafeln beispielgebunden begründen:

■ Anhängen bzw. Wegnehmen von Endnullen ändert den Wert eines Dezimalbruchs nicht.

Wir können diese Aussage auch durch Rückgriff auf die *zugehörigen gemeinen Brüche* begründen. Hierdurch wird zugleich klar, daß dem Anhängen von Endnullen beim Dezimalbruch ein *Erweitern* und dem Wegnehmen ein *Kürzen* des zugehörigen gemeinen Bruchs entspricht.

Beispiel:

$$0{,}4 \quad = \quad 0{,}40 \quad = \quad 0{,}400$$

$$\frac{4}{10} \underset{\text{Erweitern}}{\overset{\text{Kürzen}}{\rightleftarrows}} \frac{40}{100} \underset{\text{Erweitern}}{\overset{\text{Kürzen}}{\rightleftarrows}} \frac{400}{1000}$$

Ein Vergleich mit den *natürlichen Zahlen* zeigt deutlich Unterschiede auf: Dort entspricht dem Anhängen von Endnullen ein Multiplizieren mit, dem Wegnehmen von Endnullen ein Dividieren durch eine Zehnerpotenz. Aus einer Übergeneralisierung dieser Regel resultieren insbesondere bei der *Multiplikation* von Dezimalbrüchen typische Fehler (vgl. 7.).

Das Anhängen von Endnullen spielt im Unterricht eine Rolle beim

- *Einbetten* von natürlichen Zahlen in die Bruchzahlen (Beispiel: 5 = 5,00),

- *Rechtsbündigmachen* von Dezimalbrüchen besonders bei der Subtraktion, aber auch ggf. bei der Addition und beim Größenvergleich.

Während Günther (1987) bei seiner überwiegend aus *Hauptschülern* zusammengesetzten Stichprobe hier Schwierigkeiten konstatiert (z.B. im Sinne der Komma–trennt–Vorstellung: 7,05 = 7,0005), bereitet dieser Bereich nach unseren Untersuchungen Realschülern (Neumann (1988), Sewing (1988)) und Gymnasiasten (Padberg (1989)) keinerlei Schwierigkeiten.

2.2 Größenvergleich

2.2.1 Einführung

Der Größenvergleich bei Dezimalbrüchen ist wesentlich *leichter* als bei gemeinen Brüchen. Während wir gemeine Brüche im Regelfall zunächst auf einen gemeinsamen Nenner erweitern müssen, kann man den Größenvergleich bei Dezimalbrüchen direkt aufgrund der Ziffernfolge *ohne* Rechnung durchführen. Zur Ableitung der Regel können wir idealtypisch *mindestens vier Wege* unterscheiden, wie wir im folgenden am Beispiel: Ist $0,234 < 0,24$? verdeutlichen.

(1) Durch Rückgriff auf *Größen* $0,234km = 234m, 0,24km = 240m$, $234m < 240m$, also: $0,234km < 0,24km$, daher: $0,234 < 0,24$.

(2) Durch Rückgriff auf gemeine *Brüche* $0,234 = \frac{234}{1000}, 0,24 = \frac{24}{100} = \frac{240}{1000}, \frac{234}{1000} < \frac{240}{1000}$, daher: $0,234 < 0,24$.

(3) Durch Rückgriff auf die *Stellenwerttafel*

E	z	h	t
0	2	3	4
0	2	4	

0E = 0E, 2z = 2z, 3h < 4h, daher: 0,234 < 0,24

(4) Durch Rückgriff auf den *Zahlenstrahl*
Man ordnet den Zahlen Punkte des Zahlenstrahls zu. 0,234 *liegt links von* 0,24. Daher gilt: $0,234 < 0,24$.

Die Wege (2) und (3) können offenbar *stets* bei beliebigen Dezimalbrüchen beschritten werden. Der Weg (4) erfordert *zusätzlich* eine zeichnerische Darstellung, ist daher ***nicht so effizient*** wie die Wege (2) und (3) und findet in der Zeichengenauigkeit seine Grenze. Er ist daher als *Haupt*einführungsweg ***nicht*** geeignet und kann nur eine *ergänzende* Funktion haben, ebenso wie der Weg (1), der nicht stets, sondern nur beim Vorliegen passender Größeneinheiten beschritten werden kann. Man gewinnt so die Regel:

■ Beim Größenvergleich von Dezimalbrüchen vergleicht man zunächst die natürlichen Zahlen *vor* dem Komma. Sind sie gleich, so vergleicht man ziffernweise von links nach rechts die Stellen ***nach*** dem Komma (also: zuerst die Zehntel, dann die Hundertstel, ...), bis man erstmalig zu verschiedenen Dezimalen gelangt. Der Dezimalbruch mit der kleineren Dezimale ist die kleinere Zahl.

Besonders leicht ist der Vergleich von Dezimalbrüchen mit *gleicher Anzahl* von Dezimalen. Schwierigkeiten dagegen bereitet der Vergleich bei *verschiedener Anzahl* von Dezimalen. Als Hilfe empfehlen einige Schulbücher, die Dezimalbrüche durch Anhängen von Endnullen rechtsbündig zu machen und so auf den leichten ersten Fall zurückzuführen. Dieser Weg ist allerdings *nicht unproblematisch*, wie wir im folgenden Abschnitt sehen werden.

2.2.2 Typische Schülerfehler

Über typische Fehler bei der Ordnung von Dezimalbrüchen liegen eine Reihe gründlicher Untersuchungen vor (z.B. Leonard/Grisvard (1981), Ruddock/Mason/Foxman (1983), Ekenstamm (1977), Günther (1987) Grossmann (1983), Hiebert/Wearne (1983), Brousseau ( ), Comiti/Neyret (1979)).

Nach unseren Untersuchungen wenden Schüler (auch an Gymnasien) bei der Ordnung von Dezimalbrüchen gehäuft folgende *Fehlerstrategien* an:

(1) *Kein-Komma-Strategie* (kurz: KK-Strategie).

Die Schüler lassen bei den Dezimalbrüchen das Komma fort und fassen den gesamten Dezimalbruch als eine natürliche Zahl auf. Die Ordnung dieser natürlichen Zahlen übertragen sie auf die Dezimalbrüche.

Beispiele

$0,45 < 0,238$; denn $45 < 238$

$2,45 < 1,328$; denn $245 < 1328$

Dieser fehlerhafte Transfer von den natürlichen Zahlen liegt nahe, insbesondere bei Verwendung der Lesart Null Komma Fünfundvierzig für 0,45. Diese (generell falsche) Strategie führt bei Dezimalbrüchen mit *derselben* Anzahl von Dezimalen stets zu einem *richtigen* Ergebnis. *Beginnt* man daher die Behandlung der Dezimalbrüche zunächst mit *derselben* Anzahl von Dezimalen bzw. bringt man Dezimalbrüche vor dem Größenvergleich durch Anhängen von Endnullen auf diese Form, so fallen die KK–Fehler nicht auf und *verfestigen* sich leicht.

(2) *Komma–trennt–Strategie* (kurz: KT–Strategie)

Das Komma trennt den Dezimalbruch in zwei natürliche Zahlen, die getrennt verglichen werden.

Beispiele

$2,2 < 2,13$; denn zwar $2 = 2$, aber $2 < 13$

$5,41 < 5,117$; denn zwar $5 = 5$, aber $41 < 117$

Bei Dezimalbrüchen mit *demselben ganzzahligem Anteil* (wichtiger Sonderfall: Null) kann man bei einem Fehler bezüglich des Größenvergleichs die KK– und KT–Strategie nicht auseinanderhalten (vgl. jedoch 7).

In unserer Untersuchung (Padberg (1989)) umranden in der *Aufgabe:*

Umrande die größte Zahl

$0,3 \quad 0,13 \quad 0,42 \quad 0,135 \quad 0,287$

8 % der *Gymnasialschüler* die Lösung 0,287, begehen also einen KK– bzw. KT–Fehler. Die Hälfte dieser Schüler begeht diesen Fehler sogar *systematisch.* Bei einer vergleichbaren Aufgabe unterläuft sogar 18 % (Neumann (1988)) bzw. 22 % (Sewing (1988)) der betreffenden *Realschüler* dieser Fehlertyp. Am *häufigsten* kreuzen jedoch in dieser Aufgabe die *Gymnasiasten* die Lösung 0,3 an (19 % der Schüler). 6 % der Schüler begehen diesen Fehlertyp *systematisch.* Die zugrundeliegende fehlerhafte Strategie können wir kennzeichnen als:

(3) *Je–mehr–Dezimalen–desto–kleiner–Strategie* (kurz: MK–Strategie).

Nach dieser Strategie ist *die* Zahl die *kleinere*, die *mehr* Dezimalen bzw. umgekehrt die Zahl die *größere*, die *weniger* Dezimalen hat. 0,3 besitzt die geringste Anzahl von Dezimalen und ist daher nach diesem Kriterium die größte Zahl. *Ursache* dieses Fehlers ist die falsche Deutung des folgenden Sachverhaltes: Bei Dezimalbrüchen hat jede *weiter rechts* stehende Ziffer einen *kleineren* Wert, nämlich $\frac{1}{10}$ des Stellenwertes der vorhergehenden Ziffer. Hieraus wird fehlerhaft geschlossen: Je mehr Ziffern rechts vom Komma, desto kleiner ist der Wert des *ganzen* Dezimalbruchs.

Die KK– bzw. KT–Strategie und die MK–Strategie führen bei vielen Aufgaben zu *richtigen* Ergebnissen, wie Leonard/Grisvard (1981) in einer sehr differenzierten Untersuchung nachweisen konnten. Dies *bestärkt* die betreffenden Schüler in der Anwendung dieser Strategien.

Günther (1987) berichtet von einer *weiteren* fehlerhaften Strategie beim Ordnen von Dezimalbrüchen, die offensichtlich auf einer fehlerhaften Übergeneralisierung der bei den natürlichen Zahlen gültigen Regel beruht, nämlich vom Ordnen durch Vergleichen der Ziffern von links (*ohne* Beachtung des Dezimalkommas). Diese Strategie führt etwa zu folgendem (teilweise richtigen) Ergebnis:
$13,5 > 1,33 > 1,303 > 10,34$

Bei der Beurteilung der *Fehlerhäufigkeit* beim Ordnen von Dezimalbrüchen muß beachtet werden, daß den Schülern *außerschulische*, alltägliche Erfahrungen bezüglich des Größenvergleichs weithin fehlen; denn im täglichen Leben kann man durch Übergang zu *kleineren* Maßeinheiten ein Argumentieren mit Kommazahlen vermeiden und argumentiert daher vielfach mit *natürlichen Zahlen* als Maßzahlen.

3. DEZIMALBRÜCHE UND GEMEINE BRÜCHE

3.1 Endliche Dezimalbrüche

Auf die Umformung endlicher Dezimalbrüche in die zugehörigen gemeinen Brüche sind wir im Abschnitt 1.1 eingegangen. Hier interessieren wir uns für die *umgekehrte* Fragestellung. Können wir jeden gemeinen Bruch in einen (endlichen) Dezimalbruch umformen? In *Sonderfällen* können wir dies leicht durch *Erweitern oder Kürzen* erreichen. Breiter einsetzbar ist der Weg über die *Division* des Zählers durch den Nenner (vgl. 3.1.2).

3.1.1 Umformung durch Erweitern/Kürzen

Brüche mit einer *Zehnerpotenz* im Nenner können wir direkt als Dezimalbruch schreiben. So gilt $\frac{7}{10} = 0,7$; $\frac{39}{100} = 0,39$ oder $\frac{456}{1000} = 0,456$.

Besonders beachten müssen wir nur die Fälle wie $\frac{9}{100} = 0,09$ oder $\frac{7}{1000} = 0,007$, bei denen eine oder mehrere Dezimalen *Null* sind. Die Benutzung einer Stellenwerttafel ist hier hilfreich.

Ähnlich leicht können wir auch *die* gemeinen Brüche als Dezimalbrüche schreiben, die wir durch *Erweitern oder Kürzen* (ggf. durch beide Operationen) in Brüche mit einer Zehnerpotenz im Nenner umformen können. So gilt beispielsweise $\frac{3}{5} = \frac{6}{10} = 0,6$; $\frac{3}{4} = \frac{75}{100} = 0,75$ oder $\frac{7}{40} = \frac{175}{1000} = 0,175$. Den Bruch $\frac{12}{30}$ können wir durch *Kürzen* in den Bruch $\frac{4}{10}$ überführen und erhalten so $\frac{12}{30} = \frac{4}{10} = 0,4$.

Offensichtlich lassen sich auf diese Art und Weise *nicht* alle Brüche in Dezimalbrüche umwandeln. Ein besonders einfaches Gegenbeispiel ist der Bruch $\frac{1}{3}$. Wie auch immer wir den Bruch erweitern und den Nenner multiplizieren, wir erhalten nie eine Zehnerpotenz als Nenner; denn $10 = 2 \cdot 5$ und daher $10^n = 2^n \cdot 5^n$ (für $n \in \mathbb{N}$).

So kann an diesem und weiteren Beispielen die Einsicht gewonnen werden, daß ein *gekürzter* Bruch, der im Nenner einen von 2 oder 5 *verschiedenen* Primfaktor enthält, *nicht* auf einen Bruch mit einer Zehnerpotenz als Nenner erweitert und deshalb auch nicht durch Erweitern in einen endlichen Dezimalbruch umgewandelt werden kann. Dagegen lassen sich offenkundig alle *gekürzten* Brüche, deren Nenner nur die Primfaktoren 2 oder 5 enthalten, in endliche Dezimalbrüche umwandeln (vgl. auch Padberg (1988) und 3.2).

3.1.2 Umformung durch Division

Im Gegensatz zu dem in 3.1.1 beschriebenen Weg können wir durch die *Division* des Zählers durch den Nenner *jeden* gemeinen Bruch in einen Dezimalbruch umwandeln. Grundlage hierfür ist die in III.7.3 begründete Aussage: Für alle $a, b \in \mathbb{N}$ gilt: $\frac{a}{b} = a : b$.

Die Division wird zweckmäßigerweise auch in diesem Fall – wie schon bei der Einführung in der Grundschule (vgl. Padberg (1986 a)) – mit Hilfe einer Stellenwerttafel durchgeführt. Dies erleichtert eine inhaltliche Deutung und Sprechweise bei den einzelnen Schritten und ist für ein vertieftes Verständnis des Kalküls – insbesondere auch für die Position des Kommas im Ergebnis – wichtig und hilfreich.

Beispiel (Mathematik heute, 6):

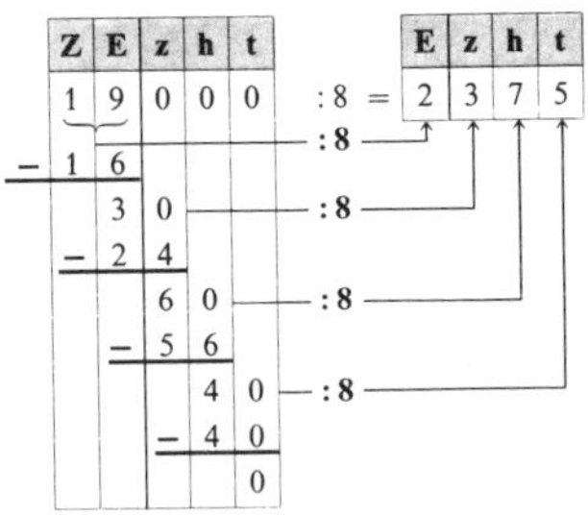

Dividiere

die Einer: 19 E $\xrightarrow{:8}$ 2 E, Rest 3 E
3 E = 30 z

die Zehntel: 30 z $\xrightarrow{:8}$ 3 z, Rest 6 z
6 z = 60 h

die Hundertstel: 60 h $\xrightarrow{:8}$ 7 h, Rest 4 h
4 h = 40 t

die Tausendstel: 40 t $\xrightarrow{:8}$ 5 t

Durch Fortlassen der Stellenwerttafel und der Pfeile erhält man die übliche Notationsform. Man setzt im Ergebnis das Komma, wenn man bei der Rechnung zu den Zehnteln kommt.

3.2 Periodische Dezimalbrüche

Bestimmen wir analog den Dezimalbruch zu $\frac{2}{3}$

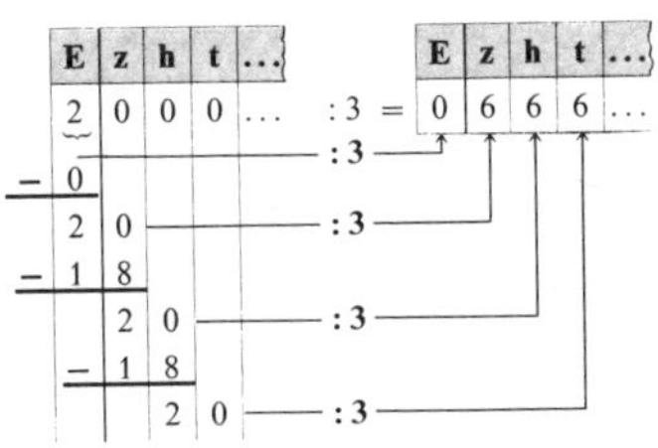

Die Rechnung bricht nicht ab, da du jedesmal den Rest 2 erhältst.

Insgesamt erhältst du:

$\frac{2}{3} = \frac{6}{10} + \frac{6}{100} + \frac{6}{1000} + \frac{6}{10\,000} + \ldots = 0{,}6666\ldots$

Der Dezimalbruch bricht nicht ab.

Die Ziffer 6 wiederholt sich unbegrenzt.

so fällt auf, daß wir *jedesmal* den Rest 2 erhalten, also stets 6 als weitere Dezimale und daß das Divisionsverfahren *nicht* abbricht. Die Dezimale 6 wiederholt sich *unbegrenzt.* Es gilt $\frac{2}{3} = 2 : 3 = 0{,}666\ldots$. Hierfür schreiben wir kurz: $\frac{2}{3} = 0{,}\overline{6}$ und lesen dies: *Null Komma Periode sechs.* Wir nennen $0{,}\overline{6}$ einen *periodischen Dezimalbruch* und die Ziffer 6 die *Periode* von $0{,}\overline{6}$. An Beispielen wie $\frac{1}{11} = 0{,}\overline{09}$ und $\frac{1}{6} = 0{,}1\overline{6}$

können ggf. zusätzlich die Begriffe *reinperiodisch* ($0,\overline{6}; 0,\overline{09}$) und *gemischtperiodisch* ($0,1\overline{6}$) eingeführt werden.

Durch die Einführung der *periodischen* Dezimalbrüche haben wir den Begriff des Dezimalbruchs erweitert. Die in 1. eingeführten Dezimalbrüche bezeichnen wir als *endliche oder abbrechende* Dezimalbrüche. Die verschiedenen Fälle fassen wir in folgender Übersicht zusammen:

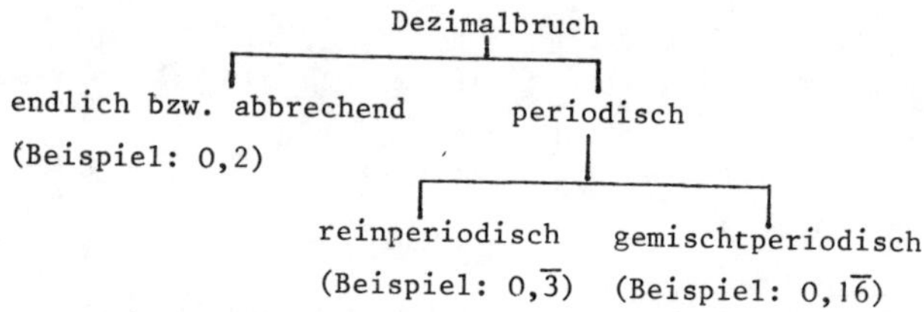

Durch das Divisionsverfahren wird *jedem* gemeinen Bruch ein endlicher oder periodischer Dezimalbruch zugeordnet. Dies können Schüler folgendermaßen einsehen:

Bei der fortgesetzten Division durch 3 können höchstens die drei verschiedenen Reste 0,1 oder 2, bei der Division durch n (aus $\mathbb{N}$) höchstens die n verschiedenen Reste $0, 1, \ldots, n-1$ auftreten. Tritt bei der Division der Rest 0 auf, so *endet* der Divisionsalgorithmus, die Bruchzahl besitzt also eine *endliche* Dezimalbruchentwicklung. *Andernfalls wiederholt* sich spätestens nach 2 bzw. nach $n-1$ Schritten zwangsläufig ein *Rest*. Dann wiederholen sich aber auch zwangsläufig die *Dezimalen*, die Dezimalbruchentwicklung ist also *periodisch*. Wir haben hiermit gezeigt (vgl. auch Padberg (1988)):

■ Jede Bruchzahl läßt sich als endlicher oder periodischer Dezimalbruch darstellen.

Allein anhand der *Nenner* der *gekürzten* Brüche kann schon entschieden werden, ob die zugehörigen Dezimalbruchentwicklungen endlich, reinperiodisch oder gemischtperiodisch sind. Anhand von ausgewählten Beispielen kann in leistungsstarken Klassen inhaltlich an die folgenden Aussagen *herangeführt* werden (vgl. Padberg (1988)):

- Der gekürzte Bruch $\frac{m}{n}$ besitzt genau dann eine *endliche* Dezimalbruchentwicklung, wenn der Nenner nur aus den Primfaktoren 2 oder 5 besteht.
- Der gekürzte Bruch $\frac{m}{n}$ (mit $n > 1$) besitzt genau dann eine *reinperiodische* Dezimalbruchentwicklung, wenn der Nenner weder 2 noch 5 als Primfaktoren enthält.
- Der gekürzte Bruch $\frac{m}{n}$ (mit $n > 1$) besitzt genau dann eine *gemischtperiodische* Dezimalbruchentwicklung, wenn der Nenner neben den Primfaktoren 2 oder 5 mindestens noch einen weiteren Primfaktor enthält.

Statt über den Divisionsalgorithmus können periodische Dezimalbrüche auch durch Approximation bzw. durch *Intervallschachtelung* eingeführt werden (man vgl. z.B. Wäsche (1957)). So können Vorarbeiten für eine spätere Einführung der *reellen Zahlen* geleistet werden. Allerdings ist der Weg über den Divisionsalgorithmus wegen seines deutlich geringeren Aufwandes für das *praktische Rechnen* wesentlich besser geeignet. Wir beschränken uns hier daher auf diesen Weg.

Mit Hilfe des Divisionsalgorithmus können wir *jeden* gemeinen Bruch in einen endlichen oder periodischen Dezimalbruch umwandeln. Es stellt sich die Frage, ob wir auch *umgekehrt* jeden endlichen oder periodischen Dezimalbruch in einen gemeinen Bruch umwandeln können. Für den Fall der *endlichen* Dezimalbrüche ist dies – wie gezeigt – leicht möglich. Bei *periodischen* Dezimalbrüchen werden im Unterricht (von Gymnasien) zwei Wege beschritten.

Weg 1

Beispiel

$$0,\overline{57} = ?$$

$$\begin{array}{rl} 100\,x = & 57,5757\ldots \\ x = & 0,5757\ldots \\ \hline 99\,x = & 57 \\ x = & \frac{57}{99} = \frac{19}{33} \end{array}$$

$$\text{also: } 0,\overline{57} = \frac{19}{33}$$

Nach diesem Verfahren läßt sich offenbar rein formal *fast jeder* periodische Dezimalbruch jeweils in einen gemeinen Bruch umwandeln (vgl. auch DIFF (1982)). Allerdings setzt man hierbei die beiden Rechenregeln (Kommaverschiebungsregel bei der Multiplikation mit einer Zehnerpotenz, Subtraktion) stillschweigend als richtig für *periodische* Dezimalbrüche voraus. Insoweit ist dieser Ansatz *problematisch.* Der Ansatz liefert jedoch eine *Vermutung*, wie man den zu einem reinperiodischen Dezimalbruch gehörigen gemeinen Bruch jeweils bestimmen kann. Man dividiert im Beispiel die Periode 57 durch 99 bzw. allgemein: Man dividiert die Periode durch die Zahl 99...9, die aus soviel Neunen besteht, wie die Periode lang ist. Die Richtigkeit der Vermutung kann man jeweils durch Division überprüfen. Bei *gemischtperiodischen* Dezimalbrüchen kann man analog vorgehen (vgl. DIFF (1982)).

Wir müssen jedoch noch eine wichtige *Ausnahme* erwähnen, nämlich die sogenannten *Neunerenden.* Das sind Dezimalbrüche mit der Periode 9 wie z.B. $0,\overline{9}$ oder $0,1\overline{9}$. Dezimalbrüche mit Neunerenden können jedoch beim Divisionsverfahren nicht auftreten, wie man sich leicht klarmacht (vgl. DIFF (1982)). *Alle übrigen* periodischen Dezimalbrüche lassen sich entsprechend dem oben beschriebenen Weg in gemeine Brüche umformen.

Weg 2

Man behandelt die Umwandlung periodischer Dezimalbrüche in gemeine Brüche nur für *Spezialfälle*, etwa für reinperiodische Dezimalbrüche mit ein– und zweiziffriger Periode. Grundlage sind die folgenden Gleichungen, die man durch die Division des Zählers durch den Nenner gewinnt:

$\frac{1}{9} = 0,\overline{1} \quad \frac{2}{9} = 0,\overline{2} \quad \frac{1}{3} = \frac{3}{9} = 0,\overline{3} \ldots \frac{8}{9} = 0,\overline{8}$

$\frac{1}{99} = 0,\overline{01} \quad \frac{2}{99} = 0,\overline{02} \quad \frac{1}{33} = \frac{3}{99} = 0,\overline{03} \ldots \frac{98}{99} = 0,\overline{98}$

3.3 Systembrüche

Sind im Mathematikunterricht neben dem dezimalen auch *nichtdezimale* Stellenwertsysteme behandelt worden, so ermöglicht dies bei der Behandlung der Dezimalbrüche *weiterführende* Fragestellungen (vgl. Padberg (1981) und Padberg (1988)). So bedeutet 0,121 in der Basis 10, also als *Dezimalbruch*, 0 Einer 1 Zehntel 2 Hundertstel 1 Tausendstel

Einer	Zehntel	Hundertstel	Tausendstel
0	1	2	1

während 0, 121 in der Basis 3, also als *Systembruch* in der Basis 3:

Einer	Drittel	Neuntel	Siebenundzwanzigstel
0	1	2	1

0 Einer 1 Drittel 2 Neuntel 1 Siebenundzwanzigstel bedeutet.

Analog lassen sich Systembrüche für *weitere* nichtdezimale Basen einführen. Eine Behandlung von Systembrüchen ermöglicht die grundlegende Erkenntnis, daß die Eigenschaft der Endlichkeit oder Periodizität bei der Entwicklung von Systembrüchen *keine* Eigenschaft der betreffenden Bruchzahl ist – wie man bei ausschließlicher Kenntnis des dezimalen Stellenwertsystems leicht glaubt –, sondern von der *Basis* des zugrundegelegten Stellenwertsystems abhängt. So hat beispielsweise $\frac{1}{6}$ im Stellenwertsystem mit der Basis 5 eine reinperiodische, mit der Basis 10 eine gemischtperiodische und mit der Basis 12 eine endliche Systembruchentwicklung (vgl. Padberg (1988)).

3.4 Typische Schülerfehler

Bei der *Umwandlung von gemeinen Brüchen in Dezimalbrüche* benutzen selbst Schüler von Gymnasien häufiger folgende Fehlerstrategien (vgl. auch Carpenter u.a. (1981), Günther (1987), Hiebert (1985)):

- Bruchstrich und Komma werden gleichgesetzt

  Beispiele

  $\frac{1}{2} = 1,2 \qquad \frac{3}{4} = 3,4$

  $\frac{2}{5} = 2,5 \qquad \frac{2}{3} = 2,3$

  Dieser Fehler wird von rund 3 % der Schüler gemacht, meist sogar systematisch.

- Falscher Transfer von $\mathbb{N}$ bzgl. des Stellenwerts (vgl. 1.2)

  Beispiele

  $\frac{3}{10} = 0,03 \qquad \frac{3}{100} = 0,003$

  $\frac{5}{1000} = 0,0005 \qquad 4\frac{3}{10} = 4,03$

  So wie bei natürlichen Zahlen die Zehner an zweit–, die Hunderter an dritt– und die Tausender an viertletzter Stelle stehen, so schreiben rund 4 % der Gymnasiasten die Zehntel an die zweite, die Hundertstel an die dritte und die Tausendstel an die vierte Stelle nach dem Komma. Dieser Fehler tritt noch *wesentlich häufiger* auf, wenn *umgebündelt* werden muß.

  Beispiele

  $\frac{23}{10} = 0,23 \qquad \frac{287}{100} = 0,287$

  $\frac{48}{100} = 0,048 \qquad \frac{37}{1000} = 0,0037$

  Hier unterläuft dieser Fehler rund 8 %, im Fall $\frac{23}{10} = 0,23$ sogar 11 % der Gymnasiasten! Die beiden ersten Fehler können auch gedeutet werden als Folge der

  Strategie: Notiere den Zähler direkt hinter dem Komma.

  Diese Strategie führt bei *speziellen* Zehnerbrüchen zum *richtigen* Ergebnis (Beispiele: $\frac{2}{10} = 0,2$; $\frac{35}{100} = 0,35$; $\frac{487}{1000} = 0,487$) und wird fehlerhaft übergeneralisiert.

Bei der Umwandlung von *endlichen Dezimalbrüchen in gemeine Brüche* spielen im wesentlichen dieselben Fehlerstrategien eine Rolle.

- Komma und Bruchstrich werden gleichgesetzt.

Beispiele

$0,7 = \frac{0}{7}$ $\qquad 0,357 = \frac{0}{357}$

$4,03 = \frac{4}{03} (= \frac{4}{3})$ $\qquad 2,7 = \frac{2}{7}$

- Falscher Transfer von $\mathbb{N}$ bzgl. des Stellenwerts.

  Beispiele

  $0,29 = \frac{29}{10}$ $\qquad 0,03 = \frac{3}{10}$

  $0,017 = \frac{17}{100}$ $\qquad 4,03 = 4\frac{3}{10}$

  $0,357 = \frac{357}{100}$

- Formale Notation des Dezimalbruchs (< 1) als Stammbruch.

  Beispiele

  $0,7 = \frac{1}{7}$ $\qquad 0,357 = \frac{1}{357}$

4. RUNDEN

Das Runden von Zahlen und Größen spielt im täglichen Leben eine große Rolle (Überschlagsrechnung, Meßwerte, Zahlen mit vielen Stellen). Die von den natürlichen Zahlen vertrauten Rundungsregeln gelten entsprechend auch für Dezimalbrüche. So richtet man sich beim Runden nach der nächstfolgenden Ziffer, also beim Runden auf Zehntel nach den Hundertsteln. Ist diese Ziffer eine 0, 1, 2, 3 oder 4, so wird *ab*gerundet, ist sie eine 5, 6, 7, 8 oder 9, so wird *auf*gerundet. Zur Begründung ist der – geeignet unterteilte – Zahlenstrahl hilfreich.

Beispiele

Runden auf *Zehntel*

$0,456 \approx 0,5$ $\qquad 1,96 \approx 2,0$

$1,948 \approx 1,9$

Runden auf *Hundertstel*

$0,8746 \approx 0,87$ $\qquad 5,438 \approx 5,44$

$1,996 \approx 2,00$

Runden auf *DM*

$4,28 DM \approx 4 DM$ $\qquad 4,51 DM \approx 5 DM.$

Obige Rundungsregeln verlangen ein *direktes* Runden. Ein *schrittweises* Runden, das ggf. zu *anderen* Ergebnissen führt, wird hierdurch ausgeschlossen. (Beispiel: 2,4748. *Direktes* Runden auf Hundertstel: $2{,}4748 \approx 2{,}47$, *schrittweises* Runden auf Hundertstel: $2{,}4748 \approx 2{,}475 \approx 2{,}48$).

Ein wichtiger *Unterschied* zwischen Dezimalbrüchen als *Zahlen* und Dezimalbrüchen *speziell* als *Maßzahlen von Größen* muß beachtet werden: Bei endlichen Dezimalbrüchen dürfen wir beliebig viele Endnullen anhängen, so gilt $2{,}5 = 2{,}50 = 2{,}500 = \ldots$. Bei Maßzahlen von Größen liefert dagegen die Anzahl von Dezimalen Informationen über die *Meßgenauigkeit*. Das Anhängen von Endnullen kann also hier zu Mißverständnissen führen (Beispiel: 1,7 m bedeutet für die Länge l: $1{,}65m \leq l < 1{,}75m$, dagegen bedeutet 1,70 m für die Länge l: $1{,}695m \leq l < 1{,}705m$).

5. ADDITION

5.1 Einführung

Idealtypisch unterscheiden wir im folgenden drei Wege zur Einführung der Addition von Dezimalbrüchen.

(1) *Rückgriff auf gemeine Brüche*

Bei diesem Weg werden die gegebenen Dezimalbrüche zunächst in Zehnerbrüche umgewandelt. Die Zehnerbrüche werden addiert. Das Ergebnis wird wieder zurück in einen Dezimalbruch umgewandelt.

Beispiele:

$$\begin{array}{ccccc} 0{,}25 & + & 0{,}38 & = & 0{,}63 \\ \downarrow & & \downarrow & & \uparrow \\ \frac{25}{100} & + & \frac{38}{100} & = & \frac{63}{100} \end{array}$$

$$\begin{array}{ccccccccc} 0{,}4 & + & 0{,}35 & & & = & & & 0{,}75 \\ \downarrow & & \downarrow & & & & & & \uparrow \\ \frac{4}{10} & + & \frac{35}{100} & = & \frac{40}{100} & + & \frac{35}{100} & = & \frac{75}{100} \end{array}$$

$$\begin{array}{ccccccccc} 0{,}68 & + & 0{,}5 & & & = & & & 1{,}18 \\ \downarrow & & \downarrow & & & & & & \uparrow \\ \frac{68}{100} & + & \frac{5}{10} & = & \frac{68}{100} & + & \frac{50}{100} & = & \frac{118}{100} \end{array}$$

Der Weg bietet den Vorteil, daß er den *Zusammenhang* zwischen gemeinen Brüchen und Dezimalbrüchen betont. Dem Gleichnamigmachen der Zehnerbrüche entspricht auf der Ebene der Dezimalbrüche ein Ergänzen von Endnullen, so daß die gegebenen Summanden jeweils dieselbe Anzahl von Dezimalen haben.

(2) Rückgriff auf die Stellenwerttafel

Die Addition von Dezimalbrüchen kann auch durch Rückgriff auf die Stellenwerttafel und auf den *quasikardinalen* Aspekt eingeführt werden, wie das Beispiel $5,463 + 0,25$ verdeutlicht:

	E	z	h	t
	5	4	6	3
+	0	2	5	
	5	7	1	3

Wir rechnen hierbei (unter stillschweigender Anwendung des Kommutativ- und Assoziativgesetzes):

$(0t+)3t = 3t$

$5h + 6h = 11h = 10h + 1h = 1z1h$

$1z + 2z + 4z = 7z$

$(0E+)5E = 5E$

Dieser Weg bietet den Vorteil, daß so das *stellengerechte Untereinanderschreiben* gründlich eingeübt, die *Zehnerübergänge* gut verdeutlicht, der *Zusammenhang* zwischen gemeinen Brüchen und Dezimalbrüchen betont und eine zu frühzeitige *Mechanisierung* durch das – zumindest anfängliche – Mitsprechen der Bündeleinheiten verhindert wird.

(3) *Rückgriff auf Größen*

Zwei Wege sind hier naheliegend:

- Notation der in Kommaschreibweise gegebenen Größen mit *zwei* (oder mehr) Größeneinheiten, Addition in $\mathbb{N}$, Rückübersetzung in die Kommaschreibweise.

Beispiele:

(1) 4,25 DM + 5,01 DM

```
   4 DM 25 Pf      also gilt:     4,25 DM
 + 5 DM  1 Pf                   + 5,01 DM
 ------------                   ---------
   9 DM 26 Pf                     9,26 DM
```

(2) 5,38 m + 7,86 m

```
    5 m 38 cm      also gilt:     5,38 m
  + 7 m 86 cm                   + 7,86 m
  -----------                   --------
  (12 m124 cm)                   13,24 m
   13 m 24 cm
```

– Umwandlung der Größen in *kleinere* Größeneinheiten, so daß nur *natürliche* Zahlen als Maßzahlen auftreten, Addition in $\mathbb{N}$, Rückübersetzung in die ursprüngliche Größeneinheit.

Beispiele:

(1) 4,25 DM + 5,01 DM

```
   425 Pf      also:     4,25 DM
 + 501 Pf              + 5,01 DM
 --------              ---------
   926 Pf                9,26 DM
```

(2) 5,38 m + 7,86 m

```
   538 cm      also:     5,38 m
 + 786 cm              + 7,86 m
 --------              --------
  1324 cm               13,24 m
```

Der Rückgriff auf *Größen* bietet den Vorteil des Anknüpfens an die *Vorerfahrungen* der Schüler. Ferner wird so der *Anwendungsbezug* unmittelbar deutlich. Die Notation mit *zwei* Größeneinheiten verstärkt allerdings die Tendenz vieler Schüler zu der *Komma-trennt- Fehlvorstellung.* Ferner werden bei Rückgriff auf Größen die Summanden im Regelfall jeweils *dieselbe* Anzahl von Dezimalen haben. Dies ist unter dem Gesichtspunkt des Verfestigens von Fehlerstrategien problematisch.

Im Unterricht wird man sich bei der Einführung der Addition nicht auf *einen* der hier idealtypisch vorgestellten Ableitungswege beschränken, sondern durch eine *Kombination* der verschiedenen Ansätze Querverbindungen zu den Anwendungen, zu dem dezimalen Stellenwertsystem und zu den Brüchen herstellen. Man gelangt so zu der Regel:

■ Man addiert Dezimalbrüche wie auch schon die natürlichen Zahlen stellenweise. Hierbei muß Komma unter Komma stehen.

5.2 Typische Schülerfehler

Nach unseren Untersuchungen an Gymnasialschülern (Padberg (1989)) und Realschülern (Neumann (1988)) *massieren* sich die Fehler bei der Addition von Dezimalbrüchen auf nur *eine* Fehlerstrategie, nämlich auf die *Komma-trennt*-Strategie (KT–Strategie): So rechnen 18 % der *Gymnasialschüler* $3,48 + 4,2 = 7,50$ oder fast genau so viele $2,75+3,8 = 5,83$. Beachtliche 13 % machen den KT–Fehler bei diesem Aufgabentyp *systematisch* und rund 6 % formulieren sogar die *Additionsregel* im Sinne dieser KT–Strategie. Bei den *Realschülern* rechnen gar 31 % fehlerhaft $2,7 + 3,11 = 5,18$ und immerhin noch 16 % $6,31 + 7,802 = 13,833$.

Der KT–Fehler spielt u.a. auch in den USA eine sehr dominante Rolle (vgl. Carpenter u.a. (1981)). So rechnet fast jeder 4.(!) amerikanische Schüler in einer *Repräsentativerhebung*: $0,70 + 0,40 + 0,20 = 0,130$ (bzw. $0,13$).

Einige der getesteten Schüler werden zu diesem KT–Fehler nur durch *Flüchtigkeit* verführt, insbesondere bei Aufgaben, die man *schnell im Kopf* rechnen kann. Andere dagegen sehen einen Dezimalbruch offensichtlich nicht als *eine* Zahl, sondern als ein Gebilde an, das aus *zwei* natürlichen Zahlen besteht, die man getrennt manipulieren muß. In dieselbe Richtung führt auch die häufig erfolgreiche Strategie „Verknüpfe Gleichartiges“. Diese Strategie ist bei der Addition von Dezimalbrüchen richtig, wenn man stellengerecht Zehner, Einer, Zehntel, Hundertstel usw. addiert. Sie ist hingegen *nicht* stets richtig, wenn man die natürlichen Zahlen vor dem Komma und die Dezimalen nach dem Komma jeweils als gleichartigen Gesamtblock betrachtet und addiert.

Das Fehlermuster A 1 bei der Addition gemeiner Brüche (vgl. III.4.4) entspricht hierbei weitgehendst dieser KT–Strategie.

Bei den *gemischten Fällen* (Addition von Dezimalbrüchen und natürlichen Zahlen) wird häufiger fehlerhaft gerechnet
$0,45 + 7 = 0,52$ oder $0,3 + 6 = 0,9$, also um 7 bzw. 6 „weitergezählt" (vgl. Wearne (1983), Wearne / Hiebert (1986)). Dieser Fehler wird meist systematisch gemacht. Die KT–Vorstellung spielt auch hier als Ursache eine Rolle.

Weitere in der Literatur beschriebene Fehlerstrategien wie die *rechtsbündige Anordnung* der Summanden *ohne* Rücksicht auf das Komma und anschließende Addition (Beispiel: $5,37 + 1,4 = 5,51$) oder die vielfältigen von Daubert (1984) beschriebenen Strategien, wie Schüler durch verschiedene fehlerhafte Maßnahmen gegebene Dezimalbrüche vor der schriftlichen Addition *rechtsbündig* machen, spielen in unseren Untersuchungen *keine* nennenswerte Rolle.

6. SUBTRAKTION

6.1 Einführung

Die Subtraktion von Dezimalbrüchen kann – entsprechend wie die Addition – eingeführt werden durch:

- Rückgriff auf gemeine Brüche,
- Rückgriff auf die Stellenwerttafel,
- Rückgriff auf Größen,
- Rückgriff auf den Zusammenhang von Addition und Subtraktion.

Eine erneute Beschreibung der Wege erübrigt sich. Auch die Aussagen über die Vor– und Nachteile der einzelnen Wege gelten entsprechend wie bei der Addition.

Bei der Subtraktion von Dezimalbrüchen können wir verschiedene *Schwierigkeitsstufen* unterscheiden:

- Gleiche Anzahl von Dezimalen
  - ohne Übertrag $(5,8 - 3,6)$
  - mit Übertrag $(8,5 - 5,7)$
- Verschiedene Anzahl von Dezimalen

- ohne Übertrag $(0,78 - 0,4)$
- mit Übertrag
  - Der Minuend hat mehr Dezimale als der Subtrahend $(5,34 - 3,6)$
  - Der Minuend hat weniger Dezimale als der Subtrahend $(6,8 - 2,57)$
- Kombination von natürlichen Zahlen und Dezimalbrüchen $(11 - 0,75)$

Wie schon bei den natürlichen Zahlen (vgl. Padberg (1986 a)) wird der Schwierigkeitsgrad auch hier jeweils noch beeinflußt durch
- die Anzahl der Stellen, speziell auch der Dezimalen
- die Anzahl der Überträge
- die Existenz von Nullen beim Minuenden, beim Subtrahenden oder im Ergebnis.

Haben die Dezimalbrüche eine *verschiedene* Anzahl von Dezimalen, so sollten sie zur Vermeidung von Unsicherheiten und Fehlern durch das Anhängen von Endnullen auf dieselbe Anzahl von Dezimalen aufgefüllt werden. Dies gilt besonders für den Fall, daß der Minuend weniger Dezimale hat als der Subtrahend.

6.2 Typische Schülerfehler

Auch bei der Subtraktion ist der *Komma-trennt-Fehler* bei entsprechenden Aufgaben jeweils der *wichtigste* Einzelfehler. So rechnen 7 % bzw. 8 % der Gymnasiasten $0,87 - 0,3 = 0,84$ bzw. $5,07 - 1,3 = 4,04$ (oder $4,4$) oder 14 % bzw. 10 % der Realschüler $0,85 - 0,5 = 0,8$ bzw. $8,743 - 5,31 = 3,712$ (vgl. auch Wearne (1983), Wearne / Hiebert (1986), Ruddock u.a. (1984)). Der Komma-trennt-Fehler unterläuft den untersuchten Schülern bei der Addition wesentlich *öfter* als bei der Subtraktion. Dies hängt damit zusammen, daß die KT-Strategie bei der Addition *viel häufiger* angewandt werden kann – nämlich bei praktisch *allen* Additionsaufgaben – und dort auch häufiger zum Erfolg führt, während sie bei der Subtraktion nur in *Sonderfällen* naheliegt und selbst bei Dezimalbrüchen mit gleicher Anzahl von Dezimalen wegen der häufig erforderlichen Überträge nur *relativ selten* zum Erfolg führt.

Weitere in der Literatur beschriebene Fehlerstrategien wie die *rechtsbündige Anordnung* von Minuend und Subtrahend *ohne* Rücksicht auf das Komma mit anschließender Subtraktion (Beispiel: $5,07 - 1,3 = 4,94$) oder die verschiedenen von Daubert (1984) beschriebenen Wege, wie Schüler bei der schriftlichen Subtraktion durch verschiedene fehlerhafte Maßnahmen das Problem fehlender Rechtsbündigkeit lösen (durch Ignorieren der letzten Stelle, durch die Übernahme „überstehender" Ziffern in das Ergebnis, ...), spielen in unserer Untersuchung *keine* nennenswerte Rolle.

Im Bereich der *natürlichen Zahlen* entfällt bei der schriftlichen Subtraktion auf *Übertragsfehler* (generell kein Übertrag, kein Übertrag in Sondersituationen, ...) rund die *Hälfte* aller Fehler (vgl. Padberg (1986 a), Kühnhold / Padberg (1986)). Dies schlägt auch auf den Bereich der schriftlichen Subtraktion von Dezimalbrüchen durch.

7. MULTIPLIKATION

Wir gehen zunächst auf den einfachen Sonderfall der Multiplikation von Dezimalbrüchen mit Zehnerpotenzen sowie auf die Division durch Zehnerpotenzen ein, sodann auf den Fall der Multiplikation mit natürlichen Zahlen und schließlich auf den allgemeinen Fall der Multiplikation mit Dezimalbrüchen.

7.1 Multiplikation mit Zehnerpotenzen / Division durch Zehnerpotenzen

Dieser besonders einfache Fall kann vor der systematischen Behandlung der Multiplikation von Dezimalbrüchen behandelt werden.

7.1.1 Multiplikation mit Zehnerpotenzen

Die sogenannte *Kommaverschiebungsregel* für die Multiplikation leiten wir im folgenden beispielgebunden ab durch Rückgriff

- auf die Stellenwerttafel,
- auf die gemeinen Brüche,
- auf Größen.

(1) *Weg 1: Rückgriff auf die Stellenwerttafel*

Multiplizieren wir Tausendstel, Hundertstel, Zehntel, Einer, Zehner, ... mit 10, so werden aus Tausendstel Hundertstel, aus Hundertstel Zehntel, aus Zehntel Einer, aus Einern Zehner, aus Zehnern Hunderter, ..., denn 10 t = 1h, 10 h = 1 z, 10 z = 1 E, 10 E = 1 Z, 10 Z = 1 H, ...

Beispiel:

H	Z	E	z	h	t	
	4	3	2	5	8	↓ · 10
	40	30	20	50	80	
4	3	2	5	8		

Bei der Multiplikation mit 10 rücken also alle Ziffern in der *Stellenwerttafel* um *einen* Platz, bei der Multiplikation mit $10^n (n \in \mathbb{N})$ um n Plätze nach *links*. Bei dem zugehörigen Dezimalbruch rückt daher das *Komma* bei der Multiplikation mit 10^n um n Plätze nach *rechts*. Wir gewinnen so die *Kommaverschiebungsregel*:

■ Man multipliziert einen Dezimalbruch mit 10, 100, 1000, ..., indem man das Komma um 1, 2, 3, ... Stellen nach rechts verschiebt. Stehen dort keine Ziffern mehr, so ergänzt man Nullen.

Dieser Weg betont die Struktur der *dezimalen Stellenwertschreibweise*. An der Stellenwerttafel läßt sich gleichzeitig gut abklären, daß die *Nullanhängungsregel* der Multiplikation in $\mathbb{N}$ hier *nicht mehr* gelten kann und daher zu falschen Ergebnissen führt.

(2) *Weg 2: Rückgriff auf gemeine Brüche*

Die Kommaverschiebungsregel läßt sich ebenfalls leicht durch Rückgriff auf die gemeinen Brüche gewinnen, wie die folgende *Beispielserie* verdeutlicht.

$0,678 \cdot 10 = \frac{678}{1000} \cdot 10 = \frac{678}{100} = 6,78$

$0,678 \cdot 100 = \frac{678}{1000} \cdot 100 = \frac{678}{10} = 67,8$

$0,678 \cdot 1000 = \frac{678}{1000} \cdot 1000 = 678$

$0,678 \cdot 10000 = \frac{678}{1000} \cdot 10000 = 6780$

Dieser Weg bietet den Vorteil, daß er den *Zusammenhang* zwischen gemeinen Brüchen und Dezimalbrüchen betont.

(3) *Weg 3: Rückgriff auf Größen*

Durch Übergang zu kleineren Größeneinheiten, Rechnen in $\mathbb{N}$ und anschließenden Übergang zur ursprünglichen Größeneinheit läßt sich ebenfalls die Kommaverschiebungsregel verdeutlichen.

Beispiel:

$10 \cdot 0,258km = 10 \cdot 258m = 2580m = 2,580km$

$100 \cdot 0,258km = 100 \cdot 258m = 25800m = 25,800km$

$1000 \cdot 0,258km = 1000 \cdot 258m = 258000m = 258km$

Weg 3 bietet den Vorteil, daß bei ihm der Bezug zum täglichen Leben am deutlichsten herausgestellt werden kann. Er kann in dieser Form allerdings nur beim Vorliegen geeigneter Größeneinheiten beschritten werden und ist daher *nicht* so allgemein in der Begründung wie die Wege 1 und 2. Es besteht darüber hinaus die Gefahr, daß die Tendenz der Schüler zur falschen Nullanhängungsregel verstärkt wird.

7.1.2 Division durch Zehnerpotenzen

Die Kommaverschiebungsregel für die Division kann offensichtlich völlig analog wie in 7.1.1 abgeleitet werden durch Rückgriff

- auf die Stellenwerttafel,
- auf gemeine Brüche,
- auf Größen.

Wir verzichten daher auf eine gesonderte Ableitung.

7.2 Multiplikation mit natürlichen Zahlen

Zur Reduzierung von Schwierigkeiten schaltet man im Unterricht vielfach dem allgemeinen Fall der Multiplikation mit Dezimalbrüchen diesen Sonderfall vor, *ohne* hierfür eine eigenständige Regel zu formulieren.

Die Multiplikation von Dezimalbrüchen mit natürlichen Zahlen läßt sich u.a. begründen durch Rückgriff

- auf die gemeinen Brüche,
- auf die Multiplikation/Division mit Zehnerpotenzen (Kommaverschiebungsregel),
- auf die Stellenwerttafel bzw. den quasikardinalen Aspekt,
- auf Größen,
- auf die Deutung des Vervielfachens als wiederholte Addition.

Die beiden erstgenannten Wege führen wir in 7.3 für den allgemeinen Fall näher aus. Wir skizzieren daher hier nur die drei letztgenannten Wege:

(1) *Weg 1: Rückgriff auf die Stellenwerttafel bzw. auf den quasikardinalen Aspekt*

Das folgende Beispiel verdeutlicht den Kerngedanken dieser Vorgehensweise im Sinne des *quasikardinalen Aspekts*. Die Aufgabe könnte entsprechend auch in einer Stellenwerttafel gelöst werden.

$$\begin{array}{r} \underline{6{,}352 \cdot 8} \\ 50{,}816 \end{array}$$

$$\begin{array}{cccccccccc} 8 & \cdot & 2t & & & = & 16t & = & 1h6t \\ 8 & \cdot & 5h & + & 1h & = & 41h & = & 4z1h \\ 8 & \cdot & 3z & + & 4z & = & 28z & = & 2E8z \\ 8 & \cdot & 6E & + & 2E & = & 50E & = & 5Z0E \end{array}$$

(2) *Weg 2: Rückgriff auf Größen*

Dieser Einführungsweg verläuft völlig entsprechend wie der Weg 3 in 7.1.1.

(3) *Weg 3: Einführung durch wiederholte Addition*

In $\mathbb{N}$ können wir $4 \cdot 7$ als $7+7+7+7$ einführen, entsprechend können wir auch alle Produkte von natürlichen Zahlen mit Dezimalbrüchen über die wiederholte Addition der Dezimalbrüche einführen und so diesen neuen Fall auf den bekannten Fall der Addition von Dezimalbrüchen zurückführen. Der Übergang zur üblichen Multiplikationsschreibweise als Kurzform ist unproblematisch.

7.3 Multiplikation mit Dezimalbrüchen

Zwei Einführungswege wollen wir hier genauer beschreiben, nämlich die Einführung durch Rückgriff auf gemeine Brüche sowie durch Rückgriff auf die Kommaverschiebungsregel.

Weg 1: Rückgriff auf gemeine Brüche

Wir formen bei diesem Weg die Dezimalbrüche in gemeine Brüche um, bestimmen das Produkt über die Multiplikationsregel für Brüche (Zähler mal Zähler durch Nenner mal Nenner) und formen das Ergebnis wieder in einen Dezimalbruch zurück. Das folgende Schema (nach Mathematik heute, 6, Lösungen – didaktischer Kommentar) verdeutlicht ausgezeichnet die Ableitung der Multiplikationsregel beispielgebunden an dem Produkt $1,5 \cdot 0,13$.

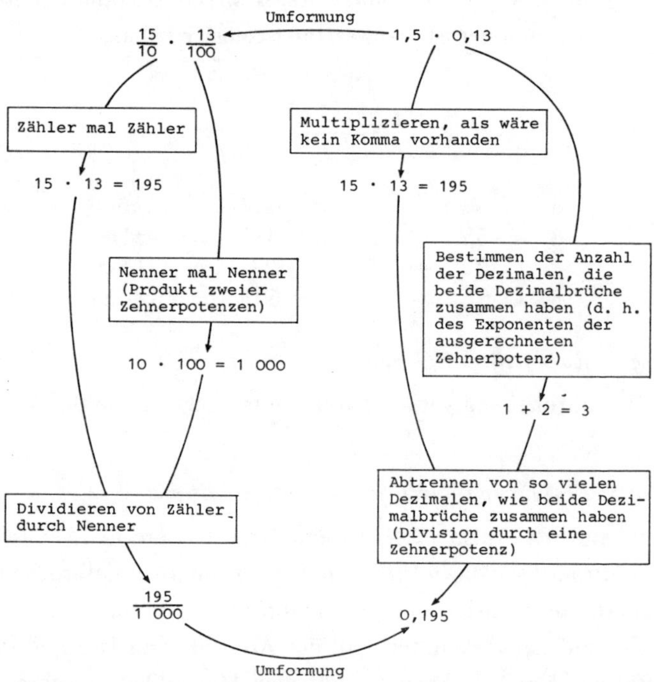

Beispielgebunden kann so die Einsicht gewonnen werden, daß der Umweg über die gemeinen Brüche überflüssig ist, und so die übliche Regel gefunden werden:

■ Man multipliziert Dezimalbrüche zunächst ohne Rücksicht auf das Komma schriftlich wie natürliche Zahlen. Dann trennt man mit dem Komma rechts soviele Dezimalstellen (Dezimalen) ab, wie die Faktoren zusammen besitzen. Sind nicht genügend Ziffern vorhanden, so ergänzt man links Nullen.

Beispiele:

$$(1)\quad \begin{array}{r} \underline{3{,}47 \cdot 2{,}4} \\ 694 \\ \underline{1388} \\ 8{,}328 \end{array} \qquad\qquad (2)\quad \begin{array}{r} \underline{0{,}034 \cdot 0{,}006} \\ 0{,}000204 \end{array}$$

Weg 2: Rückgriff auf die Kommaverschiebungsregel

Bei diesem Weg wird die Multiplikation von Dezimalbrüchen mit Hilfe der Kommaverschiebungsregel auf die Multiplikation natürlicher Zahlen zurückgeführt. Der Weg kann sowohl bei der Multiplikation mit einer natürlichen Zahl (7.2) wie auch hier im allgemeinen Fall beschritten werden.

Beispiel

$$\begin{array}{ccccc} 2{,}7 & \cdot & 3{,}14 & = & 8{,}478 \\ \downarrow \cdot 10 & & \downarrow \cdot 100 & & \uparrow : 1000 \\ 27 & \cdot & 314 & = & 8478 \end{array}$$

Auch auf diesem Weg läßt sich die Multiplikationsregel für Dezimalbrüche leicht beispielgebunden gewinnen.

Im engen Zusammenhang hiermit steht die *folgende* Regelableitung, die wir in holländischen Schulbüchern gefunden haben. Nach einer vorhergehenden Behandlung der Multiplikation mit und der Division durch Zehnerpotenzen anhand von Stellenwerttafeln wird über Gleichungsketten an die Multiplikationsregel herangeführt.

Beispiel:

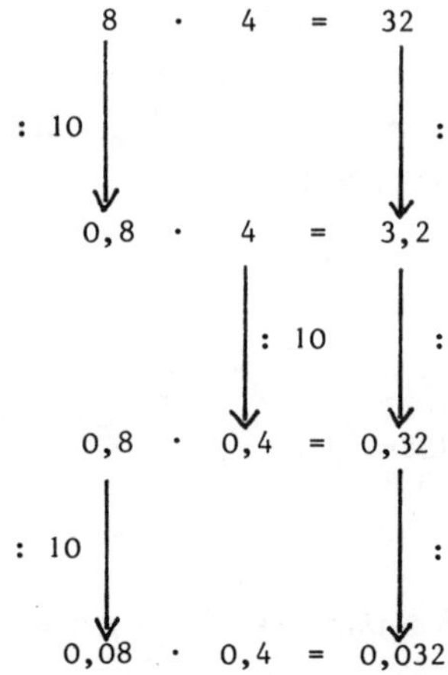

7.4 Typische Schülerfehler

Bei der Multiplikation von Dezimalbrüchen spielen – neben den Fehlern im Zusammenhang mit der Kommasetzung – auch *die* Fehler eine größere Rolle, die schon bei der Multiplikation *natürlicher Zahlen* gehäuft auftreten. Nach Padberg (1986 a) handelt es sich hierbei insbesondere um

- Stellenwertfehler durch falsche Anordnung der Teilprodukte (z.B. kein Ausrücken),
- Nichtbeachtung der stellenwertbelegenden Rolle der Null im 2. Faktor,
- Einmaleinsfehler der Nähe (Beispiel: $8 \cdot 3 = 21$),
- Fehler mit Behalteziffern.

Ferner machen sich die schon in $\mathbb{N}$ beobachteten *Schwierigkeitsfaktoren*, wie Anzahl und Größe der Behalteziffern oder das Vorkommen von Nullen im Multiplikand, Multiplikator bzw. in Teilprodukten, auch bei der Multiplikation von Dezimalbrüchen bemerkbar. *Zusätzlich* spielen hier u.a die Anzahl der Dezimalen sowie die Frage, ob die Faktoren *gleichviel* oder *unterschiedlich* viele Dezimalen besitzen, eine Rolle.

Besonders fehlerträchtig sind Aufgaben, bei denen *Nullen* im Ergebnis *ergänzt* werden müssen.

Wieweit die *Kommasetzungsregel wirklich* verstanden worden ist, läßt sich gut an Aufgaben wie $5,6 \cdot 0,1$ abklären, bei denen Multiplikationsfehler in $\mathbb{N}$ so gut wie ausgeschlossen sind. Fast jeder vierte(!) Realschüler (Neumann (1988)) bzw. Gymnasiast (Padberg (1989)) rechnet hier $5,6 \cdot 0,1 = 5,6$, läßt also den ersten Faktor unverändert (man vgl. auch den Fehler M 1 bei der Multiplikation gleichnamiger Brüche in III.6.5.2). Bei der Multiplikation mit $0,01$ und $0,001$ lassen die Schüler den ersten Faktor etwas seltener – nämlich nur noch halb so häufig – unverändert. Dennoch unterläuft dieser Fehler 17 % (!) der Gymnasialschüler *systematisch*.

Die bei der Multiplikation mit $0,01$ bzw. $0,001$ häufiger gefundenen fehlerhaften Ergebnisse wie $3,8 \cdot 0,01 = 0,38$ oder $4,7 \cdot 0,001 = 0,047$ können als Ergebnis der Strategie: „Die Anzahl der Nachkommastellen in einem Produkt richtet sich nach dem Faktor mit den *meisten* Dezimalen" gedeutet werden, eine Strategie, die bei der Addition und Subtraktion erfolgreich ist. In diesem Sinne kann auch das Ergebnis der Aufgabe $5,6 \cdot 0,1 = 5,6$ interpretiert werden.

Auch die Multiplikation von Dezimalbrüchen *mit Zehnerpotenzen* läßt ggf. gut Schwächen in der Beherrschung der Kommasetzungsregel erkennen. Dieser Aufgabentyp fällt den Schülern etwas leichter als die – weniger vertraute? – Multiplikation mit $0,1$ bzw. $0,01$ bzw. $0,001$. Nach Neumann (1988) rechnen 6 % der von ihm untersuchten Realschüler $2,3 \cdot 10 = 2,30$ bzw. $100 \cdot 127,305 = 127,30500$, übertragen also die Nullanhängungsregel aus dem Bereich der natürlichen Zahlen fehlerhaft auf die Dezimalbrüche. Dieser Fehler wird allerdings nur selten *systematisch* gemacht. Den Gymnasialschülern unterläuft dieser Fehler nur ganz vereinzelt. Weitere häufiger gemachte Fehler wie $3,4 \cdot 10 = 30,40$ oder $100 \cdot 127,305 = 12700,30500$ beruhen auf der Komma–trennt–Vorstellung.

Während dieser KT–Fehler bei der Multiplikation mit *Zehnerpotenzen* nur *relativ selten* auftritt, ist er im *Normalfall* der *häufigste* Multiplikationsfehler (vgl. auch Wearne / Hiebert (1986)). So rechnen 55 % bzw.

44% der getesteten Realschüler $0,4 \cdot 0,2 = 0,8$ bzw. $0,8 \cdot 0,11 = 0,88$ (Neumann (1988)) oder rund 30 % der Gymnasiasten $0,2 \cdot 0,3 = 0,6$ bzw. $0,8 \cdot 0,11 = 0,88$. Der KT–Fehler erfolgt ***besonders häufig*** bei einfachen Multiplikationsaufgaben, die *im Kopf* gerechnet werden, speziell wenn zusätzlich die Zahl *vor* dem Komma jeweils eine *Null* ist. Ist diese Zahl dagegen von Null verschieden, so wird der KT–Fehler deutlich *seltener* gemacht. So rechnen rund 10 % der Schüler $15,2 \cdot 3,24 = 45,48$ (Realschule; Neumann (1988)) bzw. $3,2 \cdot 2,4 = 6,8$ (Gymnasium; Padberg (1989)). Einige Schüler formulieren sogar die *Multiplikationsregel* im Sinne dieser fehlerhaften KT–Vorstellung. Es überrascht nicht, daß der KT–Fehler bei der Multiplikation von Dezimalbrüchen mit *natürlichen Zahlen* (Beispiele: $8 \cdot 2,3 = 16,24$ oder $4 \cdot 2,3 = 8,12$) relativ am *seltensten* auftritt.

Der in amerikanischen Untersuchungen *häufiger* genannte KK–Fehler, daß Schüler nämlich Dezimalbrüche wie natürliche Zahlen behandeln und auch im Ergebnis *kein* Komma setzen (Beispiel: $0,2 \cdot 0,4 = 8$), spielt in unseren Untersuchungen nur eine *äußerst geringe* Rolle. Dies beruht vermutlich auf den *Unterschieden in der Schreibweise* (so schreiben die Amerikaner z.B. 0,2 kurz .2).

Bei der Multiplikation mit 0,1; 0,01 bzw. 0,001 konnten wir eine größere Anzahl von Fehlern mit Hilfe der Strategie „Die Anzahl der Nachkommastellen in einem Produkt richtet sich nach dem Faktor mit den *meisten* Dezimalen" erklären. Daß hier ein fehlerhafter Transfer von der Addition / Subtraktion als Ursache wahrscheinlich ist, belegt u.a. die Beobachtung von Vance (1984), daß Schüler vor der Ausführung der Multiplikation von z.B. $5,2 \cdot 3,23$ zunächst die Faktoren durch das Anhängen von Nullen auf gleich viele Dezimalen erweitern ($5,2 \cdot 3,23 = 5,20 \cdot 3,23 = 1679,60$) und dann im Ergebnis diese gleiche Anzahl von Dezimalen abstreichen. Während *diese* Strategie durch *inhaltliche* Überlegungen der Schüler erklärt werden kann, ist die Regel „*Einer* der Faktoren bestimmt die Anzahl der Nachkommastellen des Produktes" rein auf der *syntaktischen* Ebene anzusiedeln. Bei einer Analyse von Multiplikationsaufgaben unter diesem Gesichtspunkt fand Neumann (1988), daß 20 % der von ihm untersuchten Schüler diese

Strategie *systematisch* anwenden bzw. daß ihre Aufgabenlösung in diesem Sinne interpretiert werden kann. Einige Schüler formulieren sogar die Multiplikationsregel entsprechend. Da die meisten Schüler jedoch *keine konsistente* Entscheidung für den ersten *oder* zweiten Faktor, für den Faktor mit den *meisten* Dezimalen o.ä. erkennen lassen, schreiben sie offenbar ihr Ergebnis nur formal als Dezimalbruch auf und richten sich bei der *Anzahl* der Nachkommastellen *willkürlich* nach einem der beiden Faktoren.

Nach Untersuchungen von Vance (1984) setzen Schüler bei der Multiplikation folgende *weiteren fehlerhaften Kommasetzungsstrategien* ein:

- Bei den Faktoren werden nur die *von Null verschiedenen* Nachkommastellen berücksichtigt (Beispiel: $2,03 \cdot 2,205 = 447,615$).
- Die Kommasetzungsregel wird auf die Ziffern *links* vom Komma angewandt (Beispiel: $9,2 \cdot 3,34 = 307,28$).
- Die geforderte Anzahl der Nachkommastellen im Ergebnis wird dadurch erreicht, daß man die Ziffernfolge des Ergebnisses direkt hinter das Komma schreibt und ggf. noch Nullen *anhängt* (Beispiel: $0,5 \cdot 0,003 = 0,1500$).

Fehlerhafte Ergebnisse wie $6 \cdot 0,008 = 6,008$ oder $0,02 \cdot 0,004 = 0,024$ beruhen auf *Additionen*. Eine genauere Analyse legt allerdings den Verdacht nahe, daß die Benutzung der (oft leichteren) Addition zumindestens bei einigen Schülern als „Fluchtreaktion" interpretiert werden muß und *nicht* als eine *irrtümliche* Verwechslung.

Gezielt geachtet werden muß auch auf *fehlerhaften Transfer* vom Rechnen in $\mathbb{N}$, wie die erwähnte Nullanhängungsregel bei der Multiplikation mit Zehnerpotenzen schon belegt. So übertragen 40 % (!) der von Neumann (1988) getesteten Realschüler die in $\mathbb{N}$ richtige Aussage, daß eine Multiplikation – bis auf die Multiplikation mit 1 – *stets vergrößernd* wirkt, *fehlerhaft* auf den Bereich der *Dezimalbrüche.*

Die Ergebnisse vieler Fehlerstrategien weichen offensichtlich *stark* vom richtigen Ergebnis ab. Da *Überschlagsrechnungen* diese Fehler leicht aufdecken können, sollten sie gerade bei der Multiplikation gezielt eingesetzt werden. Das *Runden* ist in diesem Zusammenhang wichtig. Es ist aber auch unerläßlich,um bei *praktischen* Fragestellungen, die Multiplikationen erfordern, unsinnige *Scheingenauigkeiten* zu vermeiden.

8. DIVISION

Wie schon bei der Multiplikation unterscheiden wir auch hier drei verschiedene Fälle: Division von Dezimalbrüchen durch Zehnerpotenzen, durch beliebige natürliche Zahlen und durch Dezimalbrüche.

8.1 Division durch Zehnerpotenzen

Wir sind auf diesen Fall schon im Abschnitt 7.1.2 im Zusammenhang mit der Multiplikation eingegangen.

8.2 Division durch natürliche Zahlen

Zwei Wege zur Regelableitung sind weitverbreitet, nämlich der Rückgriff auf *gemeine Brüche* sowie der Rückgriff auf den *Divisionskalkül in* $\mathbb{N}$ unter gleichzeitiger Erweiterung dieses Kalküls auf Dezimalbrüche mit Hilfe von Stellenwerttafeln.

Weg 1: Rückgriff auf gemeine Brüche

Bei diesem Weg notieren wir zunächst den Dezimalbruch als gemeinen Bruch, dividieren diesen durch die gegebene natürliche Zahl und schreiben das Ergebnis wieder als Dezimalbruch auf.

Beispiel:

$5,4 : 6$

$5,4 : 6 = \frac{54}{10} : 6 = \frac{54}{10 \cdot 6} = \frac{9}{10} = 0,9$

Dieser Ansatz ist bei beliebigen endlichen Dezimalbrüchen stets möglich. Allerdings kann in einigen Fällen das Ergebnis *nicht* als *endlicher* Dezimalbruch geschrieben werden, obwohl der Dividend ein endlicher Dezimalbruch ist.

Beispiel:

$5,3 : 6 = \frac{53}{10} : 6 = \frac{53}{60} = 0,88\overline{3}$

Eine Erweiterung des Nenners 60 auf eine Zehnerpotenz ist wegen des Primfaktors 3 in 60 offenbar *nicht* möglich. Dieses Problem tritt in dieser Form erstmalig bei der *Division* auf. Die Summe, die Differenz oder das Produkt endlicher Dezimalbrüche können dagegen *stets* wieder als *endlicher Dezimalbruch* geschrieben werden.

Weg 2: Erweiterung des Divisionskalküls mit Hilfe von Stellenwert-tafeln

Einfache Aufgaben können wir mit Hilfe des *quasikardinalen Aspekts* der Bruchzahlen auch ohne Stellenwerttafel lösen.

Beispiele:

$3,5 : 5 = 35z : 5 = 7z = 0,7$

$0,35 : 5 = 35h : 5 = 7h = 0,07$

Das folgende Beispiel verdeutlicht, daß wir das aus der Menge der *natürlichen* Zahlen vertraute Divisionsverfahren mit nur unwesentlichen Modifikationen auch bei der Division von *Dezimalbrüchen* durch natürliche Zahlen beibehalten und so beliebige Aufgaben dieses Typs lösen können.

Beispiel: $26,34 : 6$

Wir beginnen mit einer ausführlichen Beschreibung des Rechenablaufs mit Hilfe von Stellenwerttafeln:

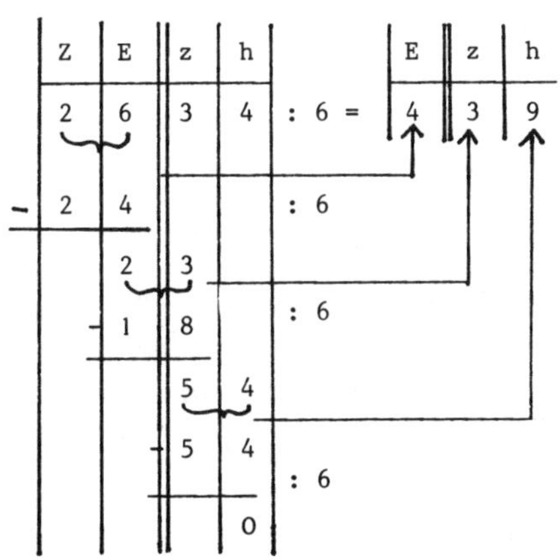

Bei der Rechnung benutzen wir:

(1) $2Z6E = 26E$, daher $26E : 6 = \ldots$

(2) $2E3z = 23z$, daher $23z : 6 = \ldots$

(3) $5z4h = 54h$, daher $54h : 6 = \ldots$

Das obige Schema beinhaltet also komprimiert aufgeschrieben die folgenden Überlegungen:

$$\begin{aligned}
26{,}34 : 6 &= (2Z + 6E + 3z + 4h) : 6 \\
&= (26E + 3z + 4h) : 6 \\
&= (24E + 2E + 3z + 4h) : 6 \\
&= 4E + (2E + 3z + 4h) : 6 \\
&= 4E + (23z + 4h) : 6 \\
&= 4E + (18z + 5z + 4h) : 6 \\
&= 4E + 3z + (5z + 4h) : 6 \\
&= 4E + 3z + 54h : 6 \\
&= 4E + 3z + 9h \\
&= 4{,}39
\end{aligned}$$

Verzichten wir auf die Stellenwerttafel, die Pfeile und Klammern, so entspricht die obige Notation schon der üblichen normierten Schreibweise. Wir haben so beispielgebunden eine Regel für die Division eines Dezimalbruchs durch eine natürliche Zahl abgeleitet:

■ Man dividiert einen Dezimalbruch wie eine natürliche Zahl. Überschreitet man während der Rechnung das Komma, so setzt man sofort auch ein Komma im Ergebnis.

Bei der Regelableitung muß man auch gezielt Aufgaben wie $13{,}7 : 5$ oder $12{,}5 : 8$ einsetzen, bei denen man den Dividenden durch das Anhängen von einer oder mehreren Endnullen während des Rechengangs erweitern muß. Besonders beachtet werden müssen ferner Aufgaben, bei denen der Dividend kleiner als 1 ist, insbesondere wenn mehrere Nullen nach dem Komma vorkommen wie z.B. in der Aufgabe $0{,}000312 : 8$. Viele Schüler neigen hier dazu, $312 : 8$ zu berechnen und rein nach Gefühl eine Anzahl von Nullen davor zu setzen (vgl. auch DIFF (1982)).

8.3 Division durch Dezimalbrüche

Ausgewählte einfache Aufgaben mit Größen können durch Übergang zu *kleineren* Größeneinheiten anschaulich im Sinne des *Messens* gelöst werden.

Beispiel: $0{,}42m : 0{,}06m = 42cm : 6cm = 7$

Die *systematische* Behandlung der Division durch Dezimalbrüche kann durch Rückgriff auf gemeine Brüche bzw. durch Rückgriff auf den in 8.2 dargestellten Sonderfall der Division durch natürliche Zahlen erfolgen.

Weg 1: Rückgriff auf gemeine Brüche

Wir notieren die beiden Dezimalbrüche als gemeine Brüche, dividieren sie, erhalten als Ergebnis einen gemeinen Bruch und schreiben diesen mit Hilfe des Divisionsverfahrens als Dezimalbruch auf. Dieser Weg ist offenbar stets möglich.

Beispiele:

(1) $5{,}78 : 3{,}4 = \frac{578}{100} : \frac{34}{10} = \frac{578 \cdot 10}{100 \cdot 34} = \frac{17}{10} = 1{,}7$

(2) $15{,}895 : 2{,}5 = \frac{15895}{1000} : \frac{25}{10} = \frac{15895 \cdot 10}{1000 \cdot 25} = \frac{3179}{500} = 6{,}358$

Weg 2: Rückgriff auf die Division durch eine natürliche Zahl

Bei diesem Ansatz wird der *allgemeine* Fall der Division eines Dezimalbruchs durch einen Dezimalbruch zurückgeführt auf den *Sonderfall* der Division eines Dezimalbruchs durch eine natürliche Zahl. Grundlegend hierfür ist die Regel über das gleichsinnige Verschieben des Kommas im Quotienten:

■ Ein Quotient aus Dezimalbrüchen ändert sich nicht, wenn man das Komma im Dividenden und Divisor *gleichsinnig* verschiebt.

Beispiele:

$0{,}72 : 0{,}12 = 7{,}2 : 1{,}2 = 72 : 12$

$9{,}072 : 3{,}24 = 90{,}72 : 32{,}4 = 907{,}2 : 324$

Diese Kommaverschiebungsregel kann motiviert bzw. begründet werden durch:

(1) *Rückgriff auf die natürlichen Zahlen*

Ein Quotient *natürlicher Zahlen* ändert sich nicht, wenn man Dividend und Divisor mit derselben natürlichen Zahl – also auch speziell mit derselben Zehnerpotenz – multipliziert. Die Gültigkeit dieser Regel postuliert man aus Permanenzgründen auch für den Bereich der *rationalen* Zahlen.

(2) *Rückgriff auf das Erweitern von gemeinen Brüchen*

Es gilt: $a : b = \frac{a}{b} = \frac{a \cdot 10^n}{b \cdot 10^n}$

also auch: $a : b = (a \cdot 10^n) : (b \cdot 10^n)$ (für $a, b, n \in \mathbb{N}$)

Diese Aussage für $a, b \in \mathbb{N}$ gilt auch für endliche *Dezimalbrüche*. Durch Rückgriff auf ihre Notation als gemeine Brüche können wir nämlich zeigen:

$\frac{a}{b} : \frac{c}{d} = \frac{a \cdot d}{b \cdot c} = \frac{a \cdot d \cdot 10^n}{b \cdot c \cdot 10^n} = \frac{a \cdot 10^n}{b} : \frac{c \cdot 10^n}{d} = (\frac{a}{b} \cdot 10^n) : (\frac{c}{d} \cdot 10^n)$ (für $n \in \mathbb{N}$)

Durch Anwendung dieser Regel über das gleichsinnige Verschieben des Kommas im Dividenden und Divisor kann jede Division eines Dezimalbruchs durch einen Dezimalbruch auf den *schon bekannten* Fall der Division eines Dezimalbruchs durch eine natürliche Zahl zurückgeführt werden. Man kann also als Regel formulieren:

■ Bei der Division eines Dezimalbruchs durch einen Dezimalbruch wird bei beiden Zahlen das Komma um gleichviele Stellen nach rechts verschoben, bis der Divisor eine natürliche Zahl ist. Dann dividiert man durch diese natürliche Zahl.

Bei der Regelableitung müssen auch gezielt Aufgaben behandelt werden wie $4 : 0,5$ oder $0,8 : 0,002$, bei denen zunächst der Dividend erweitert werden muß. Eventuell sollte man diesen Fall auch noch zusätzlich in der obigen Regel ausformulieren.

8.4 Typische Schülerfehler

Bei der Division von Dezimalbrüchen spielen – neben den Fehlern im Zusammenhang mit der Kommasetzung – auch *die* Fehler eine Rolle, die schon bei der schriftlichen Division *natürlicher* Zahlen gehäuft auftreten. Es handelt sich hierbei um folgende Fehler (Padberg (1986 a)):

- Endnullfehler (Häufige Ursachen: Der letzte Divisionsschritt wird *nicht* durchgeführt, da der letzte Teildividend *sofort* und *nur* als Rest notiert wird bzw. der Dividend besitzt als *letzte* Stelle eine *Null*, diese wird *nicht* heruntergeholt.)
- Zwischennullfehler (Häufige Ursachen: Die vorhergehende Teildivision liefert eine Null und die „herunterzuholende" Ziffer ist kleiner als der Divisor (2 Nullen hintereinander im Quotienten) bzw. die vorhergehende Teildivision geht auf und die „heruntergeholte" Ziffer ist kleiner als der Divisor bzw. die vorhergehende Teildivision läßt einen Rest, der kleiner als der Divisor ist, und die „herunterzuholende" Ziffer Null wird einfach ignoriert.)
- Gleichzeitiges Herunterholen mehrererZiffern.
- Mehrmalige Division in derselben Stellenwertspalte, obwohl die Teildifferenz kleiner ist als der Divisor.
- Subtraktionsfehler.
- Multiplikationsfehler.

Ferner machen sich die schon in $\mathbb{N}$ beobachteten *Schwierigkeitsfaktoren*, wie Größe des Divisors, Größe der Quotientenziffern, Anzahl der Verwandlungen pro Aufgabe, Anzahl der Zehnerüberschreitungen beim Bestimmen der Teildifferenzen, Relation der Anzahl der Dividendenstellen zur Anzahl der Quotientenstellen, Nullen im Dividend, Divisor oder Quotient bemerkbar (vgl. Padberg (1986 a)). *Zusätzlich* spielt hier u.a. die Frage eine Rolle, ob der Dividend und der Divisor gleich- oder unterschiedlich viele Dezimalen besitzen, und damit auch die Frage, ob der Dividend ggf. erweitert werden muß.

Wieweit der Divisionskalkül *wirklich* verstanden worden ist, läßt sich gut an Aufgaben wie $5 : 0,1$ oder $5 : 0,001$ abklären, bei denen keine Divisionsfehler aus dem Bereich des Kalküls in $\mathbb{N}$ das Bild überlagern.[1] Große *Unsicherheiten* gegenüber diesem Aufgabentyp – und dies sogar bei Gymnasialschülern! – sind an der hohen Quote von Auslassungen

[1] Alle Angaben im restlichen Teil dieses Abschnittes basieren auf der von uns kürzlich abgeschlossenen Untersuchung über Dezimalbrüche (Padberg (1989)).

(zwischen rund 30 und 40 %!) deutlich zu erkennen. Die häufigsten Fehler, nämlich $5 : 0,1 = 0,5$ bzw. $5 : 0,001 = 0,005$, können im Sinne der schon bei der Multiplikation mit $0,1$ bzw $0,001$ beobachteten Schülerstrategie gedeutet werden, daß sich die Anzahl der Nachkommastellen nach der Zahl mit den meisten Dezimalen richtet. Auch die Division durch *Zehnerpotenzen* offenbart *grundlegende Defizite*. So rechnet z.B. rund ein Drittel der untersuchten Gymnasialschüler die Aufgabe 5 : 100 falsch. Häufigste Fehler sind 20 bzw. $0,005$. Während Ergebnisse wie $0,005$ durch einen falschen Transfer von $\mathbb{N}$ erklärt werden können (Hunderter stehen in $\mathbb{N}$ an der *dritt*letzten Stelle), sind Ergebnisse wie 20 eher das Resultat einer Ausweichreaktion: Die Berechnung von 5 : 100 ist den betreffenden Schülern unklar, also rechnen sie die vertraute Aufgabe 100 : 5. Diese Fluchtreaktion beschreiten bei diesem Aufgabentyp mehr als 10 % der Schüler *systematisch!*

Die hohen Fehlerquoten bei einfachen Divisionsaufgaben vom Typ *Dezimalbruch durch natürliche Zahl* wie z.B. $8,24 : 4$ oder $18,27 : 9$ überraschen auf den ersten Blick. Ursache hierfür ist jedoch die häufig benutzte KT–Strategie. So rechnet fast jeder vierte(!) Schüler $8,24 : 4 = 2,6$ oder $18,27 : 9 = 2,3$. Bei Untersuchungen mit Realschülern rechnen sogar über 40 % der untersuchten Schüler beispielsweise $0,56 : 7 = 0,8$ (Sewing (1988)). Der KT–Fehler wird hier allerdings meist aus Flüchtigkeit gemacht, *systematisch* unterläuft er bei geeigneten Aufgaben rund 7 % der Gymnasialschüler. Klammern wir die KT–fehlerträchtigen Aufgaben aus, so werden Aufgaben, bei denen *keine* Endnullen bei der Rechnung angehängt werden müssen (Beispiel: $7,2 : 6$), deutlich *häufiger* richtig gelöst als Aufgaben, bei denen dies erforderlich ist (Beispiel: $7,5 : 2$). *Besonders* fehlerträchtig sind ferner Aufgaben, bei denen der Dividend kleiner als 1 ist und eine oder mehrere Nullen nach dem Komma besitzt (Beispiel: $0,084 : 12$). Häufigster Fehler ist hier das Ergebnis $0,07$. Die Schüler sehen vermutlich 84 als „Block“ und setzen daher die 7 auf die zweite Stelle nach dem Komma. Auf die Frage nach der *Regel* für die Division eines Dezimalbruchs durch 100 geben nur *wenige* Schüler eine richtige Antwort. Die häufigste fehlerhafte Antwort ist, daß das Komma nach *rechts* verschoben wird.

Bei der Division von Dezimalbrüchen durch Dezimalbrüche fallen den Schülern Aufgaben mit der *gleichen* Anzahl von Dezimalen i.a. leichter als Aufgaben mit einer unterschiedlichen Anzahl. Besonders fehlerträchtig ist der Aufgabentyp, bei dem der Divisor mehr Stellen aufweist als der Dividend (Beispiel: $0,5 : 0,25$). Das erforderliche Anhängen von Endnullen beim Dividenden bereitet hier Probleme. Aber auch Aufgaben, bei denen eine oder mehrere *Nullen* nach dem Komma vorkommen, sind i.a. fehlerträchtiger als Aufgaben ohne Nullen. Bieten Aufgaben wie $0,44 : 0,11$ die Möglichkeit zur Anwendung der KT–Strategie, so wird dies reichlich genutzt. So rechnet fast jeder 5. Gymnasiast $0,44 : 0,11 = 0,4$. Bei *diesem* Aufgabentyp wird auch bei geeigneten Aufgaben die KK–Strategie angewandt. Lösungen wie $0,36 : 0,9 = 4$ oder $0,028 : 0,4 = 7$ kommen häufiger vor. Besteht Unklarheit über die Anzahl der Dezimalen beim Ergebnis, so richten sich viele Schüler nach der Anzahl der Dezimalen des Dividenden oder Divisors. Dieser Fehler kommt bei einer *gleichen* Anzahl von Dezimalen – möglicherweise auch infolge eines Transfers von der Addition und Subtraktion – besonders häufig vor. So rechnen 15 % der untersuchten Schüler $5,6 : 0,7 = 0,8$. Ist die Anzahl der Dezimalen bei Dividend und Divisor *unterschiedlich*, so läßt sich bei diesem Aufgabentyp *keine* klare Tendenz bei den Schülern zur rein formalen Übernahme der *Anzahl* der Dezimalen vom Dividend oder Divisor bzw. von der Zahl mit den meisten oder wenigsten Dezimalen erkennen. Läßt sich die Division *„im Kopf“* durchführen (wie bei $0,44 : 0,11; 5,6 : 0,7; 0,028 : 0,4; 0,36 : 0,9; 3,3 : 0,11$ oder $0,6 : 0,02$), so kann man die *häufigste Schülerstrategie* einheitlich auch so beschreiben: Man dividiert die beiden betreffenden Zahlen „im Kopf“ und schreibt dann vor dieses Ergebnis „0,...“, also z.B. $6 : 2 = 3$, daher $0,6 : 0,02 = 0,3$. Einige Schüler formulieren diese Strategie sogar als Regel aus: „Ich rechne im Kopf ohne Komma und schreibe dann 0,...“.

Zur Reduzierung von Fehlern sollte bei der Division – wie auch schon bei der Multiplikation – von Anbeginn an eine Abschätzung des Ergebnisses durch *Überschlagsrechnung* vorgenommen werden. Allerdings kann man nicht einfach mit den nach den Rundungsregeln gerundeten Zahlen rechnen. Vielmehr muß man *so* ab– oder aufrunden, daß

man *leicht* weiterrechnen kann. Um möglichst nahe am Ergebnis zu bleiben, sollte man Dividend und Divisor *beide* vergrößern oder *beide* verkleinern. Die Überschlagsrechnung bereitet den Schülern *besondere* Schwierigkeiten, wenn eine kleinere Zahl durch eine größere Zahl dividiert wird. Ist der Divisor noch zusätzlich *mehrstellig*, so erhöht das weiter den Schwierigkeitsgrad (vgl. DIFF (1982)). Besondere Sorgfalt ist schließlich bei solchen Aufgaben notwendig, bei denen im Quotienten Zwischen- oder Endnullen vorkommen (Beispiel: $14,42 : 7 = 2,06$). Wie wir gesehen haben, lassen Schüler hier gerne die Null fort und schreiben im Sinne der KT-Vorstellung kurz $2,6$.
Halbschriftliche Notationen wie

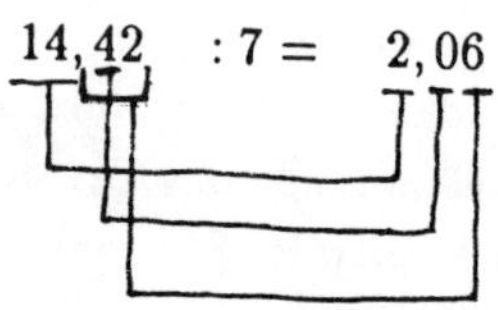

und sorgfältige Sprechweisen wie „4 durch 7 ergibt 0“ statt „4 durch 7 geht nicht“ können hier hilfreich sein (vgl. auch Padberg (1986 a)).

VI DIAGNOSTISCHE TESTS

Im folgenden stellen wir die bei unseren empirischen Untersuchungen benutzten, von uns entworfenen diagnostischen Tests vor. Wegen genauerer – über die Bemerkungen in diesem Buch hinausgehender – Hinweise zu diesen beiden Tests vergleiche man gegebenenfalls die von uns herausgegebenen Hefte der Zeitschrift „Der Mathematik unterricht" 3/1986 (Typische Schülerschwierigkeiten im Bereich der natürlichen und der rationalen Zahlen) sowie 2/1991 (Dezimalbrüche – Konzeptionen/ Typische Schülerschwierigkeiten), und zwar dort insbesondere die Beiträge: „Über typische Schülerschwierigkeiten in der Bruchrechnung – Bestandsaufnahme und Konsequenzen" beziehungsweise „Problembereiche bei der Behandlung von Dezimalbrüchen – eine empirische Untersuchung an Gymnasialschülern".

Aus Umfangsgründen zerlegen wir sowohl den Test zur Bruchrechnung wie den zur Dezimalbruchrechnung in zwei Teiltests (Gruppe A, Gruppe B). Bei der *Bruchrechnung* testet jeder Teiltest zwei vollständige Rechenoperationen (Test A: Addition und Division, Test B: Subtraktion und Multiplikation) mit rein rechnerischen Aufgaben, mit Text –/Bildaufgaben und mit Fragen zur Regelformulierung und zum Teil Regelbegründung sehr umfassend und differenziert ab, und zwar mit gut 10 Aufgaben zur Addition, Subtraktion und Multiplikation sowie knapp 20 Aufgaben zur Division. In zusätzlichen Aufgaben wird in beiden Teiltests die Kenntnis der Subtechniken des Kürzens, Erweiterns und Einrichtens beziehungsweise Umwandelns getestet. Die beiden Teiltests zur *Dezimalbruchrechnung* testen ebenfalls ähnlich wie die Tests zur Bruchrechnung sehr umfassend und differenziert jeweils zwei vollständige Rechenoperationen (Test A: Addition und Multiplikation, Test B: Subtraktion und Division) sowie den Dezimalbruchbegriff und die Kleinerrelation ab. Während wir bei den Tests zur Bruchrechnung die Originaltestblätter abdrucken, um so die Anordnung der Aufgaben und vor allem den reichlichen Platz, den Schüler für Nebenrechnungen zur Verfügung haben, zu demonstrieren, stellen wir die Testbögen zur Dezimalbruchrechnung aus Umfangsgründen etwas komprimierter da, indem wir den Platz für Nebenrechnungen gegenüber dem Original stark reduzieren und die Aufgaben zum Teil nebeneinander anordnen.

1. DIAGNOSTISCHE TESTS ZU DEN GEMEINEN BRÜCHEN

1.1 GEMEINE BRÜCHE – TEILTEST A

Schule:________________________ Klasse:________________

Datum:__________________ Unterrichtsstunde:________________

Bitte kreuze an: Junge ☐ ; Mädchen ☐ ; Vorname:________________

---

1. Addiere:

$\frac{3}{7} + \frac{2}{7} =$

$\frac{3}{8} + \frac{2}{5} =$

$\frac{1}{2} + \frac{1}{4} =$

$\frac{1}{3} + 4 =$

---

2. Ein Brett ist 2 m lang. In wieviel Stücke von jeweils $\frac{2}{3}$ m Länge kannst Du das Brett zersägen?

Anzahl der Stücke:--------------

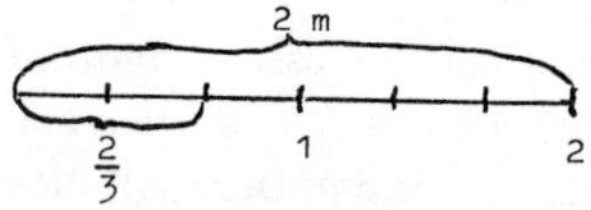

Kannst Du die Aufgabe (Ein Brett ist 2 m lang. In wieviel Stücke von jeweils $\frac{2}{3}$ m Länge kannst Du das Brett zersägen) auch rechnerisch lösen?

Wie lautet die Rechenaufgabe?--

---

3. Schreibe als gemischte Zahl:

$\frac{14}{5}$ = ____________________

$\frac{16}{9}$ = ____________________

$\frac{8}{7}$ = ____________________

---

4. Schreibe als Bruch:

$2\frac{4}{7}$ = ____________________

$3\frac{4}{5}$ = ____________________

$5\frac{1}{6}$ = ____________________

---

5. Dividiere:

$\frac{4}{5} : \frac{2}{5}$ = ____________________

$\frac{3}{5} : 9$ = ____________________

$\frac{3}{7} : 14$ = ____________________

$1 : \frac{1}{5}$ = ____________________

---

6. Dividiere:

2 m : 5 = ____________________

4 kg : 5 = ____________________

---

7. Färbe zuerst die Hälfte des Kreises dunkel, dann anschließend noch ein Viertel des Kreises dunkel.

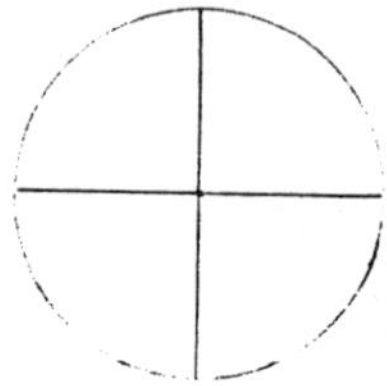

Welchen Bruchteil des Kreises hast Du insgesamt dunkel gefärbt? ______________

Kannst Du die obige Aufgabe (Färbe zuerst die Hälfte des Kreises dunkel, dann anschließend noch ein Viertel des Kreises dunkel. Welchen Bruchteil des Kreises hast Du insgesamt dunkel gefärbt?) auch rechnerisch lösen?

Wie lautet die Rechenaufgabe? ____

---

8. Kürze so weit wie möglich:

$\frac{6}{8}$ = ____

$\frac{9}{18}$ = ____

$\frac{3 \cdot 7}{7 \cdot 9}$ = ____

$\frac{3 \cdot 4}{2 \cdot 6}$ = ____

$\frac{7}{7}$ = ____

---

9. Zwei Schüler teilen sich eine $\frac{3}{10}$ - l - Dose Limonade. Wieviel Limonade bekommt jeder, wenn sie gerecht teilen?

____

____

---

10. Addiere:

$\frac{1}{5} + \frac{3}{5} =$ --

$3 + \frac{1}{5} =$ --

$\frac{1}{2} + \frac{1}{3} =$ --

$\frac{1}{2} + \frac{3}{8} =$ --

---

11. Sind folgende Umwandlungen richtig?

Kreuze an:

	ja	nein	weiß nicht
$\frac{4}{5} = 1\frac{1}{5}$	☐	☐	☐
$\frac{17}{8} = 2\frac{1}{8}$	☐	☐	☐
$\frac{3}{7} = 2\frac{1}{3}$	☐	☐	☐

---

12. Dividiere:

$\frac{2}{3} : \frac{5}{7} =$ --

$2 : 5 =$ --

$\frac{4}{5} : \frac{7}{6} =$ --

---

13. Wie lautet die Kürzungsregel?

Bitte ergänze:

Man kürzt einen Bruch, indem man ----------------------------------

----

---

14. Dividiere:

$2 : \frac{2}{3} =$ ______________________________

$\frac{9}{10} : \frac{3}{10} =$ ______________________________

$\frac{4}{7} : 9 =$ ______________________________

$\frac{3}{10} : 2 =$ ______________________________

---

15. Addiere, kürze und schreibe das Ergebnis als gemischte Zahl:

$\frac{2}{3} + \frac{5}{6} =$ ______________________________

---

16. Dividiere:

$4 : 5 =$ ______________________________

$\frac{5}{6} : \frac{11}{13} =$ ______________________________

$\frac{2}{3} : \frac{5}{4} =$ ______________________________

---

17. Welcher Bruchteil des Rechtecks ist schraffiert?

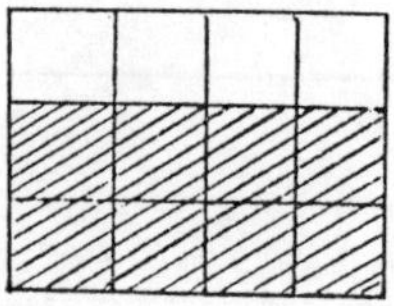

____________ des Rechtecks ist schraffiert

Kannst Du diesen Bruchteil noch anders ausdrücken?

____________ des Rechtecks ist schraffiert

---

18. Ist in den folgenden Aufgaben <u>richtig gekürzt</u> worden?

Kreuze an:

	ja	nein	weiß nicht
$\frac{3}{\cancel{8}_4} + \frac{\cancel{2}^1}{5} = \frac{3}{4} + \frac{1}{5}$	☐	☐	☐
$\frac{3}{\cancel{8}_4} \cdot \frac{\cancel{2}^1}{5} = \frac{3}{4} \cdot \frac{1}{5}$	☐	☐	☐
$\frac{3}{\cancel{8}_4} : \frac{\cancel{2}^1}{5} = \frac{3}{4} : \frac{1}{5}$	☐	☐	☐
$\frac{3}{\cancel{7}_1} : \cancel{14}^2 = \frac{3}{1} : 2$	☐	☐	☐

---

19. Wie lautet die <u>Additionsregel</u>?

Bitte ergänze:

<u>Gleichnamige</u> Brüche werden addiert, indem man______________________

____

____

<u>Ungleichnamige</u> Brüche werden addiert, indem man____________________

____

____

---

20. Dividiere, kürze und schreibe das Ergebnis als gemischte Zahl:

$\frac{7}{8} : \frac{5}{16} =$____

---

21. Einer Deiner Mitschüler war krank, als in der Schule die Division von Bruchzahlen behandelt wurde.

a) Nenne ihm die Divisionsregel: "Man dividiert durch eine Bruchzahl, indem man --

----

----

b) Zu Recht fragt Dein Mitschüler: "Warum dividiert man eigentlich gerade auf diese Art durch eine Bruchzahl?" Begründe dies am Beispiel $\frac{3}{5} : \frac{2}{7}$.

WENN DU HIER ANGEKOMMEN BIST, PRÜFE ZUNÄCHST ALLE BISHER GERECHNETEN AUFGABEN. DAS IST SEHR WICHTIG. ERST DANN BEGINNE MIT DEN AUFGABEN AUF DER NÄCHSTEN SEITE!

Wenn Du hier angekommen bist, prüfe zunächst alle bisher gerechneten Aufgaben. Das ist sehr wichtig. Erst dann beginne mit den folgenden Aufgaben:

1. Butter hat einen Wassergehalt von etwa $\frac{4}{25}$ des Gewichts. Berechne den Wassergehalt von $\frac{3}{4}$ kg Butter.

----

2. Ein Schöpfgefäß faßt $\frac{3}{8}$ l Wasser. Wie oft muß man mit diesem Gefäß schöpfen, um einen Topf mit $3\frac{3}{4}$ l Inhalt zu füllen?

----

3. An einer Abstimmung beteiligten sich $\frac{4}{5}$ aller Schüler einer Schule. Davon stimmten $\frac{2}{3}$ mit "ja". Welcher Teil aller Schüler hat mit "ja" gestimmt?

----

4. Ein Gefäß von unbekanntem Volumen enthält $\frac{4}{5}$ l Apfelsaft. Der Apfelsaft füllt dieses Gefäß zu $\frac{2}{3}$. Wieviel l faßt dieses Gefäß?

1.2 GEMEINE BRÜCHE – TEILTEST B

Schule: ______________________________ Klasse: ______________

Datum: ______________ Unterrichtsstunde: ______________________

Bitte kreuze an: Junge ☐ ; Mädchen ☐ ; Vorname: ______________

---

1. Bestimme den Hauptnenner (also den kleinsten gemeinsamen Nenner) folgender Brüche:

   $\frac{2}{3}$; $\frac{5}{6}$ Der Hauptnenner ist: -----------

   $\frac{1}{2}$; $\frac{2}{7}$ Der Hauptnenner ist: -----------

   $\frac{2}{9}$; $\frac{5}{6}$ Der Hauptnenner ist: -----------

---

2. Von einer Tafel Schokolade wurden 7 Stücke gegessen (siehe Zeichnung)
   Welcher Bruchteil bleibt noch übrig? -------------------------

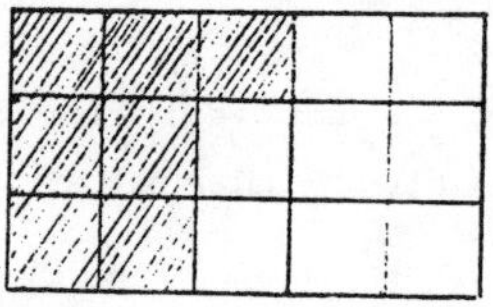

   Kannst Du die obige Aufgabe auch rechnerisch lösen?
   Wie lautet die Rechenaufgabe? ---

---

3. Kürze so weit wie möglich

   $\frac{6}{8}$ = ---

   $\frac{9}{18}$ = ---

   $\frac{3 \cdot 7}{7 \cdot 9}$ = ---

   $\frac{3 \cdot 4}{2 \cdot 6}$ = ---

   $\frac{7}{7}$ = ---

---

4. Multipliziere

$\frac{2}{11} \cdot 5 =$ ____

$\frac{1}{2} \cdot \frac{1}{4} =$ ____

$\frac{5}{7} \cdot \frac{3}{7} =$ ____

$2 \cdot \frac{5}{21} =$ ____

$\frac{3}{5} \cdot \frac{4}{7} =$ ____

---

5. Ist in den folgenden Aufgaben <u>richtig gekürzt</u> worden?

Kreuze an:

	ja	nein	weiß nicht
$\frac{3}{_4\cancel{8}} \cdot \frac{\cancel{2}^1}{5} = \frac{3}{4} \cdot \frac{1}{5}$	☐	☐	☐
$\frac{3}{_4\cancel{8}} \cdot \cancel{6}^3 = \frac{3}{4} \cdot 3$	☐	☐	☐
$\frac{^3\cancel{25}}{7} \cdot \frac{\cancel{10}^2}{11} = \frac{3}{7} \cdot \frac{2}{11}$	☐	☐	☐
$\frac{3}{_4\cancel{8}} - \frac{\cancel{2}^1}{5} = \frac{3}{4} - \frac{1}{5}$	☐	☐	☐
$\frac{^1\cancel{4}}{5} \cdot \frac{3}{\cancel{8}_2} = \frac{1}{5} \cdot \frac{3}{2}$	☐	☐	☐
$\frac{5}{_4\cancel{8}} \cdot \frac{1}{\cancel{6}_3} = \frac{5}{4} \cdot \frac{1}{3}$	☐	☐	☐

---

6. Ergänze den Zähler

$\frac{3}{7} = \frac{}{28}$

$\frac{5}{8} = \frac{}{24}$

$\frac{1}{4} = \frac{}{24}$

$5 = \frac{}{3}$

$5 = \frac{}{1}$

---

7. Subtrahiere:

$\frac{4}{5} - \frac{2}{5} =$ ____________________

$\frac{3}{4} - \frac{5}{8} =$ ____________________

$\frac{3}{5} - \frac{1}{2} =$ ____________________

$\frac{1}{4} - \frac{1}{3} =$ ____________________

$1 - \frac{7}{15} =$ ____________________

---

8. Schraffiere zunächst die Hälfte des Rechtecks. Färbe anschließend ein Viertel des schraffierten Teils schwarz.

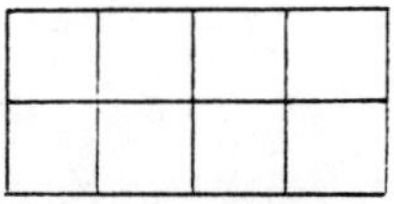

Welchen Bruchteil des ganzen Rechtecks hast Du schwarz gefärbt? ____________

Kannst Du die obige Aufgabe (Schraffiere zunächst die Hälfte des Rechtecks. Färbe anschließend ein Viertel des schraffierten Teils schwarz. Welchen Bruchteil des ganzen Rechtecks hast Du schwarz gefärbt?) auch rechnerisch lösen?

Wie lautet die Rechenaufgabe? ____________________

---

9. Bestimme den Hauptnenner (also den kleinsten gemeinsamen Nenner) folgender Brüche:

$\frac{2}{3}$; $\frac{3}{5}$ Der Hauptnenner ist: __________

$\frac{3}{4}$; $\frac{7}{8}$ Der Hauptnenner ist: __________

$\frac{1}{6}$; $\frac{3}{8}$ Der Hauptnenner ist: __________

---

10. Wie lautet die Kürzungsregel?

Bitte ergänze:

Man kürzt einen Bruch, indem man ____

____

11. Subtrahiere:

$\frac{5}{7} - \frac{1}{7} =$ ________________________________

$\frac{5}{8} - \frac{1}{3} =$ ________________________________

$\frac{3}{4} - \frac{1}{2} =$ ________________________________

$5 - \frac{1}{3} =$ ________________________________

$6 - \frac{1}{5} =$ ________________________________

12. Wie lautet die Regel zum Erweitern eines Bruches?

Bitte ergänze:

Man erweitert einen Bruch, indem man ________________________________

____

____

13. Multipliziere:

$\frac{3}{8} \cdot \frac{5}{8} =$ ________________________________

$4 \cdot \frac{1}{7} =$ ________________________________

$\frac{2}{7} \cdot 3 =$ ________________________________

$\frac{3}{5} \cdot \frac{3}{10} =$ ________________________________

14. Welcher Bruchteil des Rechtecks ist schraffiert?

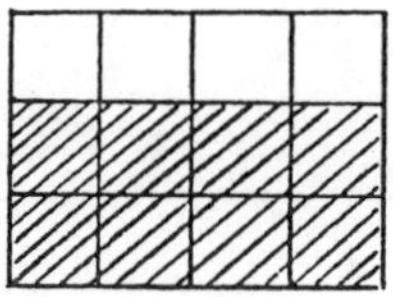

____________des Rechtecks ist schraffiert

Kannst Du diesen Bruchteil noch anders ausdrücken?

___________des Rechtecks ist schraffiert

---

15. Subtrahiere, kürze und schreibe das Ergebnis als gemischte Zahl

$\frac{5}{3} - \frac{1}{6} =$ ____

---

16. Multipliziere, kürze und schreibe das Ergebnis als gemischte Zahl

$\frac{6}{5} \cdot \frac{11}{4} =$ ____

---

17. Wie lautet die Subtraktionsregel?

Bitte ergänze:

Gleichnamige Brüche werden subtrahiert, indem man____________________

____

Ungleichnamige Brüche werden subtrahiert, indem man__________________

____

---

18. Einer Deiner Mitschüler war krank, als in der Schule die Multiplikation von Bruchzahlen behandelt wurde.

a) Nenne ihm die Multiplikationsregel: "Man multipliziert zwei Bruchzahlen indem man ____________________

____

____

b) Zu Recht fragt Dein Mitschüler: "Warum multipliziert man Bruchzahlen eigentlich gerade auf diese Art?" Begründe dies am Beispiel $\frac{2}{3} \cdot \frac{4}{5}$

WENN DU HIER ANGEKOMMEN BIST, PRÜFE ZUNÄCHST ALLE BISHER GERECHNETEN AUFGABEN. DAS IST SEHR WICHTIG. ERST DANN BEGINNE MIT DEN AUFGABEN AUF DER NÄCHSTEN SEITE!

Wenn Du hier angekommen bist, prüfe zunächst alle bisher gerechneten Aufgaben. Das ist sehr wichtig. Erst dann beginne mit den folgenden Aufgaben:

1. Butter hat einen Wassergehalt von etwa $\frac{4}{25}$ des Gewichts. Berechne den Wassergehalt von $\frac{3}{4}$ kg Butter.

----

2. Ein Schöpfgefäß faßt $\frac{3}{8}$ l Wasser. Wie oft muß man mit diesem Gefäß schöpfen, um einen Topf mit $3\frac{3}{4}$ l Inhalt zu füllen?

----

3. An einer Abstimmung beteiligten sich $\frac{4}{5}$ aller Schüler einer Schule. Davon stimmten $\frac{2}{3}$ mit "ja". Welcher Teil aller Schüler hat mit "ja" gestimmt?

----

4. Ein Gefäß von unbekanntem Volumen enthält $\frac{4}{5}$ l Apfelsaft. Der Apfelsaft füllt dieses Gefäß zu $\frac{2}{3}$. Wieviel l faßt dieses Gefäß?

----

2. DIAGNOSTISCHE TESTS ZU DEN DEZIMALBRÜCHEN

2.1 DEZIMALBRÜCHE – TEILTEST A

Im Original umfaßt der Testbogen A 12 DIN-A4-Seiten, der Testbogen B 13 DIN-A4-Seiten. Die Schüler haben reichlich Platz für Nebenrechnungen. Die Rechenaufgaben stehen einzeln untereinander, nicht nebeneinander.

TEST

GRUPPE A

Schule: ______________________ Klasse: ______________________

Datum: ______________________ Unterrichtsstunde: ______________

Vorname: ______________________

Zur Erinnerung: **Dezimalbruch:** **Beispiele: 0,3 ; 0,456**

Gemeiner Bruch: **Beispiele:** $\frac{2}{10}$; $\frac{3}{4}$

---

1. Wie liest Du den Dezimalbruch 3,25? Kreuze an!

Dreihundertfünfundzwanzig ◯

Drei-Rest-fünfundzwanzig ◯

Drei-und-fünfundzwanzig ◯

Drei-Komma-fünfundzwanzig ◯

Drei-Komma-zwei-fünf ◯

Drei-ein-Fünfundzwanzigstel ◯

---

2. Addiere:

4,2 + 3,6 = ______________ 3,48 + 4,2 = ______________

2,75 + 3,8 = ______________ 0,3 + 6 = ________________

3,52 DM + 2,63 DM = ______

---

3. Schreibe als Dezimalbruch

2 Zehntel = ______________ 345 Tausendstel = _________

2 Einer 3 Zehntel 5 Hundertstel =______ 5 Hundertstel = ______

8 Tausendstel = __________ 28 Zehntel = ______________

---

4. Multipliziere:

3,4 · 10 = _______________ 6 · 0,4 = _________________

3,8 · 0,01 = _____________ 0,2 · 0,3 = _______________

3,2 · 2,4 = ______________

5. Umrande die kleinste Zahl

Beispiel: 17 (15) 230

0,625 0,25 0,3753 0,125 0,5

6. Umrande die größte Zahl

0,100 0,31 0,034 0,04 0,2

7. Ordne der Größe nach, die kleinste Zahl zuerst:

0,1 0,231 0,07 ☐ ☐ ☐

kleinste Zahl größte Zahl

8. Nenne eine Zahl zwischen 8,3 und 8,4: ☐

9. Welche Zahl wird durch den Pfeil markiert?

a)

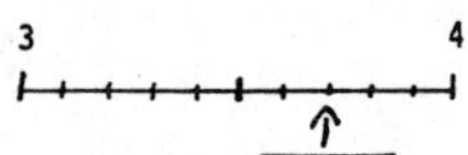

Die Zahl ist ☐

b)

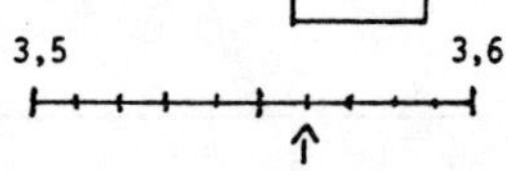

Die Zahl ist ☐

c)

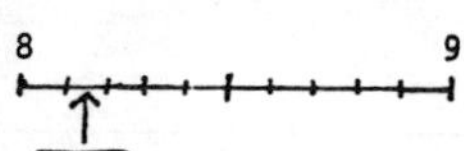

Die Zahl ist ungefähr ☐

10. Markiere durch einen Pfeil

a) 4,7

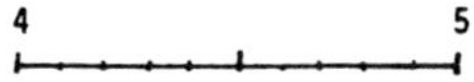

b) 4,23

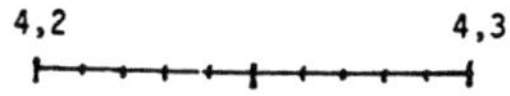

c) 4,265

---

11. Addiere:

3,48 m + 4,2 m = --------- 0,45 + 7 = ----------------

0,7 + 0,05 = ------------- 6,3 + 2,42 = ---------------

0,4 + 0,8 = --------------

---

12. Wieviel Liter sind in einer kleinen Cola-Dose? Kreuze die richtige Antwort an.

33,0 l ◯ 3,3 l ◯ 0,33 l ◯ 0,033 l ◯

---

13. Wie schwer ist ungefähr ein 14-jähriger Schüler? Kreuze die richtige Antwort an.

435,0 kg ◯ 43,5 kg ◯ 4,35 kg ◯ 0,435 kg ◯

---

14. Schreibe in DM (als Dezimalbruch) auf:

8 Pf = ________ DM 46 Pf = ________ 257 Pf = ________

---

15. Schreibe in km (als Dezimalbruch) auf:

5 m = ________ km 38 m = ________ km

240 m = ______ km 3254 m = _______ km

---

16. Schreibe in g auf:

0,4 kg = ________ g 0,45 kg = ________ g 0,375 kg = ________ g

---

17. Addiere:

0,7 m + 0,05 m = --------------- 0,03 + 5 = ----------------

5,7 + 2,8 = ------------------ 5,07 + 2,3 = --------------

---

18. Multipliziere:

$0{,}8 \cdot 0{,}11 =$ ________________ $0{,}4 \cdot 0{,}05 =$ ______________

$2{,}56 \cdot 100 =$ ________________ $4 \cdot 2{,}3 =$ ________________

$5{,}6 \cdot 0{,}1 =$ _________________

19. Schreibe als Dezimalbruch:

$\frac{3}{10} =$ ____________________________ $4\frac{3}{10} =$ _________________________________

$\frac{5}{1000} =$ ____________________________ $\frac{526}{1000} =$ _________________________________

$\frac{287}{100} =$ ____________________________ $\frac{3}{100} =$ _________________________________

20. Schreibe als gemeinen Bruch:

0,29 = ____________________________ 2,7 = ___________________________________

0,03 = ____________________________ 4,03 = ___________________________________

0,017 = ____________________________

21. Multipliziere:

$0{,}02 \cdot 0{,}004 =$ ______________ $4{,}7 \cdot 0{,}001 =$ ______________

$6 \cdot 0{,}008 =$ ________________ $0{,}48 \cdot 1000 =$ ______________

$15{,}2 \cdot 3{,}24 =$ ______________

22. 4 Zehntel ist dasselbe wie ☐ Hundertstel

23. Schreibe mit 2 Stellen nach dem Komma

7 = 7,☐☐

24. Schreibe mit 3 Stellen nach dem Komma:

4,56 = 4,56☐ 0,4 = 0,4☐☐

25. Kreuze die richtige Aussage an:

0,3 < 0,30 ◯ 0,3 = 0,30 ◯ 0,3 > 0,30 ◯

26. Schreibe als Dezimalbruch:

$\frac{1}{2}$ = ---------- $\frac{2}{5}$ = ---------- $\frac{3}{4}$ = ---------- $\frac{2}{3}$ = ----------

---

27. Umrande die Zahl, die am nächsten bei 0,18 liegt:

0,1 0,2 0,15

---

28. Zähle weiter: 0,7 0,8 0,9 ☐

---

29. Umrande die längste Strecke:

0,100 km 0,31 km 0,034 km 0,04 km 0,2 km

---

30. Regel:
Wie addierst Du zwei Dezimalbrüche?

---

31. a) Kreuze die Zehntel in 7 , 6 5 4 an.
○ ○○○

b) Kreuze die Hundertstel in 7 , 6 5 4 an.
○ ○○○

---

32. a) 8,65 bedeutet 8 Einer, 6-------------- , 5--------------------

b) 8,07 bedeutet 8 Einer, --

---

33. Welche der Zahlen sind gleich? Kreuze alle richtigen Lösungen an:

0,2 = 0,02 ○ 0,2 = 0,20 ○ 0,2 = 0,002 ○ 0,2 = 0,200 ○

---

34. Es bedeuten: z: Zehntel, h: Hundertstel, t: Tausendstel, zt: Zehntausendstel.
Umrande die kleinste Zahl:

2z 5h 6z 2h 5t 5z 3z 7h 5t 3 zt 1z 2h 5t

---

35. Multipliziere:
2z · 3z = --------- 4z · 5h = --------- 6 · 4z = ---------

---

36. Regel:
Wie lautet die Regel?
Ich multipliziere einen Dezimalbruch mit [100] , indem ich

Begründe diese Regel!

37. Färbe dunkel:

0,4 von dem Quadrat

0,45 von dem Quadrat

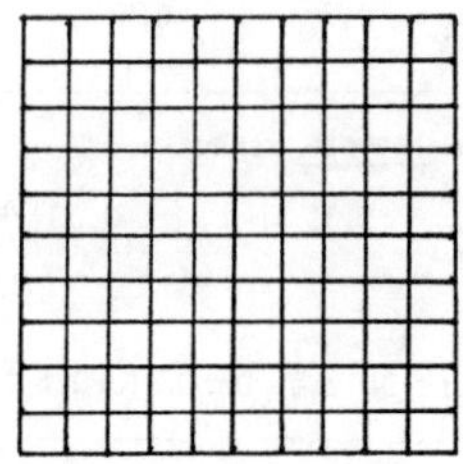

38. Regel:
Setze das Komma im Ergebnis an die richtige Stelle:
0,456 · 3,7 = 1 6 8 7 2
Anzahl der Stellen rechts vom Komma im Ergebnis: [ ]
Wie lautet die Multiplikationsregel für Dezimalbrüche?

Wenn Du hier angekommen bist, prüfe zunächst alle bisher gerechneten Aufgaben. Das ist sehr wichtig. Erst dann beginne mit den folgenden Aufgaben:

1. 136,96 : 32 = _________
2. 106,92 : 36 = _________
3. 82,931 : 12,7 = _______
4. Ein Händler bezieht 250 Kisten Seife mit einem Gesamtgewicht von 16,25 t. Eine leere Kiste wiegt 5 kg. Wieviele Stücke Seife sind in einer Kiste, wenn 1 Stück 0,24 kg wiegt?

2.2 DEZIMALBRÜCHE – TEILTEST B

Schule: ______________________ Klasse: ______________________

Datum: ______________________ Unterrichtsstunde: ______________________

Vorname: ______________________

Zur Erinnerung: Dezimalbruch: Beispiele: 0,3 ; 0,45

Gemeiner Bruch: Beispiele: $\frac{2}{10}$; $\frac{3}{4}$

---

1. Umrande die kleinste Zahl.

   Beispiel: 17 (15) 230

   0,075 0,09 0,1 0,0891

---

2. Umrande die größte Zahl.

   0,3 0,13 0,42 0,135 0,287

---

3. Ordne der Größe nach, die kleinste Zahl zuerst:

   0,1 0,231 0,07 [ ] [ ] [ ]

   kleinste Zahl größte Zahl

---

4. Nenne eine Zahl zwischen 0,4 und 0,41: [ ]

---

5. Subtrahiere:

   6,7 - 4,2 = _________ 0,87 - 0,3 = _________

   12 - 0,6 = __________ 5,8 m - 3,47 m = _____

   0,4 - 0,275 = _______

---

6. Schreibe als Dezimalbruch:

   $\frac{1}{2}$ = _________ $\frac{2}{5}$ = _________ $\frac{3}{8}$ = _________ $\frac{2}{3}$ = _________

---

7. Dividiere:

   5 : 100 = _________ 8,24 : 4 = _________ 7,2 : 6 = _________

   7,5 : 2 = _________ 5 : 0,1 = __________ 2 : 0,5 = _________

   3 : 0,6 = _________

---

8. Umrande die Zahl, die am nächsten bei 0,18 liegt.

   0,1 0,2 0,15

---

9. Zähle weiter: 20,97 20,98 20,99 ☐

---

10. Umrande die längste Strecke:

    0,3 km 0,13 km 0,42 km 0,135 km 0,287 km

---

11. 4 Zehntel ist dasselbe wie ☐ Hundertstel.

---

12. 30 Hundertstel ist dasselbe wie ☐ Zehntel.

---

13. Schreibe mit 2 Stellen nach dem Komma:

    7 = 7,☐☐

---

14. Schreibe mit 3 Stellen nach dem Komma:

    4,56 = 4,56 ☐ 0,4 = 0,4 ☐☐

---

15. Kreuze die richtige Aussage an:

    0,3 < 0,30 ◯ 0,3 = 0,30 ◯ 0,3 > 0,30 ◯

---

16. Subtrahiere:

    0,46 - 0,03 = _________ 5,6 - 2,84 = _________ 6 DM - 0,03 DM = ________

    5,07 - 1,3 = __________ 8 - 0,54 = ___________

---

17. Färbe dunkel:

    0,45 von dem Quadrat

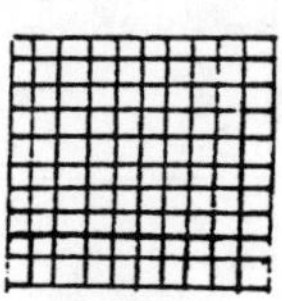

---

18. Welchen Dezimalbruch veranschaulicht:

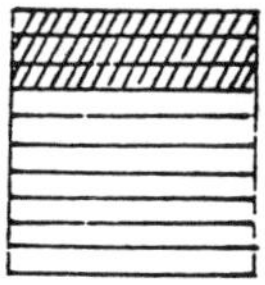

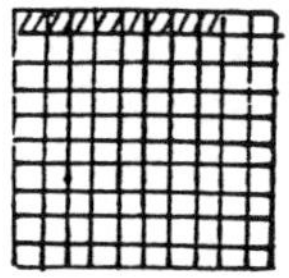

Dezimalbruch: [ ] [ ]

---

19. 8,65 bedeutet 8 Einer, 6 __________, 5 __________

8,07 bedeutet 8 Einer ____________________________

---

20. Die Zahl 56,789 besteht aus

5 Zehnern 6 Einern 7 ______ 8 ______ 9 ______

---

21. Welche Zahlen sind gleich? Kreuze alle richtigen Lösungen an.

0,2 = 0,02 ○ 0,2 = 0,20 ○ 0,2 = 0,002 ○ 0,2 = 0,200 ○

---

22. Dividiere:

4 : 8 = _________ 3,3 : 0,11 = _________ 0,028 : 0,4 = _________

0,44 : 0,11 = ___ 3 : 0,4 = ____________ 35 : 0,7 = ____________

---

23. Schreibe als gemeinen Bruch:

0,7 = ___________ 0,017 = ___________

0,357 = _________ 2,7 = _____________

0,009 = _________ 4,03 = ____________

---

24. Subtrahiere:

9,4 - 4,8 = ____________ 5,23 - 2,5 = ____________

5,8 - 3,47 = ___________ 6 - 0,03 = ______________

0,5 - 0,004 = __________ 7,25 - 4 = ______________

---

25. Schreibe als Dezimalbruch:

$\frac{3}{10}$ = _________ $\frac{23}{10}$ = _________ $\frac{48}{100}$ = _________

$4\frac{3}{10}$ = _______ $\frac{3}{100}$ = ________ $5\frac{38}{100}$ = _______

$\frac{37}{1000}$ = _______

26. Dividiere:

0,6 : 0,02 = _________ 0,36 : 0,9 = _________ 5,6 : 0,7 = _________

9 : 0,05 = __________ 5 : 0,001 = _________ 9,5 : 4 = __________

0,12 : 4 = __________ 18,27 : 9 = _________ 5 : 1000 = _________

---

27. Wieviel Liter sind in einer kleinen Cola-Dose?

Kreuze die richtige Antwort an.

33,0 l ◯ 3,3 l ◯ 0,33 l ◯ 0,033 l ◯

---

28. Wie schwer ist ungefähr ein 14-jähriger Schüler?

Kreuze die richtige Antwort an.

435,0 kg ◯ 43,5 kg ◯ 4,35 kg ◯ 0,435 kg ◯

---

29. Schreibe in DM (als Dezimalbruch) auf:

8 Pf = _______ DM 46 Pf = _______ DM 257 Pf = _______ DM

---

30. Schreibe in g auf:

0,4 kg = _______ g 0,45 kg = ________ g 0,375 kg = _______ g

---

31. Schreibe als Dezimalbruch:

2 Zehntel = _________ 25 Hundertstel = _________

5 Hundertstel = _____ 97 Tausendstel = _________

345 Hundertstel = ___ 2 Einer 5 Zehntel 12 Hundertstel = _______

---

32. Subtrahiere:

8z 7h - 3z = _________ 4z - 2z 7h 5t = _________

Es bedeuten: z: Zehntel, h: Hundertstel, t: Tausendstel.

---

33. Regel:

Wie subtrahierst Du zwei Dezimalbrüche?

---

34. Wie liest Du den Dezimalbruch 3,25? Kreuze an!

Dreihundertfünfundzwanzig ◯ Drei-Rest-fünfundzwanzig ◯

Drei-und-fünfundzwanzig ◯ Drei-Komma-fünfundzwanzig ◯

Drei-Komma-zwei-fünf ◯ Drei-ein-fünfundzwanzigstel ◯

---

35. Welche Zahl wird durch den Pfeil markiert?

a) 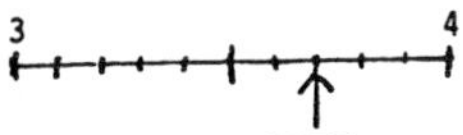

Die Zahl ist ☐

b) 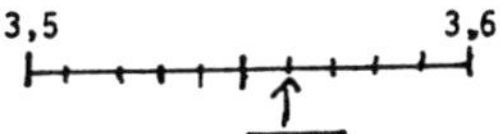

Die Zahl ist ☐

c) 

Die Zahl ist ungefähr ☐

---

36. Markiere durch einen Pfeil

a) 4,7 

b) 4,23 

c) 4,265 

---

37. Dividiere:

5 : 10 = ________ 0,84 : 4 = ________ 0,084 : 12 = ________

5 : 0,01 = ______ 8 : 0,004 = ________ 0,5 : 0,25 = ________

---

38. Anja macht 0,6 m lange Schritte. Wieviel Schritte braucht sie, um 3 m zurückzulegen?

---

39. Regel:

Wie lautet die Regel?

Ich dividiere einen Dezimalbruch durch 100 , indem ich

Begründung?

WENN DU HIER ANGEKOMMEN BIST, PRÜFE ZUNÄCHST ALLE BISHER GERECHNETEN AUFGABEN. DAS IST SEHR WICHTIG. ERST DANN BEGINNE MIT DEN AUFGABEN AUF DER NÄCHSTEN SEITE!

Wenn Du hier angekommen bist, prüfe zunächst alle bisher gerechneten Aufgaben. Das ist sehr wichtig. Erst dann beginne mit den folgenden Aufgaben.

1. 136,96 : 32 = ________ 2. 106,92 : 36 = ________

3. 82,931 : 12,7 = ________

4. Ein Händler bezieht 250 Kisten Seife mit einem Gesamtgewicht von 16,25 t. Eine leere Kiste wiegt 5 kg. Wieviele Stücke Seife sind in einer Kiste, wenn 1 Stück 0,24 kg wiegt?

LITERATURVERZEICHNIS

Sehr umfangreiche Literaturhinweise bis 1977 befinden sich in:

Padberg, F.: Didaktik der Bruchrechnung, Freiburg 1978, S. 197 – 209

Für die *häufiger zitierten Zeitschriften* benutzen wir folgende *Abkürzungen*:

at:	Arithmetic Teacher
DdM:	Didaktik der Mathematik
esm:	Educational Studies in Mathematics
jrme:	Journal for Research in Mathematics Education
MaS:	Mathematik in der Schule
md:	mathematica didactica
ml:	Mathematik lehren
MS:	Mathematics in School
MT:	Mathematics Teaching
MU:	Der Mathematikunterricht
MUP:	Mathematische Unterrichtspraxis
SMP:	Sachunterricht und Mathematik in der Primarstufe
ssm:	School Science and Mathematics
ZDM:	Zentralblatt für Didaktik der Mathematik

1. Verzeichnis der im Text genannten Literatur

Andelfinger, B.: Zur Lehr–Lern–Situation im Mathematikunterricht. ZDM 1984, S. 45 – 51

Ausubel, D.P.: Educational Psychology, A Cognitive View. New York 1968

Behr, M.J./ Wachsmuth, I./ Post, Th.R./ Lesh, R.: Order and Equivalence of Rational Numbers: A Clinical Teaching Experiment. Jrme Nov. 1984, S. 323 – 341

Behr, M.J./ Post, Th.R./ Wachsmuth, I.: Estimation and Children's Concept of Rational Number Size. National Council of Teachers of Mathematics Yearbook, Reston VA, 1986, S. 103 – 111

Biberger, R./ Weingärtner, H.: Die Division mit Bruchzahlen. Die Scholle, 5/1980, S. 337 - 350

Bidwell, J.K.: A comparative study of the learning structures of three algorithms for the division of fractional numbers (Doctoral dissertation, The University of Michigan, 1968), Dissertation Abstracts, 1968, 29, 830 A.

Bidwell, J.K.: Share Five Chocolate Bars among Six Children. MT, Juni 1982, S. 4 - 8

Bigalke, H.–G.: Methodische Hinweise und Lernziele, Einführung in die Mathematik, 6, Frankfurt 1974

Bohan, H.J.: A study of the effectiveness of three learning sequences for equivalent fractions. Doctoral Dissertation, The University of Michigan, 1970, DAI, 1971, 31, 6270 A

Borasi, R./ Michaelsen, J.: Discovering The Difference Between Fractions And Ratios. Focus 3 u. 4 1986, S. 53 - 63

Braunfeld, P.: Ein neuer Zugang zur Bruchrechnung vom Standpunkt der Operatoren. Beiträge zum Mathematikunterricht, 1968, S. 209 - 217

Breidenbach, W.: Rechnen in der Volksschule. Hannover 1963, *dort* 11. Gewöhnliche Brüche, S. 221 - 252. 12. Dezimalzahlen, S. 258 - 268

Brousseau, G.: Problemes De L'enseignement Des Decimaux. Recherches en Didactique des Mathèmatiques, S. 11 - 58

Brueckner, L.J.: Analysis of errors in fractions. Elementary School Journal, 1928, S. 760 - 770

Brüning, A./ Spallek, K.: Einführung der Brüche ohne Operatoren. DdM, 2/1981, S. 116 - 130

Carpenter/ Coburn/ Reys/ Wilson: Notes from National Assessment: addition and multiplication with fractions. at, 1976, S. 137- 142

Carpenter, Th.P. u.a.: Decimals: Results and Implications from National Assessment. at, April 1981, S. 34 - 37

Comiti, C./ Neyret, R.: A Propos Des Problemes Rencontres Lors De L'enseignement Des Decimaux En Classe De Cours Moyen. Grand N, Oktober 1979, S. 5 - 20

Daubert, K./ Gerster, H.–D.: Differenzierende Maßnahmen zur Vorbeugung und zur Behebung von Schülerfehlern beim Rechnen mit Brüchen. Pädagogische Welt, 1983, S. 758 – 763

Daubert, K.: Addieren (Subtrahieren) von Dezimalzahlen – kein Problem? ml, August 1984, S. 19 – 20

Deutsches Institut für Fernstudien: Mathematik für Lehrer der Sekundarstufe I/Hauptschule, HE 8 Dezimalzahlen. Tübingen 1982

Dienes, Z.P.: Bruchrechnen. Freiburg 1968

Ekenstam, A.: On children's quantitative understanding of numbers. esm, 1977, S. 317 – 332

Ettline, F.J.: A Uniform Approach to Fractions. at, März 1985, S. 42 – 43

Feinberg, M.M.: Is It Necessary to Invert? at, Januar 1980, S. 50 – 52

Flade, L.: Zur Einführung der Addition rationaler Zahlen. MaS, 1976, S. 489 – 495

Freudenthal, H.: Mathematik als pädagogische Aufgabe. Band 1. Stuttgart 1973

Freudenthal, H.: Brüche von der Sprache her. ml 16/1986, S. 4 – 7

Freund, H.: Das Verhältnis von Fachsystematik und Fachdidaktik – aufgezeigt am Beispiel der Bruchrechnung. Westermanns Pädagogische Beiträge 1977, H. 4, S. 163 – 167

Fricke, A.: Operative und anwendungsorientierte Behandlung der Bruchrechnung. Vollrath, H.-J. (Hrsg.): Zahlbereiche. Didaktische Materialien für die Hauptschule. Stuttgart 1983, S. 7 – 25

Gerster, H.–D./ Grevsmühl, U.: Diagnose individueller Schülerfehler beim Rechnen mit Brüchen. Päd. Welt, November 1983, S. 654 – 660

Ginther, J./ Ng, K./ Begle, E.G.: A survey of student achievement with fractions. SMESG Working Paper No. 20, Stanford University, October 1976

Goffman, E.: Frame Analysis. Combridge, Mass., Harvard University Press 1974

Grassmann, M./ Stoye, W.: Zum Arbeiten mit Dezimalzahlen im Mathematikunterricht. Wiss. Zeitung Humboldt Universität Berlin, 1/1983, S. 15 – 20

Greer, B.: Nonconservation of Multiplication and Division Involving Decimals. Jrme, 1/1987, S. 37 – 45

Griesel, H.: Das Prinzip von der Herauslösung eines Begriffs aus Umweltbezügen. Beiträge zur Mathematikdidaktik (Festschrift für Wilhelm Oehl). Hannover 1976

Griesel, H. Der quasikardinale Aspekt in der Bruchrechnung. MU, 27(4) 1981, S. 87 – 95

Griesel, H.: 20 Jahre moderne Didaktik der Bruchrechnung. MU, 27(4) 1981 a, S. 5 – 15

Griesel, H.: Einige Anmerkungen zur Verwendung von Operatoren in der Bruchrechnung. MU, 27(4) 1981 b, S. 80 – 86

Griesel, H./ Postel, H: Zusammenfassende Überlegungen zu den Analysen des Mathematikunterrichts in der Orientierungsstufe. ZDM 1984, S. 207 – 213

Grossmann, A.S.: Decimal Notation: An Important Research Finding. at, Mai 1983, S. 32 – 33

Grossnickle, F./ Perry, E./ Leland, M.: Division with Common Fraction and Decimal Divisors. ssm, November 1985, S. 556 – 566

Grudenov, J.I.: Psychologische Analyse von Ursachen für einige häufig auftretende Schülerfehler. MaS 2/3 1983, S. 122 – 127

Günther, K.: Über das Verständnis der Schüler von Dezimalzahlen und auftretende Schülerfehler. MUP 1/1987, S. 25 – 40

Hart, K.: The Understanding of fractions in the secondary school. Proceedings of the second International Conference for the Psychology of Mahematics Education. Osnabrücker Schriften zur Mathematik, 1978, S. 177 – 183

Hart, K.: Fractions. MS, März 1981, S. 13 – 15

Hart, K.: Ratio and Fractions. MS, März 1983, S. 32 – 34

Hart, K.: Strategies and Errors in Secondary Mathematics. MS, 2/1987, S. 14 – 17

Hart, K.: What are Equivalent Fractions? MS, 4/1987, S. 5 – 7

Hasemann, K.: Zur Diskussion um die Bruchrechnung Internationale Aspekte. md, 1/1978, S. 87 – 95

Hasemann, K.: Über die Schwierigkeiten von Hauptschülern bei der Bruchrechnung. OSM, Reihe P, Heft 9, Universität Osnabrück 1979

Hasemann, K.: Lernschwierigkeiten in der Bruchrechnung. Vollrath, H.-J. (Hrsg.): Zahlbereiche, Didaktische Materialien für die Hauptschule. Stuttgart 1983, S. 26 – 44

Hasemann, K.: Bruchvorstellungen und die Addition von Bruchzahlen. ml 16/1986, S. 16 – 19

Hefendehl–Hebeker, L.: Brüche in Reih' und Glied. ml 16/1986, S. 22 – 32

Hiebert, J.: Children's Knowledge Of Common And Decimal Fractions. Educ.–Urban–Soc., August 1985, S. 427 – 437

Jansen, R.: Lehrbücher und ihre Umsetzung im Mathematikunterricht des 5. und 6. Schuljahres – Ergebnisse einer Umfrage. Schulbücher im Mathematikunterricht, Materialien und Studien. Band 3. Institut für Didaktik der Mathematik der Universität Bielefeld, Bielefeld 1976

Jones, E.: Historical Conflict – Decimal versus vulgar fractions. at, 1960, S. 184 – 188

Karaschewski, H.: Wesen und Weg des ganzheitlichen Rechenunterrichts, Teil II. Stuttgart 1970

Kidder, F.R.: Ditton's Dilemma,or What To Do About Decimals. at, Oktober 1980, S. 44 – 46

Kieren, T. u.a.: Graphical Algortihms in Partitioning Tasks. Journal of Math. Behavior, April 1985, S. 25 – 36

Kirsch, A.: Elementare Zahlen– und Größenbereiche. Göttingen 1970

Kirsch, A.: Gehört die Multiplikation vor die Addition? Zur Operatormethode in der Bruchrechnung und möglichen Alternativen. MU 1/1975, S. 7 – 18

Kießwetter, K./ Griesing, W.: Mit Operatoren operiert sich's schlecht. ml, 3/1982, S. 22 – 27

Klauer, K.J.: Kognitive Prozesse bei der Multiplikation und Division von Brüchen. Eine Lehrzielanalyse. Zeitschrift für Empirische Pädagogik und Pädagogische Psychologie, 8, 1984, S. 77 - 90

Klika, M./ Wolpers, H.: Lassen sich neue Aspekte in der Didaktik der Bruchrechnung erkennen? md, 1/1978, S. 65 - 72

Kühnhold, K./ Padberg, F.: Über typische Schülerfehler bei der schriftlichen Subtraktion natürlicher Zahlen. MU 3/1986, S. 6 - 16

Lankford, F.G.: Some computational strategies of seventh grade pupils. Final Report. Virginia University, Charlottesville, School of Education. National Center for Educational Research and Development, Washington, D.C., Oktober 1972

Larson, C.N.: Locating Proper Fractions On Number Lines: Effect of Length and Equivalence. ssm, Juni 1980, S. 423 - 428

Léonard, F./ Grisvard, C.: Sur deux régles implicites utilisées dans la comparaison de nombres décimaux positifs. Bull. Assoc. Prof. Math., Februar 1981, S. 47 - 60

Lester, F.K. Jr.: Teacher Education. Preparing Teachers to Teach Rational Numbers. at, Februar 1984, S. 54 - 56

Leutzinger, L.P.: Let's Do It. Fractions with Models. at, Mai 1980, S. 6 - 11

Liebeck, P.: Are Fractions Numbers? MT, Juni 1985, S. 32 - 34

Lietzmann, W. Methodik des mathematischen Unterrichts. Heidelberg[4] 1968, *dort:* Die gemeinen Brüche (Bruchzahlen), S. 110 - 113, Die Dezimalbrüche, S. 113 - 116

Lörcher, G.A.: Diagnose von Schülerschwierigkeiten beim Bruchrechnen. Päd. Welt, März 1982, S. 172 - 180

Mathematics for Elementary School Teachers, The Rational Numbers. The National Council of Teachers of Mathematics, Washington1972

Nesher, P./ Peled, J.: Shifts in Reasoning. (The Case of Extending Number Concepts), esm, Februar 1986, S. 67 - 79

Neumann, R.: Dezimalbrüche (Begriff, Addition, Multiplikation) – Einführungswege und typische Schülerschwierigkeiten. Schriftliche Hausarbeit im Rahmen der ersten Staatsprüfung für das Lehramt für die Sekundarstufe I. Universität Bielefeld 1988

Novillis, C.F.: An Analysis of the Fraction Concept into a Hierarchy of Selected Subconcepts and the Testing of the Hierarchical Dependencies at Grade, 4, 5 and 6. The University of Texas at Austin, Ph. D. 1973. Kurzversion. jrme, 1976, S. 131 – 144

Oehl, W.: Der Rechenunterricht in der Hauptschule. Hannover ^{5}1974, *dort:* IV. Die gewöhnliche Bruchrechnung. S. 129 – 191, V. Die dezimale Bruchrechnung, S. 192 – 233

Padberg, F.: Didaktik der Bruchrechnung. Freiburg 1978

Padberg, F.: Didaktik der elementaren Zahlentheorie. Freiburg 1981

Padberg, F.: Wege zur Ableitung der Divisionsregel der Bruchrechnung. Bestandsaufnahme – Beurteilung – Folgerungen. Journal für Didaktik der Mathematik, 1/1982, S. 67 – 88

Padberg, F.: Über Schülerfehler im Bereich der Bruchrechnung. Vollrath, H.J. (Hrsg.) Zahlbereiche. Stuttgart 1983, S. 45 – 57

Padberg, F.: Über typische Schülerschwierigkeiten in der Bruchrechnung – Bestandsaufnahme und Konsequenzen. MU 3/1986, S. 58 – 77

Padberg, F.: Didaktik der Arithmetik. Mannheim 1986 a

Padberg, F.: Elementare Zahlentheorie. Mannheim 1988

Padberg, F.: Problembreiche bei den Dezimalbrüchen. Typische bzw. systematische Fehler und Fehlvorstellungen – Ursachen – Gegenmaßnahmen. DFG–Projekt, 1989

Payne, J.N.: Sense and Nonsense about Fractions and Decimals. at, Januar 1980, S. 5 – 7

Payne, J.N.: Curricular Issues: Teaching Rational Numbers. at, Februar 1984, S. 14 – 17

Payne, J.N.: Über Schülerschwierigkeiten beim Bruchzahlbegriff, beim Erweitern, Kürzen und Ordnen von Brüchen. MU 3/1986, S. 53 – 57

Peck, D.M./ Jencks, St.M.: Conceptual issues in the teaching and learning of fractions. jrme 1981, S. 339 – 348

Peck, D.M./ Jencks, St.M.: Share and Cover. at, März 1981, S. 38 – 41

Pietzsch, G.: Anregungen zur Vorbereitung und Durchführung einer Unterrichtsstunde „Multiplikation gebrochener Zahlen" (Einführung, Klasse 6). MaS, 1973, S. 426 – 434

Pietzsch, G.: Was ist geblieben – Was ist geworden? Die Behandlung der Zahlbereiche in der allgemeinbildenden Schule der DDR im Verlauf der vergangenen 30 Jahre. Beiträge zum Mathematikunterricht 1988, Bad Salzdetfurth 1988, S. 41 – 48

Pippig, G.: Rechenschwächen und ihre Überwindung in psychologischer Sicht. MaS 1975, S. 623 – 628

Post, Th.R.: Fractions: Results and Implications from National Assessment. at, Mai 1981, S. 26 – 31

Post, Th.R./ Behr, M.J./ Lesh, R.: Interpretations of Rational Number Concepts. Mathematics for the middle grades (5 – 9). NCTM–Jahrbuch, 1982, S. 59 – 72

Post, Th.R. u.a.: Research–Based Observations About Children's Learning of Rational Number Concepts. Focus, Nr. 1/1986, S. 39 – 48

Post, Th.R./ Cramer, K.: Children's Strategies in Ordering Rational Numbers. at, 2/1987, S. 33 – 35

Postel, H.: Größen– oder Operatorkonzept in der Bruchrechnung? MU 27(4) 1981, S. 16 – 46

Pothier, Y./ Sawada, D.: Partitioning: The Emergence Of Rational Number Ideas In Young Children. Jrme, November 1983, S. 307 – 317

Ruddock/Mason/Foxmann: Assessing Mathematics: 2. Concepts and Skills: Decimal Place Value. MS, Januar 1984, S. 24 – 28

Scott, W.R.: Fractions Taught by Folding Paper Strips. at, Januar 1981, S. 18 – 21

Schaffrath, J.F.: Gedanken zur Psychologie der Rechenfehler. MU 3/1957, S. 5 – 26

Schmalz, R.: A Visual Approach To Decimals. at, Mai 1978, S. 22 – 25

Schmitt, H.: Das Rechnen mit Brüchen I. Die Scholle, 6/1977, S. 362 – 371

Schmitt, H.: Das Rechnen mit Brüchen II. Die Scholle, 7/1977, S. 420 – 428

Schönwald, H.G.: Freihändiges Zeichnen einfacher Bruchteile. SMP, 1980, S. 119 – 121

Schrage, K.–P.: Bruchrechnung international – Eine Bestandsaufnahme in 4 Ländern. Dissertation, Universität Münster, 1988

Schwartze, H.: Zur Problematik der Einführung von Addition und Multiplikation in $\mathbb{Q}$ durch Operatorverkettungen. MU, 4/1978, S. 75 – 89

Sewing, N.: Dezimalbrüche (Begriff, Subtraktion, Division) – Einführungswege und typische Schülerschwierigkeiten. Schriftliche Hausarbeit im Rahmen der ersten Staatsprüfung für das Lehramt für die Sekundarstufe I. Universität Bielefeld 1988

Seyfferth, S.: Bruchrechnung und natürliche Sprache. MU, 1975, Heft 1, S. 35 – 47

Silver, E.A.: Probing Young Adults' Thinking About Rational Numbers. Focus Learning, August 1983, S. 105 – 117

Streefland, L.: Subtracting Fractions With Different Denominators. esm, August 1983, S. 233 – 255

Streefland, L.: Vorgreifendes Lernen zum Steuern langfristiger Lernprozesse. Dörfler, W./ Fischer, R. (Hrsg.): Empirische Untersuchungen zum Lehren und Lernen von Mathematik, Band 10, Wien 1985, S. 271 – 285

Streefland, L.: Pizzas – Anregungen, ja schon für die Grundschule. ml, 16/1986, S. 8 – 11

Streefland, L.: Über die $\mathbb{N}$–Verführer in der Bruchrechnung und Maßnahmen zu ihrer Bekämpfung. MU, 3/1986, S. 45 – 52

Strehl, R.: Zahlbereiche. Freiburg ^{3}1976

Streu, U.: Übungsspiele zur Addition von Bruchzahlen. MUP, 1/1983, S. 15 - 21

Uprichard, A.E./ Phillips, E.R.: An Intraconcept of Rational Number Additon, A Validation Study. jrme, 1/1977, S. 7 - 16

Usiskin, Z.: The Future of Fractions. at, Juni 1979, S. 18 - 20

Vance, J.H.: Diagnosing Pupil Performance in Decimal Multiplication. Vector, 1984, S. 26 - 32

Van Lehn, K.: Bugs are not enough: Empirical Studies of bugs, impasses and repairs in procedural skills. Journal Math. Behav. (Summer 1982), S. 3 - 71

Vollrath, H.–J.: Eine Thematisierung des Argumentierens in der Hauptschule. JMD, 1/1980, S. 28 - 41

Wachsmuth, I./ Behr, M./ Post, Th.R.: Children's Perception of Fractions and Ratios in Grade 5. Proceedings of the fifth annual meeting of the North American Chapter of the International Group for the Psychology of Mathematics Education, Vol. 2, Montreal 1983, S. 164 - 169

Wäsche, H.: Über eine strenge Begründung der Lehre von den periodischen Dezimalbrüchen auf der Unterstufe. MU, 1957, Heft 3, S. 60 - 66

Wagner, H.A.: An Analysis of the Fraction Concept. Northwestern University, Ph. D., 1975

Wearne, D./ Hiebert, J.: Über typische Schülerfehler im Bereich der Dezimalbrüche. MU, 3/1986, S. 78 - 88

Weis, V.: Mechanisierung beim Lösen mathematischer Aufgaben und Möglichkeiten zu ihrer Vermeidung. Schule und Psychologie, 1970, S. 57 - 74

Winter, H.: Strukturorientierte Bruchrechnung. Beiträge zum Mathematikunterricht, Festschrift für W. Oehl, Hannover 1976

Winter, H.: Bruchrechnen am Streifenmuster. ml, Februar 1984, S. 24 - 28

Yates, J.: Stoppers. For the Learning of Mathematics, März 1983, S. 35 - 39

Zawojewski, J.: Initial Decimal Concepts: Are They Really So Easy? at, März 1983, S. 52 – 56

2. Verzeichnis der im Text genannten Schulbücher

Gamma 6, Mathematik Hauptschule. Nordrhein–Westfalen. Klett Verlag 1984

Kahle/Lörcher, Mathematik 6. Westermann Verlag 1981

Mathematik heute, 6. Schuljahr. Schroedel Schulbuchverlag 1984

Mathematik heute, Lösungen – didaktischer Kommentar, 6. Schroedel Schulbuchverlag 1985